SAME

The Same Planet

同一颗星球

PLANET

在 山 海 之 间

在 星 球 之 上

"同一颗星球"丛书

刘东

——主编

水下巴黎

PARIS
UNDER WATER

How the City of Light
Survived the Great Flood of 1910

[美]杰弗里·H.杰克逊 —————— 著　姜智芹 —————— 译

江苏人民出版社

图书在版编目（CIP）数据

水下巴黎／（美）杰弗里·H.杰克逊著；姜智芹译.
—— 南京：江苏人民出版社，2024. 8.
（"同一颗星球"丛书）. —— ISBN 978 - 7 - 214 - 29319 - 0

Ⅰ. P426.616

中国国家版本馆 CIP 数据核字第 20241CG745 号

Paris Under Water：How the City of Light Survived the Great Flood of 1910
Text Copyright © 2010 by Jeffrey H. Jackson
Published by arrangement with St. Martin's Press ,LLC. All rights reserved.
Simplified Chinese translation copyright © 2018 by Jiangsu People's Publishing House
江苏省版权局著作权合同登记:图字 10 - 2016 - 518

书　　名　水下巴黎
著　　者　[美]杰弗里·H. 杰克逊
译　　者　姜智芹
责任编辑　金书羽
装帧设计　潇　枫
责任监制　王　娟
出版发行　江苏人民出版社
地　　址　南京市湖南路 1 号 A 楼,邮编:210009
照　　排　江苏凤凰制版有限公司
印　　刷　江苏凤凰盐城印刷有限公司
开　　本　652 毫米×960 毫米　1/16
印　　张　18.25　插页 4
字　　数　208 千字
版　　次　2024 年 8 月第 1 版
印　　次　2024 年 8 月第 1 次印刷
标准书号　ISBN 978 - 7 - 214 - 29319 - 0
定　　价　76.00 元
（江苏人民出版社图书凡印装错误可向承印厂调换）

总　序

　　这套书的选题，我已经默默准备很多年了，就连眼下的这篇总序，也是早在六年前就已起草了。

　　无论从什么角度讲，当代中国遭遇的环境危机，都绝对是最让自己长期忧心的问题，甚至可以说，这种人与自然的尖锐矛盾，由于更涉及长时段的阴影，就比任何单纯人世的腐恶，更让自己愁肠百结、夜不成寐，因为它注定会带来更为深重的，甚至根本无法再挽回的影响。换句话说，如果政治哲学所能关心的，还只是在一代人中间的公平问题，那么生态哲学所要关切的，则属于更加长远的代际公平问题。从这个角度看，如果偏是在我们这一代手中，只因为日益膨胀的消费物欲，就把原应递相授受、永续共享的家园，糟蹋成了永远无法修复的、连物种也已大都灭绝的环境，那么，我们还有何脸面去见列祖列宗？我们又让子孙后代去哪里安身？

　　正因为这样，早在尚且不管不顾的 20 世纪末，我就大声疾呼这方面的"观念转变"了："……作为一个鲜明而典型的案例，剥夺了起码生趣的大气污染，挥之不去地刺痛着我们：其实现代性的种种负面效应，并不是离我们还远，而是构成了身边的基本事实——不管我们是否承认，它都早已被大多数国民所体认，被陡然上升的死亡率所证实。准此，它就不可能再被轻轻放过，而必须被投以全力的警觉,就像当年全力捍卫'改革'时一样。"①

的确,面对这铺天盖地的有毒雾霾,乃至危如累卵的整个生态,作为长期惯于书斋生活的学者,除了去束手或搓手之外,要是觉得还能做点什么的话,也无非是去推动新一轮的阅读,以增强全体国民,首先是知识群体的环境意识,唤醒他们对于自身行为的责任伦理,激活他们对于文明规则的从头反思。无论如何,正是中外心智的下述反差,增强了这种阅读的紧迫性:几乎全世界的环境主义者,都属于人文类型的学者,而唯独中国本身的环保专家,却基本都属于科学主义者。正由于这样,这些人总是误以为,只要能用上更先进的科技手段,就准能改变当前的被动局面,殊不知这种局面本身就是由科技"进步"造成的。而问题的真正解决,却要从生活方式的改变入手,可那方面又谈不上什么"进步",只有思想观念的幡然改变。

幸而,在熙熙攘攘、利来利往的红尘中,还总有几位谈得来的出版家,能跟自己结成良好的工作关系,而且我们借助于这样的合作,也已经打造过不少的丛书品牌,包括那套同样由江苏人民出版社出版的、卷帙浩繁的"海外中国研究丛书";事实上,也正是在那套丛书中,我们已经推出了聚焦中国环境的子系列,包括那本触目惊心的《一江黑水》,也包括那本广受好评的《大象的退却》……不过,我和出版社的同事都觉得,光是这样还远远不够,必须另做一套更加专门的丛书,来译介国际上研究环境历史与生态危机的主流著作。也就是说,正是迫在眉睫的环境与生态问题,促使我们更要去超越民族国家的疆域,以便从"全球史"的宏大视野,来看待当代中国由发展所带来的问题。

这种高瞻远瞩的"全球史"立场,足以提升我们自己的眼光,去把地表上的每个典型的环境案例都看成整个地球家园的有机脉动。那不单意味着,我们可以从其他国家的环境案例中找到一些珍贵的教训与手段,更意味着,我们与生活在那些国家的人们,根本就是在共享着

___

① 刘东:《别以为那离我们还远》,载《理论与心智》,杭州:浙江大学出版社,2015年,第89页。

"同一个"家园，从而也就必须共担起沉重的责任。从这个角度讲，当代中国的尖锐环境危机，就远不止是严重的中国问题，还属于更加深远的世界性难题。一方面，正如我曾经指出过的："那些非西方社会其实只是在受到西方冲击并且纷纷效法西方以后，其生存环境才变得如此恶劣。因此，在迄今为止的文明进程中，最不公正的历史事实之一是，原本产自某一文明内部的恶果，竟要由所有其他文明来痛苦地承受……"①而另一方面，也同样无可讳言的是，当代中国所造成的严重生态失衡，转而又加剧了世界性的环境危机。甚至，从任何有限国度来认定的高速发展，只要再换从全球史的视野来观察，就有可能意味着整个世界的生态灾难。

正因为这样，只去强调"全球意识"都还嫌不够，因为那样的地球表象跟我们太过贴近，使人们往往会鼠目寸光地看到，那个球体不过就是更加新颖的商机，或者更加开阔的商战市场。所以，必须更上一层地去提倡"星球意识"，让全人类都能从更高的视点上看到，我们都是居住在"同一颗星球"上的。由此一来，我们就热切地期盼着，被选择到这套译丛里的著作，不光能增进有关自然史的丰富知识，更能唤起对于大自然的责任感，以及拯救这个唯一家园的危机感。的确，思想意识的改变是再重要不过了，否则即使耳边充满了危急的报道，人们也仍然有可能对之充耳不闻。甚至，还有人专门喜欢到电影院里，去欣赏刻意编造这些祸殃的灾难片，而且其中的毁灭场面越是惨不忍睹，他们就越是愿意乐呵呵地为之掏钱。这到底是麻木还是疯狂呢？抑或是两者兼而有之？

不管怎么说，从更加开阔的"星球意识"出发，我们还是要借这套书去尖锐地提醒，整个人类正搭乘着这颗星球，或曰正驾驶着这颗星球，来到了那个至关重要的，或已是最后的"十字路口"！我们当然也有可能由于心念一转而做出生活方式的转变，那或许就将是最后的转

① 刘东：《别以为那离我们还远》，载《理论与心智》，第85页。

机与生机了。不过,我们同样也有可能——依我看恐怕是更有可能——不管不顾地懵懵懂懂下去,沿着心理的惯性而"一条道走到黑",一直走到人类自身的万劫不复。而无论选择了什么,我们都必须在事先就意识到,在我们将要做出的历史性选择中,总是凝聚着对于后世的重大责任,也就是说,只要我们继续像"击鼓传花"一般地,把手中的危机像烫手山芋一样传递下去,那么,我们的子孙后代就有可能再无容身之地了。而在这样的意义上,在我们将要做出的历史性选择中,也同样凝聚着对于整个人类的重大责任,也就是说,只要我们继续执迷与沉湎其中,现代智人(homo sapiens)这个曾因智能而骄傲的物种,到了归零之后的、重新开始的地质年代中,就完全有可能因为自身的缺乏远见,而沦为一种遥远和虚缈的传说,就像如今流传的恐龙灭绝的故事一样……

2004 年,正是怀着这种挥之不去的忧患,我在受命为《世界文化报告》之"中国部分"所写的提纲中,强烈发出了"重估发展蓝图"的呼吁——"现在,面对由于短视的和缺乏社会蓝图的发展所带来的、同样是积重难返的问题,中国肯定已经走到了这样一个关口:必须以当年讨论'真理标准'的热情和规模,在全体公民中间展开一场有关'发展模式'的民主讨论。这场讨论理应关照到存在于人口与资源、眼前与未来、保护与发展等一系列尖锐矛盾。从而,这场讨论也理应为今后的国策制订和资源配置,提供更多的合理性与合法性支持"①。2014年,还是沿着这样的问题意识,我又在清华园里特别开设的课堂上,继续提出了"寻找发展模式"的呼吁:"如果我们不能寻找到适合自己独特国情的'发展模式',而只是在盲目追随当今这种传自西方的、对于大自然的掠夺式开发,那么,人们也许会在很近的将来就发现,这种有史以来最大规模的超高速发展,终将演变成一次波及全世界的灾难性盲动。"②

① 刘东:《中国文化与全球化》,载《中国学术》,第 19—20 期合辑。
② 刘东:《再造传统:带着警觉加入全球》,上海:上海人民出版社,2014 年,第 237 页。

所以我们无论如何,都要在对于这颗"星球"的自觉意识中,首先把胸次和襟抱高高地提升起来。正像面对一幅需要凝神观赏的画作那样,我们在当下这个很可能会迷失的瞬间,也必须从忙忙碌碌、浑浑噩噩的日常营生中,大大地后退一步,并默默地驻足一刻,以便用更富距离感和更加陌生化的眼光来重新回顾人类与自然的共生历史,也从头来检讨已把我们带到了"此时此地"的文明规则。而这样的一种眼光,也就迥然不同于以往匍匐于地面的观看,它很有可能会把我们的眼界带往太空,像那些有幸腾空而起的宇航员一样,惊喜地回望这颗被蔚蓝大海所覆盖的美丽星球,从而对我们的家园产生新颖的宇宙意识,并且从这种宽阔的宇宙意识中,油然地升腾起对于环境的珍惜与挚爱。是啊,正因为这种由后退一步所看到的壮阔景观,对于全体人类来说,甚至对于世上的所有物种来说,都必须更加学会分享与共享、珍惜与挚爱、高远与开阔,而且,不管未来文明的规则将是怎样的,它都首先必须是这样的。

我们就只有这样一个家园,让我们救救这颗"唯一的星球"吧!

刘东

2018 年 3 月 15 日改定

目　录

引　子

　　1910 年 1 月 27 日，天空还是漆黑一片，高特里（Gautry）先生刚从波旁宫出来，就感到一阵刺骨的寒风袭来。他竖起衣领，紧紧地裹住脖子，将帽檐下拉，以阻挡冰冷的暴雨。高特里先生和他的同事们在办公大楼的地下室里已经连续住了几天，此时，他正在冰冷的冬夜里急匆匆地往家赶。每年的这个时候，巴黎的街道上总是十分寒冷，有时还大雪纷飞。今夜，高特里先生注定要在回家的路上看到凄惨悲凉的景象，这景象是巴黎现代历史上所不曾出现的——经过五天的洪水侵袭，整个巴黎城都被淹没了。

　　高特里是国民议会的速记员助理，他的主要任务是听差和传送信息。国民议会是法国政治权力的中枢，这座大楼有大理石造的墙壁和廊柱、高高的穹顶、金碧辉煌的装饰、精美绝伦的壁画，奢华的走廊里穿梭着政客、职员和官僚们。即便是诸如高特里一般的公务人员，在这样的地方工作，也着实令人激动和振奋。这几天来，整座大楼一片漆黑，寒冷异常，每个人都紧张不安。日常的事务工作大都已经停止，但是国会议员们依然在会议大厅里对法案进行辩论，高特里和其他公务人员依旧在幕后给这些议员及其职员们提供着服务。洪水上涨后不久，大楼里的电就断了，工作人员从库房里找出来过去使用的油灯，点着后挂在大楼里。油灯的光线昏暗而怪异,灯油燃烧时散发出刺鼻的气味。洪水围困了整座建筑物,法国议会大楼与巴黎其他地方被隔离开来。几天来,高特里目睹议员们乘着小船慢慢地通过被洪水淹没的庭院,或是小心翼翼地从木头通道上走过。现在,马上就到五点了,高特里自己也谨慎地蹚过积水,走向几个街区以外没有被洪水淹没的地方。

国民议会所在地波旁宫受淹的庭院①

高特里的身影慢慢地隐退到黎明前的黑暗中,即便是波旁宫那雄伟庄严的新古典主义风格建筑的正面,也同其高大的科林斯廊柱一样,消失在沉沉的夜色中。乌云遮蔽了月亮,还在亮着的街灯屈指可数,特别是在塞纳河沿岸地区,街灯几乎都熄灭了。高特里摸索着往前走,每迈一步都小心谨慎,以确认自己冻得僵硬的双脚踏到了硬实的地面。路面上的鹅卵石被冲刷

---

① 来源:Charles Eggimann, ed. *Paris inondé: la crue de la Seine de janvier* 1910. Paris: Editions du Journal des Débats, 1910.承蒙范德堡大学的让和亚历山大-赫德图书馆特刊部 W. T. 邦迪中心惠允使用。

出来，和其他杂物一起散落在路上。空气中弥漫着恶心难闻的气味，其中有些是腐烂的食物和下水道及化粪池里流出的人畜粪便散发出的。高特里蹚水行走时发出清脆的声响，在寂静、空荡的街道上回荡。

在暴雨和水中行走了 1.5 英里[①]，高特里的衣服全都湿透了。他居住的小区在阿尔玛桥（Pont de l'Alma）附近的兰德鲁大街（Passage Landrieu）上，距塞纳河只有几步之遥。到达小区的时候，他看到院子里的水比几天前他离开家的时候上涨了很多，过道里的水深可及膝。他费力地蹚过泥泞的雨水，来到自己的公寓门前。高特里的手还在门把上，就听见屋内被吓坏的孩子的尖叫声和哭泣声，家里的人还都没有睡。

高特里推开门，看到妻子神情惊恐，低声哭泣着向他扑过来，要他想办法。家里一片狼藉，屋里的水有两英尺[②]多深，家具在水里漂着，他们一生辛苦和努力购置的家什大部分都被毁坏了。

被雨水浸透的衣服很沉，高特里赶紧脱下来，走向哇哇哭喊的小儿子。他把小儿子扛在肩上，自己几乎赤裸着向楼外冲去。他把儿子放在一个安全的地方，甚至都没有停下摸摸儿子的头以示安慰，就赶紧折回家里。这一次，他抱起的是女儿。刺骨的雨水击打着高特里裸露的肌肤，他把女儿也带到安全地带，在黑暗中把她放在儿子旁边，让兄妹俩紧挨着。第三次，他把妻子从家里带出来，让她和孩子们待在一起。虽然筋疲力尽，高特里还是再一次返回公寓，抢救回来一些干爽的衣服。高特里和家人焦虑惊恐，全身湿透，在刺骨的寒风中瑟瑟发抖。他们一家人虽然安全了，但突然之间也变得无家可归了。

① 约 2.4 千米。1 英里约 1.6 千米。
② 约 61 厘米。1 英尺约 30.5 厘米。

　　高特里终于在拉沃尔德街(Rue Laborde)的一家旅馆找到空房间，这个地方地势稍高，受淹不那么严重。整个巴黎城已经被洪水淹没，但至少这个地方还是干的。高特里用酒精揉搓冻僵的身体，希望缓和一下因为突然紧张用力而扭伤的肌肉。透过窗户，他看到其他的巴黎市民，那些人也不得不逃离自己的家，奔向应急救援庇护所和教堂，或者是与自己的亲友和家人待在一起。

　　高特里和他的家人逃过了洪水的围困，他们所居住的城市是否能够幸存，还是个未知数。巴黎是当时世界上最现代化的城市，数十年来，前来巴黎参观旅游的人们无不惊叹于她的壮美，在这座城市里流连忘返。如今，在这些危难的日子里，这座"光明之城"从来没有显得如此黯淡过。①

---

① 本书中关于高特里的故事，主要是基于他对他的同事和速记员罗伯特·凯贝尔(Robert Capelle)的讲述，凯贝尔将高特里的讲述记录于他的回忆录《1910年1月波旁宫的洪水：速记员的记录》(La Crue au Palais-Bourbon [janvier 1910]：émotions d'un sténographe. Paris：L'Emancipatrice,1910：17 - 18)。我根据凯贝尔记录的故事骨架演绎了一些细节，充分利用凯贝尔书中的事实以及日报、档案、数百幅图片中诸多类似的叙述，设想了高特里当时的所思所感。我对高特里当时所在城市状况的描述也是根据大量与洪水有关的图片做出的。

前　言

　　数百年来,洪水一直是塞纳河流域人们正常生活中的一部分。尽管人们想尽一切办法去开垦、利用塞纳河流域的土地,但是河水总是试图维系着其自然的水道。

　　在古代,塞纳河沿着碗状的山谷铺展开来,形成了今天的巴黎地区。在历史上的某个时期,塞纳河在流经巴黎地区时分成了两个支流。南边的支流稍微宽一些,大致就是现在塞纳河的河道。北边的支流蜿蜒曲折,穿过现在的右岸,流经巴士底(Bastille)、梅尼蒙当(Ménilmontant)和部分贝尔维尔(Belleville,即美丽城)地区以及下蒙马特(Montmartre)地区,一直到达现在的夏乐宫(Chaillot)和阿尔玛桥,就在埃菲尔铁塔的河对岸。如果两个支流都洪水泛滥,那么整个巴黎地区就会成为一片汪洋,形成一个大湖,湖面有好几英里宽。慢慢地,塞纳河北边的那条支流的水越来越少,以至干涸,公元前 30000 年的时候,这条支流完全消失,于是,塞纳河就变成我们今天所看到的这个样子。有一个时期,右岸的大部分地区呈现为湿地。附近的区域被人们称作"马莱",意思是水洼,曾经是靠近塞纳河的一片沼泽。公元前 1 世纪,当罗马人第一次入侵占领这片巴黎希人(Parisii)居住的土地以后,他们选择在不太湿软的左岸建设这座城市,就不足为奇了。同样不足为奇的是，他们将这座城市命名为吕泰西亚（Lutetia），这个名称极有可能来自拉丁词鲁特姆（Lutum），意思是"淤泥"。

巴黎人用阿尔玛桥上的雕塑测量洪水的水位①

公元前 5000 年左右，巴黎地区开始有人居住，从那以后，塞纳河的水就为生活在这一区域的人们提供生活用水保障。在巴黎地区出土的最古老的文物中，有一些是独木舟，是在现今的贝西（Bercy）区发现的，具体地点位于塞纳河从东部进入现代巴黎城区

① 来源：作者个人收藏。

的地方。数百年来,塞纳河一直是整个巴黎地区物流和人流的主要通道,从而把这座城市变成了一个繁忙的商业中心。塞纳河为巴黎居民提供着食物、水、军事防御、工业、船运、旅游和艺术等。巴黎的故事与塞纳河的故事是密不可分的,因为塞纳河为巴黎提供了最基本的参照,将这座城市分为右岸和左岸。[①]

不过,巴黎和这条河之间的关系并不总是亲密无间。尽管塞纳河为巴黎孕育了生命,但同时也周期性地发生洪水灾害,造成破坏和死亡。根据图尔的主教兼历史学家格列高里(Grégoir)的记载,公元前582年,巴黎暴发了一次严重的洪水灾害,淹没面积达数百英亩,甚至一度冲开了早就干涸的塞纳河北边的那条古老的支流。公元814年,一位佚名作者在一本关于巴黎奇事的书中写道:"如果上帝想用水来惩罚生活在巴黎的人,那么就发一次洪水,以我们从未见过的阵势,让塞纳河的水冲决堤岸,在整座城市里泛滥,使得人们只能靠船出行。"[②]公元886年,一场洪水冲垮了小桥(Petit-Pont),这座桥横跨在塞纳河上,两边连着位于巴黎中心的西岱岛(Île de la Cité)和左岸区。据一位目击者描述:"在一个寂静的夜里,小桥的中间突然坍塌,瞬间就被汹涌的急流冲走了。"从公元886年到1185年,小桥被洪水冲毁十次,同时它也见证了巴黎人的坚韧,因为这座桥每次被冲毁以后都重建了。

几个世纪以来,巴黎人在洪水面前除了向神灵祈祷外,几乎别无他法。1206年,巴黎将近一半的地区被洪水淹没,人们呼吁宗教领袖寻求巴黎的主保神——圣女热纳维耶芙(Sainte Geneviève)的

① 本书探讨塞纳河历史的资料来自 Colin Jones. Paris: Biography of a City. New York: Viking, 2005; François Beaudoin. Paris/ Seine: ville fluviale, son historie des origins à nos jours. Paris: Nathan, 1993; Isabelle Backouche. La Trace du fleuve: la Seine et Paris, 1750—1850. Paris: Editions de L'EHESS, 2000.
② Charlotte Lacour-Veyranne. Les Coléres de la Seine. Paris: Musée Carnavalet, 1994: 14 - 15. 这部书还为笔者讨论塞纳河的洪水泛滥和防洪提供了资料。

帮助。厄德·德·苏利(Eudes de Sully)将热纳维耶芙的骸骨从左岸山顶上的大教堂里迎请出来,然后被神情肃穆的巴黎人恭送下山,那个大教堂如今已成为巴黎的先贤祠。长久以来,圣女热纳维耶芙一直受到巴黎人的崇敬,因为她在公元 451 年组织巴黎人阻挡了匈奴大帝阿提拉(Attila the Hun)的入侵。现在,人们希望这位主保圣人给巴黎这座城市以心灵上的支持。根据官方历史记载,巴黎圣母院(Notre Dame de Paris)举行弥撒后不久,塞纳河的洪水就奇迹般地消退了。迎请圣女的队伍在仪式结束后委托巴黎主教将她的骨骸恭送回大教堂,从小桥那里穿过塞纳河。目前,圣女热纳维耶芙的骨骸供奉在巴黎圣母院。这支浩荡而虔诚的队伍刚走过小桥,也即主教刚刚把圣骨安放到圣坛上,小桥就坍塌了,迎请圣女的队伍一个人都没有受伤,这是当天的第二个神迹。[①]

几百年来,巴黎人就这样塑造着塞纳河的河道,主要目的是防止洪水泛滥。14 世纪初,国王腓力四世(Philippe le Bel)下诏书,命令商会会长组织人力,利用石块和坚固的塔楼抬高河岸,以达到在塞纳河两岸行走及过河时不能陷在淤泥里的目的。商会会长是负责贸易和船运的城市官员,是从商人中间选拔出来的,具有很大的权力。两个世纪以后,弗朗索瓦一世(François Ⅰ)又下令整修辅助河岸,包括在卢浮宫前修建挡水的岸墙。其后,塞纳河上陆续修建了新的防洪设施,但是依然发生了洪灾。1658 年,塞纳河出现了有记录以来最高的洪峰,超过正常水位 20 多英尺。

为了减少洪水造成的伤害,巴黎的居民坚持不懈地改造塞纳河,比如疏浚河道、建设港口和码头、修建船闸和运河,特别是在冬天河水上涨的时候,这一切措施可以使塞纳河更加便于利用,并降

---

① Moshe Sluhovsky. *Patroness of Paris: Rituals of Devotion in Early Modern France.* Leiden: Brill, 1998: 32 - 33.

低风险。18 世纪初,塞纳河左岸的奥赛码头(Quai d'Orsay)进行了重建和扩建。1823 年,乌尔克运河(Canal de l'Ourcq)开挖完成。1825 年,圣马丁运河(Canal Saint-Martin)开通放水。此后,巴黎还修建了一系列河道,使得船只和河水都能通过城市的中心区域。洪水暴发的时候,城市里众多的桥梁会阻碍水流,因为桥墩会挂住水中的杂物。鉴于此,一些老旧的桥最终被拆毁,新的拱桥修建了起来,而且拱的开口更宽更大。瓦兹河(Oise River)、约讷河(Yonne)以及马恩河(Marne)都是塞纳河的支流,都在巴黎市区的东边汇入塞纳河,巴黎的居民针对这些河也疏通了水道,修筑了堤坝。

但是,这些方案都无法解决塞纳河在冬天泛滥的问题,有时在其他季节,河水水位也会很高。不过,总体来说,从 19 世纪下半叶开始,塞纳河的洪水规模明显比以前小了。经过数百年的治河努力,塞纳河的水位终于再没有达到巴黎人的先祖所经历的高度。进入 20 世纪,很多人相信,塞纳河根本不可能再发生灾难性的洪灾,因为这条河已经被人的双手驯服了。

治理巴黎市以及塞纳河的一些最重要的措施,是在乔治—欧仁·奥斯曼(Georges-Eugène Haussmann)的领导下实施的,这个人崇尚工程的威力,在 19 世纪 50—60 年代将巴黎变成了现代化的城市。奥斯曼出生在巴黎的一个阿尔萨斯(Alsatian)家庭,从小就受到商业和政治的熏陶,长大以后在几个省级和巴黎的公务部门工作,职位不断晋升。1853 年,新任国王拿破仑三世(Napoléon III)任命他担任塞纳区的行政长官,这是管理巴黎市及其郊区权力最大的市政官职。在这一职位上,他被授予男爵爵位,担任参议员。奥斯曼的权力比他的前任更大,负责对巴黎的大部分地区进行重建,使巴黎成为其他城市羡慕的对象。在他的领导下,巴黎的面貌焕然一新。

巴黎今日的面貌很大程度上都可以追溯到奥斯曼时代。在他那个时期,巴黎就建造了新的环城公园;拥有了查尔斯·加尼叶(Charles Garnier)设计的歌剧院,这个新的歌剧院正面精美绝伦,上面是金色的穹顶,四周布满金碧辉煌的雕像,成为巴黎建筑的一颗明珠。在新拓宽的大街两旁,兴建了时尚漂亮的大楼,这些大楼有着复折式屋顶,呈现完美的古典装饰风格,并且新建了十多个广场和公园。这座城市得到了前所未有的彻底改造,而且得到了扩展。奥斯曼在城郊地区规划建立了 9 个新区,从而使巴黎的行政区增加到 20 个,同时也将巴黎的面积扩大了一倍。

19 世纪下半叶,造访巴黎的大多数人无不惊叹于这座城市的新貌。发了财的美国人,横渡大西洋去完成学业深造,或是去游历探险和购物。他们对于巴黎美轮美奂的新面貌无不感到痴迷。富丽堂皇的百货大楼位于奥斯曼新规划建设的大道上,是城市的商业中心,有着高大的穹顶,里面灯光明亮,大型落地橱窗里展示着似乎无穷无尽的货物。埃米尔·左拉(Émile Zola)在其小说《妇女乐园》(*The Ladies' Paradise*)中描写了这座百货大楼,从而使它更加闻名。19 世纪 60 年代,正是巴黎城市改造最盛的时候,有位来自美国的游客对于奥斯曼一无所知,因而把这一成就归功于国王。他在日记中写道:"没有其他任何一座城市像巴黎这样得到改造,可能只有当今的拿破仑才能做到这一点。不论历史如何评说拿破仑的功过,他的智慧和才华将镌刻在这座最伟大的丰碑上,世界已经看到,或者终究会看到。"[1]在这座光明之城的荣耀下,拿破仑三世当然感到欣喜异常。1867 年,这座城市的改造还没最后完工,他

①Harvey Levenstein. *Seductive Journey: American Tourists in Paris from Jefferson to the Jazz Age.* Chicago: University of Chicago Press, 1998: 88.

就迫不及待地打开巴黎的大门，迎接世博会的到来，向全世界展示他的城市已经变得多么现代和富足。

奥斯曼对于自己重塑巴黎的规划具有高度的自信，他为之倾注了大量的精力，全力以赴地来完成这项工作。19世纪60年代初，著名摄影师皮埃尔·珀蒂（Pierre Petit）给奥斯曼照了张相，照片中的奥斯曼坐在天鹅绒椅子上，双腿舒适地交叉着，显得自信、闲适。在奥斯曼庄重的黑色外套锁扣上，醒目地别着法国荣誉军团勋章（Légion d'honneur）。他没有看向镜头，而是盯着一张纸，像是在审阅文件。奥斯曼似乎是要让人们相信，在他眼里，摄影师和当时在场的人都没有他自己的工作重要。

最为重要的是，奥斯曼决心要让巴黎秩序井然，他的目标是要让这座城市更干净明亮，更健康安全，更适于商业和贸易，简而言之，更加现代化。在奥斯曼之前，巴黎已经是一个充满活力的地方，但同时也散发着臭味，肮脏凌乱，甚至血腥味弥漫。每天，数以千计的马匹载着人和货物从街道上走过，这些马匹留下的粪便成为巴黎垃圾秽物的一部分，成为城市生活的日常内容。除此以外，还有垃圾堆、污水池、从墓地渗透到土壤并散发出恶心气味的雨水、宰杀后准备到市场售卖的肉类、没有冷冻冷藏而腐烂变质的食物，更不用说还有跳蚤、老鼠和流浪狗，任何一个人都可以想象奥斯曼所面临的挑战。

城市的现代化改造涉及很多人所说的"创新性破坏"，也就是说，在城市变革的过程中，一方面拆除旧的建筑，另一方面也为经济增长创造新的机遇。不过，在很多人看来，这种巨大变革所付出的成本要大于未来潜在的收益。与人们普遍想象的不同，奥斯曼在城市改造中保留了巴黎旧城更多的元素，但即便如此，奥斯曼重建后的巴黎依然呈现出极不相同的景致，给人以全新的感觉。对于奥斯曼的城市改造是否真正有效,巴黎人莫衷一是,聚讼不休。很多居民认为,原来的城市布局很不规则,有着这样那样的犄角旮旯,体现出巴黎特有的风格,他们为城市改造后这一风格的消失而感到遗憾。烦冗的城市拆除、重建、装饰过程中,常常会在市区留下敞开的洞口,弄得粉尘、泥土到处都是,而且这种混乱的状态往往会持续数年,这使那些目睹了整个巴黎城被"摧毁"的过程并对之持批评意见的人更加不满。为了城市的所谓大发展而以低价征用私人房地产的做法,也激怒了很多土地所有者。由于顾虑整个巴黎改造工程会有损自己的声望,拿破仑三世最终在 1870 年 1 月解除了奥斯曼的职务。

奥斯曼不仅改变了人们生活和工作的地方,还引发了一系列的社会变革,这些变革的影响甚至和城市改造一样深远。原来的旧城区被成片地拆除,让位于新的道路、具有最新便利设施的大楼或别出心裁的百货商店。随着城市改造的进程发展,普通的工薪阶层常常因为生活成本太高而被迫迁离市中心。很多普通大众没有地方去,只好栖居在巴黎城的边缘,不是搬到行政区的外围,特别是城市东北部,就是去城市毗邻的郊区城镇。

19 世纪的最后几十年,巴黎的工业迅猛发展,郊区因为地价便宜,逐渐变成工厂的所在地,生产各种产品,从化工制品、橡胶到汽车和胶水,应有尽有。为了找工作,工人们已经开始涌向那里。随着人口从地方各省向巴黎的不断迁移,随着奥斯曼的城市改造,工人到郊区找工作的态势不断扩大。到了 1900 年,在大巴黎地区,郊区的人口所占比例已达到 26%,而且这一比例还在升高。

这些郊区城镇创造了大量的财富,使得现代化的城市生活成为可能。但是,生活在郊区的人们并不总是能从巴黎市民享用的城市设施中受益。那些依旧在市里工作的郊区居民面临着长途通勤的困难。新的地铁系统还没有与其他公交线路连接起来,因此对他们来说也无济于事。尽管巴黎周边的一些地区在世纪之交已经通过自己的力量实现了繁荣发展,但是很多城郊地区依然缺乏现代化的基础设施,比如自来水、污水处理、电力供应等。在这种情况下,激进的、有组织的劳工运动逐渐兴起,势力越来越大,向郊区的工人阶级大声疾呼,社会主义和共产主义政党赢得了那里的大多数选票,因此,很多城郊地区开始是以红色地带(Red Belt)为人所知的。①

资产阶级不断壮大,与以前相比,资产阶级的生活区和工人阶级的生活区相距越来越远。对资产阶级来说,从空间上远离贫困地区,是衡量成功与否的显著标志,而且远离穷人使富人感到更加安全,同时也让他们忽视一直存在的城市贫困现象。对穷人来说,生活总体来说变得更加糟糕。在奥斯曼创建的绚丽城市的表象之下,贫困的生活会引发焦虑和怨恨。

奥斯曼男爵的城市改造中最为醒目的是地上的街道和建筑。不过,奥斯曼对于地下的改造同样重要,他改造了巴黎市的地下管道设施。水一直是城市生活的关键要素,但是19世纪中叶的塞纳河已经完全被城市街道和污水池的废水径流污染了。即便经过过滤,水质也达不到奥斯曼所设想的模范城市的要求。另外,巴黎先前的给排水管道已经不能满足日益扩大的都市的供水需求。

欧仁·贝尔格朗(Eugène Belgrand)是奥斯曼手下负责水问题的专家。奥斯曼要求他想办法,为整个城市提供充足的淡水。贝尔格朗设计了引水渠,将城市和周边地区的众多泉水连接起来。

---

① 关于巴黎与其郊区之间的关系,参见 Lenard R. Berlanstein. *The Working People of Paris*, 1871—1914. Baltimore: Johns Hopkins University Press, 1984; Tyler Stovall. *The Rise of the Paris Red Belt*. Berkeley: University of California Press, 1990.

短短几年时间,巴黎居民就喝上了比过去任何时候都干净的水。经过奥斯曼的城市改造,巴黎市的人口翻了一番,但是到他1870年离职的时候,居民排出的污水数量也翻了一番。

奥斯曼和贝尔格朗一旦向城市供应了更多的淡水,就不得不考虑如何将废水再排出去的问题。巴黎已经有了庞大的污水和下水道系统,但是由于都市的不断扩大和水供应的不断增加,这个系统远远不能满足需求。19世纪50年代,在长达240英里的街道下面,污水管道的长度还不到100英里,而且每当暴雨袭来,这些下水管道就几乎不敷使用,主要原因是下水管道不够粗。这些早期的下水管道在铺设时所留的空间能允许人爬进去对其进行清理,但里面的空间也就这么大。在塞纳河附近,排水站将不同管道流过来的污水汇聚起来,再通过地下排水管网将污水排出去,这一排污系统容易受塞纳河冬季洪水泛滥的影响。贝尔格朗设计了更大的排污通道,里面可以铺设轨道,轨道上可以行驶机动车,清洁工可以乘车在里面通行。

在奥斯曼进行城市改造之前,巴黎人的很多污秽废物(这有时指的就是人的粪便)仍然需要人工从楼房里清理出去,放到化粪池里。有些污物依然会被非法地埋在花园或院子里,因为雇人在夜间把粪便运出去的费用太高,很多人家付不起。而新的下水管道可以处理建筑物里的污水以及从街道上流过的雨水。1894年,巴黎开始要求所有的家庭污水包括人的排泄物都排入地下的管道里。巴黎政府声明,一切污水都要进下水道。1903年,与下水道连通的家庭数量首次超过使用化粪池的家庭数量。然后,所有的污水从下水管道中再往西排放,流向巴黎城外的塞纳河下游。

强调供应清洁的饮用水,清除污水,部分原因来自持续不断的疾病威胁。与欧洲很多地方一样,巴黎周期性地爆发大规模的霍乱。由于霍乱,巴黎 1832 年死亡 1.8 万多人,1849 年死亡 1.6 万多人。奥斯曼上任时,这些事件在他的脑海里记忆犹新。尽管在随后的岁月里,霍乱致死的人数越来越少,但是在 19 世纪的大多数城市里,霍乱、伤寒以及其他传染性疾病导致死亡的情况依然十分常见。

几百年来,人们认为浊气、臭气、恶气都是瘴气,令人恶心难受。到了 19 世纪下半叶,人们关于疾病的理论慢慢开始发生变化,有些医生对疾病来源于气味的观念提出挑战,进而提出"细菌理论"。19 世纪 60—70 年代,法国化学家路易·巴斯德(Louis Pasteur)研制出一种炭疽疫苗,发明了杀死致病微生物的消毒方法,从而使微生物病菌致人生病的理论变得家喻户晓。不过,当 1876 年塞纳河发生洪水的时候,奥斯曼还是组织人员在全城张贴告示,教导市民如何清洁他们的房屋。这些告示主要是建议在门廊上点一堆火,所有进出房间的门都打开,以便"清洁空气"。①

奥斯曼和贝尔格朗对于修建下水道的兴趣,至少部分地促进了更多的水在城市里流动,从而使水变得更加清洁、安全。奥斯曼采用 19 世纪中期通行的类比法描述他自己所在的城市:"地下的管道,是这座庞大城市的器官,就像人体内的器官一样发挥着作用,但从来不暴露在光明之下。纯净清洁的水以及光和热,就像不同的液体,在城市的地下循环往复,为城市的生命提供支持。"②城

---

① F. Voisin. Avis au public, 1876 - 03 - 23. Archives de la Préfecture de Police, DB 159. 关于对巴黎城市卫生的讨论,参见 David S. Barnes, *The Great Stink of Paris and the Nineteenth Century Struggle Against Filth and Germs*. Baltimore: Johns Hopkins University Press, 2006.

② David Jordan. *Transforming Paris: The Life and Labors of Baron Haussmann*. New York: Free Press, 1995: 274. 我此处关于奥斯曼城市改造以及城市水网管理的讨论资料,不仅涉及约旦(Jordan)的著作,还包括其他学者的著作,主要是: David Pinkney. *Napoleon Ⅲ and the Rebuilding of Paris*. Princeton: Princeton University Press, 1958; Philip G. Nord. *Paris Shopkeepers and the Politics of Resentment*. Princeton: Princeton University Press, 1986; Mattew Gandy. The Paris Sewers and the Rationalization of Urban Space. *Transactions of the Institute of British Geographers* 1999, 24: 23 - 44; Roger V. Gould. *Insurgent Identities: Class, Community, and Protest in Paris from 1848 to the Commune*. Chicago: University of Chicago Press, 1995.

市是个有机体,需要持续不断地更新,需要有一种能够清除废物的可靠办法,从而保持城市的健康发展。城市的排污管道还没有完成,奥斯曼就去职了,不过在他离开的时候,城市街道下面的排污管道里程已经增长了四倍,原先的旧管道也进行了改造,变得更宽、更大、更有效。

进入 20 世纪,巴黎市民认为,即使塞纳河的水位上涨得再高,巴黎的地下排水系统也能将洪水排出去。他们还信任水文观测服务站(Hydrometric Service)的工作人员,认为他们会及时提供警报。根据奥斯曼的指令,欧仁·贝尔格朗在 1854 年创建了水文观测服务站,主要是测量塞纳河的水位,研究河水上涨的规律。直到 1878 年去世,贝尔格朗都一直担任这个机构的负责人,指导他的工程师每天都极其精准地对河水深度、降雨量、气象条件等进行分析。通过这种方式,贝尔格朗不断深化对塞纳河及其河水流动的认识,并运用这些观察到的资料和分析结果以及其他数据,撰写了几部关于塞纳河的著作。这些著作影响深远,即使在贝尔格朗去世后,依然对巴黎沿河两岸的发展发挥着关键作用。

贝尔格朗创建的这个水文观测站可以预测塞纳河流域的高水位,而且非常精准。水文观测人员分析、研究此前的洪涝资料,建立起数学预测模型。但是,即便有这些复杂的计算公式,水文工程师们对洪水的预警最多也只能提前 24 小时。而且,就是在正常的情况下,要想使这些科学的水文预测数据真正起作用,工程师们还需要有一种直觉,来判断河流可能会发生什么,这种直觉基于个人的知识经验。

奥斯曼已经启动了城市改造和发展的车轮,后来的建设者沿着奥斯曼和欧仁·贝尔格朗开辟的道路继续前进。不过,后代的工程师们有时会忽略前辈的智慧,无意中增大了洪涝灾害的风险。

贝尔格朗已经对塞纳河进行了数年的认真研究,围绕塞纳河的历史和洪水模式撰写了大量文章。他非常清楚塞纳河洪水的威力,了解塞纳河洪水到来之前的迹象,所以建议通过抬升塞纳河从东边流入巴黎以及从下游流出巴黎的堤岸高度来应对季节性的洪峰,防止洪水像过去那样溢决堤岸。工程师们的确抬高了堤岸,但是从来没有达到贝尔格朗所建议的高度。如果真要那样做,就会挡住塞纳河的风景以及矗立在两岸的精美建筑。最终,审美上的需求战胜了工程上的建议,巴黎在洪水面前也因此变得脆弱。

尽管塞纳河继续在巴黎的功能运转方面发挥着关键作用,但是在很多人的意识里,它已经开始渐渐隐退,退居到塞纳河上的人文建筑后面。在 19 世纪 30—40 年代,不论是旅行指南里面还是小说家笔下,都有对塞纳河的翔实描述,认为这条河在巴黎市民的生活中发挥着核心作用。但是到了 19 世纪 70—80 年代,尽管塞纳河在贸易和航运方面依然很重要,但是铁路等现代设施的发展逐渐遮蔽了塞纳河的光芒。在描述城市生活方面,艺术家更多地展现宽阔的大道和崭新的大桥,而不再是塞纳河中流淌的古老悠久的河水。当 19 世纪末期的画家把目光投向塞纳河时,他们都涌向岸边,比如克劳德 · 莫奈(Claude Monet)的《日出 · 印象》(*Impression, soleil levant*, 1872),或者是去巴黎之外的度假岛屿和乡镇。乔治 · 修拉(Georges Seurat)离开巴黎,到塞纳河下游的一个旅游胜地,创作了《大碗岛的星期天下午》(*A Sunday Afternoon on the Island of La Grande Jatt*, 1884—1886)。皮埃尔 · 奥古斯特 · 雷诺阿(Pierre-Auguste Renoir)去了巴黎城外不远的沙图(Chatou)镇,创作了《游艇上的午餐》(*Luncheon of the Boating Party*, 1880—1881)。塞纳河,特别是在城市边缘的河段,依然是人们休闲娱乐的重要地方,但已不再是城市中心那个迷人的枢纽,部分原因是人们认为这条河已经被驯服了。①

1870—1871 年普法战争爆发前夕,奥斯曼被解职了。这场持续时间短但令法国人深感耻辱的军事冲突,源于欧洲大国之间的均势被打破。据传,普鲁士国王和法国大使之间有侮辱性言辞,当这些言辞公布于众时,两个国家的人民都非常愤怒,呼吁进行报复。法国在 1870 年 7 月向普鲁士宣战,但是不久,其他德语国家与普鲁士一方结成联盟,数以千计的男人参军作战。普鲁士军队从东面进攻,法国军队遭遇溃败,国王拿破仑三世被俘,致使拿破仑政府垮台。在战事胶着时期,普鲁士军队将巴黎围困了将近四个月,饥饿几近迫使这座坚强不屈的城市投降。后来,交战双方达成休战协议。法国与新统一的德意志帝国签署了和平条约,被迫将东部的阿尔萨斯省和洛林省割让出去。

普法战争及其影响改变了巴黎人民与其政府之间的关系。很多市民深深感到,他们被战败的拿破仑三世和法国军队抛弃了,因为国王和法国军队没有将巴黎从围困它的普鲁士军队中解救出来。法国与入侵者的战争结束后,激进派特别是那些居住在城市东北部的人,抓住机遇,于 1871 年宣布巴黎是独立的城市国家。奥斯曼的城市改造工程开始以后,工人从市中心迁到东北部地区,富人和穷人之间的差距日益加大,工人们深受其苦。加入激进派的人越来越多,其中有城市居民,也有一些地方军人,他们共同建立了广为人知的巴黎公社(Paris Commune)。与此同时,由于拿破仑三世被俘,法国成立了新的国家政府,而首都巴黎的独立给这个年轻的民主政府带来了第一个危机。在共和国领袖的指挥下,法

① 参见 Margaret Cohen. Modernity on the Waterfront: The Case of Haussmann's Paris // Alev Cinar and Thomas Bender, eds. *Urban Imaginaries: Locating the Modern City*. Minneapolis: University of Minneapolis Press, 2007.

国的政府军重新夺取了巴黎市，进行了激烈的巷战，以极其残酷、暴力的方式，对起义人员进行屠杀。这在后人的记忆里被称为"血腥的一周"。未战死的巴黎公社社员被流放到南太平洋上的新喀里多尼亚（New Caledonia）。那些岁月造成的重大政治分歧和文化分歧一直延续了几十年。

普法战争结束和巴黎公社起义被镇压以后，新政府努力工作，积极建立自己的合法政权。1870 年，就在第三共和国成立的时候，有几个政治派别都各自声称是法国的合法政府。君主制主义者得到天主教会的支持，呼吁回到波旁家族的统治上来——波旁家族的统治在 1793 年路易十四走上断头台后就结束了。波旁王朝曾于 1815 年复辟，但是在 1830 年被另一个皇族推翻。这个皇族是奥尔良家族（Orléanists），他们也声称拥有统治权。而波拿巴主义者（Bonaparist），包括那些在信念上追随拿破仑一世的人和那些忠于他的侄子拿破仑三世的人，代表着另一个政治派别的力量。

赞成 1792 年成立的第一共和国和 1848 年成立的第二共和国的共和派的力量不断增强。此外还有社会主义者、无政府主义者以及其他激进主义者，他们中的很多人从人民政府的理想中获得启示，对于更加温和的共和政体抱怀疑态度。人民政府的理想曾经促进了巴黎公社的建立，尽管巴黎公社"流产"了。同时，天主教对于国家日益控制教会在日常生活中的影响非常不满，这种控制最终在 1905 年导致了法律上的政教分离。当时，国家与国家之间、种族与种族之间的冲突日益增多，新的极右团体希望法国在这些冲突中体现自身的优越性，提倡暴力和骚乱，不喜欢选举和对话，他们改变着法国政治的进程。反犹主义政客认为外国密谋破坏法国文化，在社会上煽动起恐惧情绪。小商贩对于政府不能满足他们的要求心生厌倦，对于 19 世纪 80 年代的经济萧条心怀不满,于是抛弃共和国,转向极右派阵营。

第三共和国所面临的挑战甚至还来自内部,包括前军事统帅、首任总统和君主立宪制同情者帕特里斯·德·麦克马洪元帅(Marshal Patrice Maurice de MacMahon),以及鼓动平民骚乱的乔治·布朗热将军(Georges Boulanger)。这两个人都质疑政府的合法性,引发了严重的政治危机。工业和经济变革导致的社会冲突日益增多,再加上为数众多、相互竞争的政治团体,以及成员不断变换的联盟,彼时的政治生态变得极端复杂,反复无常。

由于对政治派别林立深感沮丧,很多巴黎市民发现源于法国大革命口号"自由、平等、博爱"的共和国执政理念越来越成为一句空话。除了理想的破灭外,还有这样一个事实:在巴黎公社以后,巴黎失去了完全自治的权利。直到1876年,国家军队一直驻扎占领着巴黎,并实行军事管制,实施严格的宵禁和戒严。法国政府完全不信任巴黎人能够管理好自己的事务,因而依靠官僚机构和军事力量来实现对这座城市的控制。塞纳省的省长从很久以前就是由国家政府任命的。1871年以后,巴黎市政府以及20个行政区负责日常管理工作的地方官员也由国家政府任命,这些官员对省长负责,而不是对人民负责。尽管巴黎市民选举了市议会,在地方政治事务中发挥着重要作用,但实际上,真正负责管理巴黎的是塞纳省的省长(直到1977年,巴黎市民才重新拥有选举市长的权利)。

就像拿破仑三世在1867年的所作所为一样,第三共和国的官员们也利用一届世界博览会来强化自己的执政合法性,展现民主政府领导下的人民生活是多么幸福美好。1889年,法国政府举办世博会,为纪念法国大革命100周年,竖起了埃菲尔铁塔,埃菲尔铁塔高耸在城市的上空,以此展现现代工程的力量和壮美。

在20世纪这个新世纪的前夜,第三共和国再一次诚邀世界各

国人民来到自己的首都,感受这个城市的进步和发展。从 1900 年
4 月到 11 月,从温暖的春季和夏季一直到凉爽的秋季,有 5000 多
万人来到法国首都,参加另一个世界博览会(Exposition
Universelle)。世博会期间,在巴黎的中心地带,沿着塞纳河两岸,
设立了十多个展览馆。世博会的主要展览场地在塞纳河左岸铺展
开来,占地达数百英亩,从荣军院广场(Esplanade des Invalides)一
直绵延到战神广场(Champ-de-Mars)。荣军院广场掩映在荣军院
的阴影里,而荣军院金色的穹顶雄伟壮丽,里面埋葬着拿破仑的尸
骨。战神广场旁边是埃菲尔铁塔,它高高地耸立在空中。

　　1900 年参加世博会的人对未来都怀有美好的憧憬,因为这次
展览充分展示了人类改造世界的能力。参观者抵达协和广场
(Place de la Concorde)附近的入口时,就会看到一个雄伟的大门,
两侧分别有一个塔,法国的国旗在风中飘扬。一个装饰华丽的穹
顶和一尊代表着“进步”的雕像矗立于三个巨大的、精心建造的拱
门上,拱门上漆着国旗上的蓝、白、红三种颜色,这是通往另一个世
界的大门。一波又一波迫不及待的游客——来自世界各地的男
人、女人和孩子们,兴高采烈、满面红光,从 36 个检票口簇拥而入,
这些入口每小时可以进入 60 000 人。进来以后,他们走上协和桥
(Pont de la Concorde),塞纳河在他们脚下静静流淌,过了桥,就到
了位于左岸的世博会主场地。

　　在世博会主场地,很多游客看花了眼,可能都不知道先去哪里
参观。夺人眼球的崭新的建筑是专门为这次博览会建造的。其中
东边是一个全部电气化的火车站——奥塞站(Gare d'Orsay),体现
着浓郁的学院派布杂艺术(Beaux-Arts)风格。亚历山大三世桥
(Pont Alexandre Ⅲ)是博览会上代表人类进步和技术魔力最耀眼
的标志之一,是巴黎第一座横跨塞纳河的单拱大桥,以恢宏的气势

实现了工程技术和艺术审美的完美结合。这座白色的大桥装饰繁复华丽，典雅夺目，使参观者可以安全地跨过塞纳河，在世博会几个主要的展览馆之间穿梭。巴黎大皇宫（Grand Palais）和小皇宫（Petit Palais）是专门为世博会建造的，其中大皇宫的穹顶是钢结构，镶嵌着玻璃，大厅内摆满了来自法国和全世界的艺术品。在博览会主展馆附近，蜂拥而至的参观者摩肩接踵，一睹世界艺术大师的传世之作，比如达·芬奇（Leonardo da Vinci）的神秘画作《蒙娜丽莎》（Mona Lisa），不朽的古希腊雕塑《萨莫特拉斯的胜利女神》（Winged Victory of Samothrace），这幅雕塑被发现的时间距那时还不到40年，因此是卢浮宫里新收藏的艺术品中非常耀眼的作品。

阿尔弗雷德·皮卡尔（Alfred Picard）是规划和举办这次世博会的总代表，他希望参观者在世博会上体验的正是恢宏和奢华。皮卡尔和他的团队在1893年规划这次世博会时建议的预算达数百万法郎。巴黎1889年世博会的最终报告是皮卡尔撰写的，因此他对筹备1900年世博会所面临的行政管理事宜已经胸有成竹。皮卡尔1844年出生于斯特拉斯堡（Strasbourg），毕业于国立桥路学校（Ecole Nationale des Ponts et Chaussées），经过专业学习后成为一名工程师，和古斯塔夫·埃菲尔（Gustave Eiffel）一样，是19世纪中期那一代坚定地相信利用技术来管理世界的贤达之一。在19世纪70—80年代，皮卡尔在法国各地修筑铁路、开挖运河。他的专业训练和实际经验使他谙晓水的流动规律，也掌握了控制水流的方法。在皮卡尔职业生涯的早期阶段，他花了很多时间和精力，希望达到治水的目的。

在机械馆（Gallery of Machines）和电气宫（Palace of Electricity），参观者看到了数千个新发明和新产品，包括新型的家具、纺织品、消费品以及冶金、农业、光学和建筑领域的最新技术。数百万人在世博会上第一次亲眼看到了汽车。在被誉为万国街的大道上，有40多个国家的展览馆，世博会参观者可以走进任何一个，还可以观看硕大的地球仪（Celestial Globe）——直径约为145英尺，下面有四个石柱。夜幕降临，地球仪从里面点亮，就会照亮世博会展览场地。此后，参观者还可以登上巨大的摩天轮（Ferris Wheel），每转一圈就可让数百个人从将近350英尺的高空俯瞰下面的景致。很多人还同时参加了第二届奥运会，因为这届奥运会也是在巴黎举办的，从1900年5月一直延续到10月才结束。

一名美国记者给《费城探询者报》（The Philadelphia Inquirer）撰稿，他在向美国国内读者描述所看到的景象时，简直激动得不能自已。他写道："用你全部的心思，回忆你所看到的最炫的舞台变幻场景，然后在你的想象中将其铺展开来，这一切与（世博会）炫目的光芒相比，只不过是烟头燃尽的余星……这座宫殿之城的任务似乎就是制造恒星、普通行星、小星星和彗星，所有这些星星都镶嵌着昂贵的宝石，现在这座城市正夜以继日地与一个专门的工厂合作制造彩虹。"①

无论白天还是黑夜，世博会参观者都对展览会上五彩缤纷的电灯感到眼花缭乱，好像是梦幻仙境来到了人间。不论观看哪个地方，参观者都会看到电气的神奇展现，因为它是本届世博会的主题之一，很多展品都运用了电，将电的威力发挥到极致。夜晚，电

① Paris Exposition's Beautiful Fetes. Philadelphia Inquirer, 1900 - 10 - 26. 关于1900年世博会的详细情况，我主要参考了 Exposition universelle de 1900 : les plaisirs et les curiosités de l'exposition. Paris: Librarie Chaix, 1900; John E. Finding, ed. Historical Dictionary of World's Fairs and Expositions, 1851—1988. New York: Greenwood, 1990; Parl Greenhalgh. Ephermeral Vistas: The Expositions Universelles, Great Exhibitions, and World's Fairs, 1851—1939. Manchester, UK: Manchester University Press, 1988; Richard Mandell. Paris 1900 : The Great World's Fair. Toronto: University of Toronto Press, 1967; Johathan Meyer. Great Expositions: London, New York, Paris, Philadelphia, 1851—1900. Woodbridge, UK: Antique Collector's Club, 2006; Rosalind Williams. Dream Worlds: Mass Consumption in Late Nineteenth Century France. Berkeley: University of California Press, 1892.

气宫里同时闪烁变幻着数千盏红色、蓝色、黄色、白色的灯,如海的人潮涌过来观看这一壮观的景象,并为之欢呼雀跃。由于运用了特殊的照明技术,展览场馆外面的喷泉变幻着粉红和蓝色,将普通的水流变成了炫目的液体灯光秀。特罗卡德罗宫(Trocadéro)位于塞纳河的另一边,与埃菲尔铁塔和其他十几座建筑遥遥相对,其正面闪耀着数千个灯泡。塞纳河上,机动游船繁忙穿梭,船上的乘客可以凭河眺望,从夜幕下塞纳河漆黑的河面上,欣赏河水反射的世博会点点灯光。

电力驱动的自动人行道很快就成为世博会的热门话题。尽管从本意上看这一设施纯粹是功能性的,其目的仅仅是为了运送往返不同展览馆的参观者,但是这个自动人行道本身却成了人们喜爱的风景。自动人行道给人带来极大的乐趣,世博会的参观者欣喜异常,有的站在上面,手扶护栏,静静地享受在人行道上缓缓滑动,并随着自动人行道的行进观赏缓缓流淌的塞纳河。其他人特别是孩子,从自动人行道上跳下来,再跳上去,与这个运动着的新设施玩耍。据说,是年10月,有个孕妇在自动人行道上产下一个男婴,并给这个孩子取名为"自动人行道"。[1]

在巴黎,世博会参观者从一个地方到另一个地方时,还可以选择另外一种新的交通工具——因为巴黎刚刚开通了地铁,这是当时世界上第四个地下列车系统。地铁立即受到了参观者和巴黎市民的欢迎。《费城探询者报》的记者甚至抱怨,他只好放弃乘地铁了:"因为等待乘地铁的人太多了,排起来的队伍从地下站台一直延伸到大街上的入口处。"[2]1900年7月19日,也就是博览会进行到大约一半的时候,巴黎建的18个地铁站中有8个开通运行,剩下

---

① Child Born on the Trottoir Roulant. *New York Times*, 1900 - 10 - 14.
② Paris Exposition's Beautiful Fetes. *Philadelphia Inquirer*, 1900 - 10 - 26.

的 10 个地铁站也在夏天完成了。当巴黎的游客搭乘从文森门站（Porte de Vincennes）到马约门站（Porte Maillot）的地铁（现在被称为 1 号线）时，他们其实是在这座历史悠久的城市心脏的地下，恰好顺着塞纳河呼啸而过，沿香榭丽舍大街（Champs-Élysées），经协和广场、杜乐丽花园（Tuileries）、卢浮宫，一直到玛莱区（Marais）甚至更远的地方。1900 年，大约有 1500 万人乘坐了地铁。到了 1909 年，乘坐地铁的人数超过 3 亿。从城市的一个地方去另一个地方，要比以前快捷、容易多了，这也预示着将来会有更大的进步。

　　法国商业部长亚历山大·米勒兰（Alexandre Millerand）在世界博览会的开幕辞中说："机器已经控制了整个世界，正在替代工人，同时也由工人操作，拓展地球上人与人之间的关系。在人类智慧的胜利面前，即便是死神也会退却。"米勒兰在讲话中表达了当时人们的共识，即世博会上展示的人类不懈努力的成果，将改变这个世界。世博会还表达了这样一种共识：创造更加美好的未来需要开展国际合作。米勒兰在开幕式上对云集而来的与会者发表讲话，表达了对大西洋两岸崇尚变革的改革者来说都非常熟悉的观点："人类需求的多样性和交流的快捷性，会导致国际合作，这种国际合作越多，我们就越有理由希望和相信，世界的和平比敌对能创造更多财富的那一天就会到来，人类的劳动是可敬的。"①法国总统埃米勒·卢贝（Emile Loubet）在他的世博会开幕式讲话里，用另一种方式表达了倡导"和平与进步"②的理念。在未来的世界里，科技创新和经济繁荣甚至会消除战争的威胁。

　　如果参观者想保存世博会带给人们的未来图景，他们可以购买明信片，这种明信片有数百种，巴黎到处都有出售。在世博会期

① http：// www. expo2000. de ／ expo2000/ geschichte ／ detail. php？ wa_id = 8&land = 1&s_typ = 21.
② Paris Exposition Formally Opened. *New York Times*，1900 - 04 - 15.

间,携带着轻便袖珍相机的摄影师在城市里穿行,用镜头记录下展览会上那些令人拍案叫绝的展品,拍摄前来参观的人群,同时还留下了很多关于这座城市最美风景名胜以及建筑物的照片。有些明信片描述的是巴黎大街上普通的生活场景,人们在街道上徜徉漫步,或者去商场购物。所有关于世博会的明信片展示的都是巴黎市最美的一面,让人们感受到这是巴黎人民用双手建设的一个光彩夺目的现代化城市,它正在昂首迈进新的世纪。这些图画描绘了一个可以完全被人类控制的未来。不过,尽管世博会上和照片里展示了那么多的新技术和现代科学,但是有两股巨大的力量是人的能力所不能左右的,这就是天气和塞纳河。

世博会上诚然有很多迷人的风景,但巴黎市最美丽、最负历史盛名的景色依然是塞纳河,这条河从世博会展览馆旁边流过,为人们提供了一个远离世博会游人和展馆嘈杂的暂时安静之所。与世博会上展现的未来乌托邦式的远景不同,塞纳河的古老面貌诉说的是深植于土层之中的悠久历史。塞纳河的水通常有 30 多英尺深。从码头沿着一个又一个的楼梯井和斜坡往下走,可以到达宽阔的、用石头砌成的堤岸。多数情况下,塞纳河的两岸都有这样的堤岸。很多堤岸非常宽,上面可以行驶卡车,方便给沿河岸排列的众多船只装货。这些堤岸还为野餐郊游、外出兜风或者单纯观赏河水提供了优美的驻足场所。从河面上看,远处的城市好像只有屋顶和天空,因为拥挤街道上的车水马龙都隐匿到高高的岸墙后面了。从河的堤岸上看,塞纳河近在咫尺,触手可及。整齐、规则的石墙将人造的城市和自然的河流清晰地分隔开来,这似乎给人们提供了保护,但其实只是个假象。

第一部分

洪水来了

第一章

塞纳河突然暴涨

　　1910 年的第一天,天气异常明媚、温暖。一般来说,每年的这个时候,巴黎总是寒冷、多雨,因此温暖的天气格外受到欢迎。巴黎市民以及来自郊区和地方各省的数百名游客在前一天夜里玩到很晚,灯火通明的大街上和温暖的咖啡馆里挤满了人,他们在迎接新年的到来。当晚的气温达到华氏 43 度,街道上的人们相互祝愿,希望 1910 年幸福吉祥。[①]

　　不过,那天法国的其他地方并没有这么阳光明媚。距巴黎以西几百英里的地方,布列塔尼(Brittany)半岛上风雨交加,汹涌的海水冲击着布列塔尼海岸。低气压气流开始穿过英吉利海峡,往东朝巴黎方向移动。由于几周来罕见的冬季暴雨,法国北部和低地国家的土层已经浸透了水,这次低气压带来了更多的降水。在沿海村庄,暴风刮得窗户和门吱吱作响。

　　到了新年的第二周,暴涨的河水开始溢过塞纳河及其支流的堤岸,淹没了巴黎东边和南边位于上游的一些小镇和村庄。劳洛里(Lorroy)是一个采矿小镇,坐落在鹿恩河(Loing River)畔,在巴黎东南 50 英里处。1 月 21 日星期五,洪水的破坏性力量在这个小

---

① La Tempèrature. *Le Temps*, 1910 − 01 − 02.

镇完全爆发。鹿恩河是塞纳河众多的支流之一，由于连降暴雨，水位暴涨，因此河水比以往任何时候流得都快，都迅猛。由于采矿，当地的岩石层已经遭到破坏，汹涌而来的洪水更使那里的地质危如累卵。

劳洛里的男人在小镇外面的山上以挖煤为生。煤开采出来以后，工人们装上船，沿着一条人工运河进入鹿恩河，最终运到巴黎或更远的地方。这样的人工运河对于经济发展极为重要，因为可以快捷方便地将煤炭这种值钱的商品运输出去。不过，到了雨季，运河里的水就会溢满，而且，据媒体报道，溢出的河水会流向附近本已遭受暴雨袭击的小镇以及小镇周围的土地。

这些满脸尘灰的矿工每天都会在一点钟左右回家吃午饭。1月21日，他们照例回家吃饭，只是步履艰难，因为一路上暴雨倾盆，街道上泥泞不堪，湿滑难行。他们吃午饭的时候，在没有任何先兆的情况下，村子突然开始剧烈地摇晃。桌子上的盘子、杯子叮当作响，房间里的家具左右摇晃。孩子们惊恐地叫喊着，连忙爬到桌子底下躲起来。

在雨水和重力的强力拉动下，山坡上一大片被雨水浸透的土层轰然坍塌，咆哮着冲下山坡，挡道的树木瞬间折断消失。人们还没有来得及对山坡崩塌作出反应，泥石流瞬间就沿着山坡呼啸而下，吞噬了村里的几户人家，当时那几家家里还都有人。在泥石流的冲击下，树木、瓶子等玻璃制品迅疾漂走，门板也被冲离了门框。

可怕的泥石流终于结束了，逃过一劫的劳洛里村民从家里跑出来，查看受灾情况。他们注视着邻居家被摧毁的、已经大半被掩埋的房子，不知道里面的人是死是活。远处高坡上原来覆盖着植物和树木的地方，现在则成了一个泥泞的大裂口。

当地警察和消防队员迅速赶到现场，与受灾者的亲友和家人一起搜寻幸存者。数百名灾民站在那儿啜泣呜咽,救援人员彼此之间大声呼喊着,提示着在哪儿挖掘。他们用锄头、铲子甚至双手疯狂地扒掉淤泥,直到听到呼救声的时候才停下。驻扎在附近军事基地的士兵闻讯后也抓起工具,急匆匆跑过来参加救灾。那天天气寒冷,大雨滂沱,但每个人都在奋力地救援,没有休息,他们希望尽可能多地抢救受灾的村民。夜幕降临,救援人员点上篝火和火把,将车灯照向混杂着碎石、瓦砾和淤泥的受灾现场,以便挖掘尸体和救援伤者的工作能够继续。

1月21日深夜,劳洛里的村民仍在借助火光的照明,在一片狼藉中进行着救援,而在塞纳河上游距巴黎大约100英里的地方,有个古罗马时代的小村庄特鲁瓦(Troyes),那里的村民这个时候听到翻涌的河水冲决了河堤,冲向了街道。呼啸的河水和惊恐的呼救声将多数村民从睡梦中惊醒。很多人从床上跳起来,衣衫不整,在黑夜中跑向地势高的地方。他们眼看着塞纳河冲走了家园,却无能为力,只有无助地站在那儿。天渐渐黑了,特鲁瓦的村民聚集在洪水冲过后残存的房屋周围,简直不敢相信眼前发生的一切。洪水的力量太强大了,卷走了很多住房、商店的砖墙和屋顶,有些建筑物甚至完全坍塌了。

再回过头来看看劳洛里。天亮了,时间到了1月22日,村民们看到,他们用自己挖矿的微薄收入搭建起来的简朴家园已经被泥石流冲击得一片狼藉,只剩下一堆东倒西歪的破旧木头。劳洛里村民在废墟中搜寻着没有被毁坏的东西,把上面的淤泥擦掉。这次泥石流来势凶猛,威力巨大,造成了严重的损失,致7人死亡,伤者众多。在1910年冬天肆虐的大洪水中,最先受到伤害的是法国这些最脆弱的人。

第二天,受灾村庄里的挖掘和搜救工作依然紧张地进行。巴黎报刊媒体的记者来了,询问着各种问题,记录下受灾现场的情形。扛着箱式照相机的摄影记者在泥石流废墟中穿行,希望找到安置三脚架和照相机的最佳地点,照相机的快门噼噼啪啪地响着,竭力捕捉这噩梦般的场景。这些照片不可能展现洪水破坏以及村民受灾的全部场景,但至少是将这次令人震惊的灾害的一部分带回巴黎,让巴黎市民看到。《画报》(L'Illustration)是法国当时非常知名的周刊,它刊载了一组关于这次洪灾的照片,所配的说明文字是这样的:"塞纳-马恩省(Seine-et-Marne)的小村庄劳洛里完全消失了。"①

此时,在位于塞纳河下游的首都,巴黎市民依然过着正常的生活,基本上没有关注上游城镇和村庄受灾情况的报道。1月21日是星期五,和多数日子一样,塞纳河堤岸上依旧人流如织,行人打着伞,在岸墙上走着去上班,或者是走亲访友,或者只是在1月里一个下雨的早晨出来散散步。那天,他们脚下是一片片水洼或水坑,清新凉爽的空气中弥漫着木炭和木炭燃烧发出的烟雾味。1月的巴黎,白天短而昏暗,夜晚长而寒冷,在这样寒气袭人的天气里,巴黎市民一般和家人待在一起,围坐在壁炉或炉子旁边,希望能暖和点。

从1月中旬开始,巴黎市民就从报纸上读到塞纳河上游河水上涨的消息。如果有人读到这些消息并进行思考,那么就一定会认识到,冲垮数百英里外村庄的洪水很快就会来到他们的城市。

但是,在很多巴黎市民心中,有其他许多事情需要考虑。新的一年才刚刚开始,12天的圣诞假期已经结束。国民议会从1月11日就已复会,继续就学校从宗教中分离出来这一议题进行激烈辩

---

① L'Illustration: journal universelle 1910. Paris: Dubochet, 1910-01-29,70. 这份杂志对劳洛里发生的洪灾进行了完整的描述,巴黎的日报也报道了这个事件。

论,这是 1905 年宣布的政教正式分离的内容之一。立法选举的各项安排正有条不紊地进行,各政治团体正确定自己的候选人名单,以提供给投票人进行选举。多数人对政治缺乏热情,而更加关心大众媒体刊载的那些煽情的新闻故事,特别是关心那些罪犯潜入军方或谋杀政客的报道。1 月 14 日,圣迪迪埃路(Rue Saint-Didier)上的维克托·雨果溜冰场开业,这家溜冰场离凯旋门(Arc de Triomphe)不远,吸引了巴黎很多孩子和家长的注意。①

在溜冰场热闹的开业活动中,巴黎市区内塞纳河的水位已经涨高了。但是,即便是那些注意到河水翻涌的人,也不会有很大的警觉,因为每年的这个时候,河水都要上涨。事实上,在 1 月中旬,塞纳河的水位已经涨落了两次。由于这个冬季雨水特别多,塞纳河的水位在 1909 年 12 月初和 12 月末两次上涨,都超过正常高水位好几英尺。刚刚过完阳光明媚的新年,塞纳河的水位开始下降,那些小洪峰制造的危险似乎已经过去。既然 12 月的洪水都没有带来麻烦,现在更没有人太过担心了。《画报》上刊登的一幅漫画体现了 1 月 21 日人们的心态,漫画中是一位优雅闲适的资产阶级绅士和他的夫人,夫人在读报,夫人告诉他的先生:"塞纳河上涨了。"先生漫不经心地说:"好啊,让它涨吧。"②大多数巴黎市民已经习惯了冬天的雨和雪,因此继续过着他们平静的生活。

如果有人花上点时间在 1 月 21 日星期五那个下雨的日子,扶着桥上的栏杆,探过身子看看桥下的河水,就会注意到正在辛苦工作的水文工程师队伍,报纸上也开始报道这些工作了。塞纳河再一次漫过了岸墙,到了 1 月的第三周,河水水位已经超过正常水平

① 参见 Elisabeth Hausser. *Paris au jour le jour:les événements vus par la presse,1900—1919*. Paris:Edition de Minuit,1968.
② *L'Illustration:journal universelle 1910*. Paris:Dubochet,1910,75. 这是该杂志的当年的年度回顾版。

好几英尺。水位观测者沿着岸墙走，仔细查看岸墙的情况，并在必要的地方用石头和沙子进行加固。对此，巴黎市民多将之看作一种预防措施。凡弥路（Quai de Valmy）与圣马丁运河的右岸相连，前一天，凡弥路上的一段路下陷，造成部分人行道坍塌，形成了一个几英尺深的豁口。① 就这样，巴黎人不断地发现类似的洞窟，特别是在那些下面建有排水道的地方。城市工程师和警察反应迅速，及时赶到现场，到了 1 月 21 日，一切都得到了控制。巴黎市民相信，他们城市的基础设施会保护他们。

保罗·W. 莱恩巴格（Paul W. Linebarger）是一名美国联邦政府法官，他那天离开巴黎去勒阿弗尔（Le Havre），从那儿乘船返回美国。他记得看到几个工人在河边紧张地忙碌着，对各处的岸墙进行检测和加固。他说："他们查看着，显得无可奈何，不知道河水溢流会这么大，以至于成了那个样子。"同样，来自纽约的 M. L. 娜托尔夫人（M. L. Nuttall）也从巴黎出发，搭乘同一艘轮船回美国，她在路上也看到了巴黎人对于河水上涨的反应。她说："事实上，巴黎市民不太关心，对于政府工程师加固河岸的举动，很多人都觉得是小题大做，甚至看作一个笑话。"② 她记得巴黎人望着上涨的河水，甚至还相互打趣，说河水还没有浸湿他们的脚呢。

巴黎人如果想知道塞纳河的水位，就去阿尔玛桥，看看那些巨大的石雕，那些雕像有大约 20 英尺高，矗立在与桥相连的桥墩上。雕像共有四尊，塑的都是士兵，两尊面对上游，两尊面向下游。这些士兵好像在护卫着整座城市，随时准备应对来自两个方向的危险。其中一个雕像是轻步兵，他是一名充满自信的殖民时期的士兵，身穿制服，斗篷在身后飘拂，拿着一杆步枪，手握枪杆的顶部。

---

① Rapport du 20 javier 1910. Archives Nationale，F7 12559.
② Saw Start of Paris Flood. *New York Times*，1910 – 02 – 01.

他的一只脚伸在前面，全神贯注地盯着塞纳河，长着胡子的下巴往上翘起，好像要立刻行动起来。到了1月21日，塞纳河的水已经开始拍打他靴子的脚踝处，水位高出正常水平约6英尺。但是，巴黎人知道，贯穿市中心的岸墙要比这里高很多，岸墙的高度要在这尊雕像的头部以上。

那一天，如果在堤岸上多待几分钟，观察一下塞纳河，就会看到一些不祥的迹象。河水流速极快，远远高于正常流速，每小时水流接近15英里。强劲的漩涡在河面上形成奇异的形状，掀起一簇簇白色的泡沫。平时繁忙的河道突然变得异常空荡，不管是驳船还是运输车，或者是拖船，基本上都停了下来。报纸报道说，此时在河上航行显然不安全。巴黎的日报《晨报》(Le Matin)这样描述塞纳河："木板、盒子、水桶、木梁、游艇上扔下的垃圾、树干等，都以极快的速度冲向桥墩。"[1]从河面上偶尔传来的巨大碰撞声，在离河岸很远的地方都能听到，就像发生了小型爆炸，声音在整个城市上空回荡。

虽然巴黎市一如既往地度过了繁忙的一天，但是城市工程师已经嗅到了巴黎即将面临的危险，开始加速他们在塞纳河上的工作。他们尽可能快地用沙袋在巴黎西部的奥特尔(Auteuil)社区修筑岸墙。尽管如此，那天下午，当地的几个排水管道还是开始壅塞，悄无声息中溢流到一些街道下面的地下室里，比如与塞纳河平行的菲利希安·大卫路(Félicien David)大街即是如此。看来，享誉盛名的巴黎工程师这次算是第一次遇到了劲敌。

维持巴黎市秩序的任务直接落到了一个人的身上，他就是巴黎警察局局长。这一职位的职责当时很宽泛，远不止单纯地办理

[1] L'Eau monte partout. *Le Matin*, 1910-01-21.

刑事案件。警察局长负责管理公共卫生事宜、监督城市清洁、防治流行传染病、确保巴黎有充足的食品供应。他还负责指挥消防队、疏导街道交通、监管火车运营。在他的领导下,警察局负责日常监视政治团体,防止有嫌疑的政团组织参与煽动性叛乱和组织劳工开展罢工。由于这项工作涉及面广,因此警察局长成为整个城市里最有权势的人之一,职权仅次于塞纳省的省长,也就是奥斯曼曾经担任的那个职位。正是由于这个原因,大多数警察局长干的时间都不长。在民选官员看来,他们是潜在的政治对手。自 1800 年设立这个职位以来,共有 78 人担任过警察局长一职,仅有 3 个人任职的时间超过 10 年。1910 年,担任这个职务的人是路易·雷平(Louis Lépine)。

雷平 1843 年出生于里昂(Lyon),普法战争爆发的时候,他正在巴黎攻读法律。雷平投笔从戎,在阿尔萨斯地区斯特拉斯堡西南的贝尔福特(Belfort)市服役,担任军士长。法军在贝尔福特打退了普鲁士军队的多次进攻,在普鲁士军队封锁围困的情况下,坚守了好几个月。普法和平协议签署以后,就像阿尔萨斯的其他地区以及附近的洛林地区一样,雷平和他那些参加贝尔福特保卫战的战友被迫将这座城市交给德军。由于作战英勇,雷平被授予一枚勋章。

战争结束以后,雷平继续完成法律专业的学习,之后进入政府部门,在工作中职位不断升迁。他第一次担任巴黎警察局长是从 1893 年到 1897 年。然后,他到阿尔及利亚担任法国殖民地的总督,干了不到一年的时间。雷平是那种一点也不能忍受秩序混乱的人,包括在穆斯林和犹太人关系紧张的阿尔及尔(Algiers)市。在雷平看来,治理混乱的秩序需要铁的手腕。时间不长,雷平便被召回巴黎,再次干他的老本行,担任警察局长。

作为警察局长,雷平从 1899 年一直干到 1913 年他退休。雷平时刻和这个城市融为一体,作为领导,他凡事亲力亲为,赢得了实干的好名声,也获得了"街头警察局长"的绰号。在紧急情况下就更是如此。不过即便是在日常工作中,他也是每日在城市里四下巡视,观察着街道上的行人,巴黎市民几乎都认识他。雷平虽然个子不高,但很结实,他有着大大的前额,目光坚定,表情看起来有些严厉。他的嘴唇上面髭须浓密,下面留着山羊胡子,双唇紧闭。19世纪末期,巴黎街头愤怒的抗议活动越来越常见。面对众多的示威者,他仅带一把伞护卫,表现得极为镇静、坚韧。

雷平第一次就任警察局长的时候,警察的名声很坏,既贪污腐败,又碌碌无为,城市居民几乎没有人喜欢、尊敬他们。雷平希望巴黎市民热爱警察,并且是从热爱他开始。他在备忘录里这样写道:"一个警察局长,如果没有人认识他,没有人熟悉他的身影,没有人能在报纸上的漫画里认出他的脸庞,没有人在大街上同他擦肩而过,没有人与他闲聊过,那么即便他有着世界上一切好的品质,他也不是巴黎人的警察局长,因为他缺乏最重要的一点:他不是巴黎市民的人。"[1]雷平希望巴黎市民把他看作他们的人,看作能够给他们带来安全感的那个人。

雷平恪尽职守,克己奉公,是维克托·雨果的著名小说《悲惨世界》(Les Misérables)中警察沙威(Javert)的原型。与沙威一样,雷平忠诚执法,不屈不挠,就像他在战争时期学会的严苛军纪那样。雷平希望给巴黎带来安全和秩序,而安全和秩序的标准是他自己制定的。他派他的人马到大街上打击卖淫、乞讨、流浪以及不合伦理道德之事。从 1902 年到 1912 年的 10 年间,警察逮捕了 4.6 万

---

[1] Louis Lépine. *Mes souvenirs.* Paris: Payot, 1929: 195.

多名流浪者,将近 2300 名乞丐,3000 多名无证的小贩。1907 年,雷平向淫秽色情宣战。如果照片、扑克牌、版画、报纸、电影以及其他任何东西被认定有色情内容,或是被认为冒犯了公共道德,那么就一律没收。这位警察局长给巴黎带来了更多的秩序,但付出的代价是很多人没有了个人自由。①

为了改进巴黎的执法,雷平推行了打击罪犯的新办法。在巴黎最动荡的岁月里,他扩大了警察管理的范围,增强了警察执法的权力。他创建了一支全副武装的自行车警察队,可以快速、便捷地行动,特别是在暴徒恶棍潜伏出没、危机四伏的巴黎郊外。他尝试使用硫酸弹,可以喷发一片毒雾,迫使罪犯从藏匿之处走出来。他还在整个城市里安装了电话,仅供警察使用,使外出办案的警察可以直接和总部联系。1900 年,就在世博会举办前夕,雷平成立了一支塞纳河警察大队,负责疏导塞纳河上的交通。1912 年,他实施了巴黎历史上第一个侦探培训计划,改进警察的刑事侦察工作,通过采取明确的方法和专业的手段,比如指纹匹配、轮胎痕迹辨别等,实现刑事办案从猜测、直觉向重证据、重规范的科学转变。阿方斯·贝蒂荣(Alphonse Bertillon)以科学办案闻名,雷平请他领导实施这个培训计划。作为罪犯资料库的负责人,贝蒂荣根据人的面部特征,开发建立了一个识别罪犯的系统,利用档案中的人脸照片对巴黎市的嫌疑人进行追踪调查。②

巴黎警察局对面的广场现在以雷平的名字命名,同样以他的名字命名的,还有一年一度的雷平发明展(Concours Lépine)。雷平创建的这个发明展主要是展示新的发明,这个发明展至今还在

---

① Jean-Marc Berlière. *Le Préfet Lépine*:*vers la naissance de la police moderne*. Paris:Denoël, 1993:164 – 166. 另参见 Jacques Porot. *Louis Lépine*:*préfet de Police, témoin de son temps, 1846—1933*. Paris:Editions Frison-Roche, 1994.

② Lépine, Famous Paris Chief of Police to Retire. *New York Times*, 1913 – 02 – 23.

提醒着巴黎市民,当年雷平是多么期望促进巴黎的科学进步和经济发展。

　　1910 年 1 月 21 日星期五,雷平在警察日志里写了个便笺,简短而平淡,但也预示着不祥。由于塞纳河的河水上涨,新建的私营的南北地铁线(现在是地铁 12 号线)还未完工就进水了,可能是从奥赛车站附近的下水道里流进来的。这条地铁建成后,将成为贯通南北的交通干线,在塞纳河下面运送从左岸国民议会大厦到右岸协和广场的乘客。雷平用沉静的笔调勾勒了当时的情景:"塞纳河水淹没了一些人行道。道路坍塌,造成损害。"[1]他还注明,下水管道服务机构的维修人员已经到达现场。雷平可能意识到,这个小的坍塌之后,随着水位越来越高,会有更大的麻烦。但是,尽管雷平可能有这方面的顾虑,但他在日志里并没有提到。

　　根据对法国江河流动模式的了解和分析,水文观测服务局的工程师预测到 1909 年至 1910 年的冬天会发生洪涝。前一年的夏天,降雨量格外大,已经使土壤里的水呈饱和状态,抬升了整个地区的地下水位。那年冬天的气温比平常年份要高,导致积雪大量融化,本已涨满的溪流和江河,在雪水的冲击下更是雪上加霜,水势浩大。1909 年 11 月末和 12 月初,当塞纳河的水位超出正常水平好几英尺时,水文观测服务局明确地告知下游地区,要求巴黎市和其他沿河城镇采取必要的预防措施。水文观测服务局过去对洪水的成功预测似乎印证了它的承诺,即洪水是可以预测和认识的。但是,1910 年 1 月的洪水,来势之大之猛,让每一个人都感到震惊和措手不及,对水文观测服务局的人来说尤其如此。

　　就通常的做法来说,塞纳河上游和下游设立了众多的观测站,

① Rapport du 21 javier 1910. Archives Nationale, F7 12559.

相互之间保持联系,通过一系列的每日简报对水位数据进行共享,每个水文观测站都将自己的水文数据传递给下一个观测站。如果上游观测站的工程师发现水位上涨的异常情况,比如天降暴雨或积雪快速融化,就会通过邮政简报或电报通知下游地区的观测站。水文数据每隔几个小时就要更新一次。

洪涝有时会给水位观测系统带来压力,使得信息的沟通交流变得非常困难。为了到观测站的设备上读取水文数据,工程师常常不得不顺着梯子下去,到达设在河里面的观测台。如果水位太高,特别是水流很快而且流量很大,这项数据的读取工作就变得十分危险。因为一旦失手,工程师可能就会被洪水冲走。工程师读取水文数据后,还要爬上另一个梯子,以便到电报传送站拍发他的水文简报,而这个梯子可能已经被淤泥或洪水隔断了。有些洪水观测站附近没有发报站,因而工程师还得通过邮局传送水文数据报告。

如果是正常的洪水,观测数据一般是早上 7 点用电报发出,但是由于线路忙,数据传送可能会延迟至少一个小时甚至更长时间。如果塞纳河的水文数据传送延误,那么肯定就会影响对下游水位的预测。如果水位上涨快,在信息交流过程中哪怕有一丁点儿的耽搁,也会使水文观测服务站的预测在抵达下游观测站时变得过时失效。1910 年 1 月中旬,大雨如注,前所未见。塞纳河的水位急剧上升,水位观测站之间的每一段河道都注入了大量的雨水,导致水文观测服务局无法准确预测水流速度,那些预测数据基本上变得毫无意义。

到了 1 月的第三周,水文观测系统开始崩溃。位于法国中东部鹿恩河上的内穆尔(Nemours)、图西(Toucy)、布莱诺(Bléneau)观测站,在 1 月 20 日、21 日和 22 日,都不再能够提供任何水文数据,因为暴虐的洪水已经摧毁了附近的电报线路。由于信息超载,能工作的线路也不能将水文观测服务局的数据发送出去。政府的官方报告后来对此表达了沮丧,因为他们所依赖的技术在最需要的关键时刻卡壳了。报告说:"在没有任何洪水信息的情况下,负责监控洪涝的水文观测服务局就像战役的指挥官一样,不知道敌人在哪里,也不知道自己的军队在哪里。"①

计算塞纳河水位的工作一般由埃德蒙·马耶(Edmond Maillet)负责,他是水文观测服务局最受信赖、最有才华的工程师之一。在过去的 11 年里,马耶兢兢业业,认真分析各地报来的水文数据,作出关于塞纳河水位高度的官方预报。马耶注意到,巴黎的洪水从来没有超过 4.6 米的高度(15 英尺多一点),这一水位高度是在奥斯特利茨桥(Pont d'Austerlitz)测量的,距塞纳河进入巴黎的地方不远。洪水是不可避免的,但是马耶和他的同事们从来没想过洪水会淹没整个城市。1910 年 1 月 16 日,塞纳河的河水不断上涨,而马耶因事没能上班(具体什么原因不清楚,但是由于个人急事,马耶有两周的时间没能去办公室)。另一名经验比不上马耶的工程师接替他的工作,预测塞纳河的水位。从上游传来的关于洪水上涨、流速等方面的信息很不完整。如果是马耶,基于他在水文观测服务局丰富的工作经验,可能会以自己的经验弥补因科学数据缺乏而造成的不足,但是遗憾的是,他那时不在办公室。

1 月 21 日白天,焦虑不安的只有专家和工程师。到了夜里,普通的巴黎市民看到钟表都停了,才开始感到不安,觉得有什么地方不对劲了。巴黎的压缩空气服务系统不仅为邮政、升降机、清洗机、通风、工厂马达提供动力,还为巴黎街道和住户的很多钟表提

---

① Commission des Inondations. *Rapports et documents divers*. Paris:Imprimerie Nationale,1910:85. 这份报告介绍了水文站的基本工作和程序。

供动力。1月21日夜里,压缩空气服务系统将压缩空气泵入巴黎的工厂,但被快速上涨的河水淹没了,因此在巴黎的很多地区,钟表时间就停止了,时间定格在晚上10点53分。

汹涌的洪水在到达巴黎的前一天,已经蹂躏了特鲁瓦和劳洛里。冬季里通常缓慢流淌的塞纳河上游的河水,现在由于水位急速升高,开始迅猛地冲击着巴黎这座城市。一夜之间,塞纳河的水位就超出正常水平将近10英尺,达到了轻步兵雕像的膝盖,一天时间里就抬升了大约4英尺。一位法国摄影师比较了这次洪水与历史上的洪水数据,得出如下结论:"塞纳河从来没有上涨得这么快过。"[1]

1月22日是星期六,整个上午都在下雪,下午就变成了下雨。随着这一地区的温度升高(达到华氏39度[3.89摄氏度]左右,即比通常情况下高几度),洪涝期间雨雪交加的模式不断上演。本来可以下大雪的降水过程,转而变成暴雨倾盆,或者是先下雪,然后在白天融化,灌入本已溢满的塞纳河。

在巴黎的西部,工程师开始沿着塞纳河修筑黏土墙,长度和菲利希安·大卫路相当,但是黏土墙却起不到丝毫作用。他们在报告中写道:"我们的工作没有奏效,甚至还没完成,就能看出起不到作用。水从地下室里涌出来,灌满了楼房的第一层,然后在河水还没有漫入街道之前,就已经溢到了大街上。"[2]

这种情况在整个塞纳河沿岸都在发生。洪水不仅在巴黎市区翻涌奔腾,也渗入到地下。悄悄地、静静地,洪水开始从地下流进大楼里,从水分完全饱和的泥土里汩汩冒出。大量的洪水在地下

[1] L. Gallois. Sur la crue de la Seine de janvier 1910. *Annales de géographie 109*, 1911 – 01 – 15 :114.
[2] Service Technique de la Voie Publique. Etat des voies de la 4e circumscription. Quartier d'Auteuil. Archives de Paris, D3 S4 25.

管道、下水道、井、水库等地下水网中穿行。洪水冲进了迷宫般的古老采石场,在过去的几百年里,人们从采石场开采石头,建造了地面上的城市。洪水还灌到地下室和地窖里,这些地下室和地窖可以追溯到古罗马时代,而在上面建造新建筑物时常常把它们给遗忘了。随着地面上的水肆虐到地下,巴黎的洪水每时每刻都在增加,漫入城市的每一个角落。但让每个人都意想不到的是,洪水并没有漫过岸墙。

1月22日清晨,住在塞纳河沿岸的数百名居民被地下室的水流惊醒,塞纳河的水透过岸墙渗了出来,慢慢地往外滴,有些是从下水道里冲破地板喷上来的。很快,水就从地面上的检修口、下水道的格栅盖里冲出来,流到市区的街道上。由于塞纳河的水依然在急速上涨,很多巴黎市民匆忙之中抓起几件衣物,也有的将东西装上马车,赶快离开家,找个没有水的地方。这些人寻找安全的地方,等待洪水退去。这时,他们发现数百名无家可归的巴黎人也加入他们的行列。在正常情况下,那些无家可归的人生活在临时搭起的简易帐篷里和城市桥梁下面硬纸板搭建的住所内,睡在稻草和废旧报纸铺就的床上,点起一小堆火取暖。但是现在,他们简陋粗糙的栖身之所也被洪水冲走了。

位于巴黎市东侧的贝西(Bercy)地区是工人集中居住的区域,靠近塞纳河进入巴黎的入口处,该地是最早被洪水袭击,也是受灾最严重的地区之一。到了1月22日,这个地区的地下室全部被淹,街道变成了一个巨大的潟湖。车站堤岸(Quai de la Gare)旁边的一堵承重墙倒塌了,对从附近郊区阿尔福维尔(Alfortville)往城市供气的管道造成很大威胁。在一条街道上,灯柱顶上闪烁摇曳的灯光成为水面以上唯一可见的东西。《晨邮报》(*The Morning Post*)驻巴黎记者 H. 沃尔纳·艾伦(H. Warner Allen)到达这一地区时,

巴黎市民使用小船和梯子逃离被洪水淹没的家①

眼前的一切令他震惊:"极目之下,景象凄惨,难以名状,一排排的房屋淹在 3 英尺深的水中。"②

从 19 世纪初期开始,贝西地区就是巴黎的一个重要仓库和货物集散地,也是酿酒中心。塞纳河水灌入这一地区的存储设施中,将数十个酒桶冲到主河道里,携带着很多酒桶顺河而下。惊慌失措的酒商们穿着橡胶防水服,手里拿着长长的杆子,在齐腰深的水里竭力将巨大的酒桶拉回仓库,希望保护他们的货物。而在仓库里面,更多的酒桶在几英尺深的水里颠簸着,漂浮着,在洪水的冲击下相互之间猛烈碰撞。在泥水里浸泡不了多长时间,这个城市里很多名贵的酒就会变质。对于仓库老板和工人来说,这些酒桶里的酒意味着收入和劳动;对于其他巴黎市民,包括那些没有受到塞纳河洪水影响的人来说,这些酒桶里的酒意味着营养——不是奢侈品,而是生活必需品。

在贝西酒窖附近还有几座发电厂,其中一些发电厂给巴黎地

---

① 来源:作者个人收藏。
② H. Warner Allen. The Seine in Flood. *The Living Age* 47,1910 - 04—1910 - 06:33.

铁提供电力。1 月 22 日，贝西以及位于巴黎北部的圣丹尼斯（Saint Denis）发电厂出现短路事故，造成地铁 1 号线和 6 号线停运，其中 1 号线是最重要的东西交通要道，6 号线则呈弧形，途经左岸的很多地区。塞纳河附近的地铁站积满了水，有些地铁站的洪水甚至到了顶端入口处。警察和地铁工作人员开始紧张地用木板在地面上的地铁入口处架设路障，阻止乘客进入地铁站。在有些地铁站里面，数百加仑的水沿着台阶倾泻而下，形成了瀑布。

由于地铁在部分路段停运，巴黎市民不得不寻求其他出行方式。女士们在街道上蹚着水走，将长长的裙子提到膝盖位置（这种行为通常被认为不雅）。青年男子抓着行驶的汽车，脚踩着汽车的踏板，以避免脚被水打湿。小船开始在街道上穿梭，警察公开承诺，对于住在塞纳河附近的居民，如果需要，警察会用小船把他们送回家。

1 月 22 日，来自各行各业的数百名市民聚集在大桥和岸墙上，透过栏杆观看汹涌的洪水，倾听涛声。水位上涨的塞纳河固然令人惊恐，但也令人激动。在很多地方，人群有三四排那么多，人们激动地大呼小叫，兴奋不已。不论是男是女，都冒着凛冽的寒风，不顾一切地往前挤，希望到前面看一眼奔腾咆哮的塞纳河。这次大水，正在从最初不期而至的惊恐变成真真切切的狂欢。这是巴黎大众娱乐的年代，有《红磨坊》那样浮华绚丽的音乐、煽情的新闻故事、蜡像馆、早期电影，有人甚至到停尸房去寻求恐怖的刺激。在一个充斥着怪诞有时甚至是惊恐视觉景象的都市里，这次大洪水提供了现实生活中兴奋和危险交织的震颤。

然而，即便是观看塞纳河水也是有危险的。1 月 22 日的《晨报》报道，不断上涨的河水给一些岸墙造成威胁，有几处已经扭曲变形甚至坍塌了。除此以外，报纸上还说："有一个年轻的女孩，名字叫奥丽姆·库蒂（Olympe Courdy）……这位小姐在伊弗利码头（Quai d'Ivry）上行走时，被一个漩涡冲走,几位行人急忙拉住她,才把她从危险的境地中救出来。"①在塞纳河上游的蒂耶里堡（Château Thierry）镇,离马恩河与塞纳河交汇处几英里远的地方,一个名叫埃铎德·布鲁莱弗（Edouard Brullefert）的小男孩就没这么幸运了,他"摔倒了……被洪水冲走。士兵们找到他的尸体,交给孩子的母亲"②。这是《晨报》上的报道。

到了晚上,塞纳河的水位涨到 1896 年的水平,那是近年来的最高水位记录。水文观测服务局的工程师查看上游的情况,试图测量即将到来的洪水强度。他们所能告诉焦虑的巴黎市民的是:塞纳河的水位上涨还没有到头。雨夹雪进一步加剧了潮湿的天气,凛冽的寒风吹来,天气更加寒冷。官员们担心公共卫生情况,下达紧急命令,要求饮用水必须烧开。

巴黎越来越严重的危机很快成为全世界的焦点。巴黎发生的事件总是世界性新闻,刊登灾难报道是报纸最大的卖点。关于法国首都的新闻传播得既快且广,其中多数消息来自外媒报道。对于 1 月 22 日的情况,《华盛顿邮报》（Washington Post）上的报道极其耸人听闻,说是从塞纳河上游的坟墓里冲出来"20 具死了很久的尸体",漂浮在河里,整个塞纳河都"因为这些尸骸而变黑了"。③

巴黎人积极准备应对最坏的情况,塞纳河还没有善罢甘休,因为在法国北部的大部分地区,马恩河、约讷河以及塞纳河这三条主要河流的河水不断暴涨,正在失去控制。工程师们在这一片区域的河岸上巡视,尽最大努力用沙袋加固河堤。生活在沿河两岸乡镇和村庄里的居民,放弃了他们的家园和财产。正如《晨报》所报

① La Moitié de la France est inondée. Le Matin, 1910-01-22.
② La Seine monte toujours. Le Matin, 1910-01-23.
③ Death in the Paris Floods. Washington Post, 1910-01-23.

道的：“切切实实的恐慌正在整个国家蔓延。到处是眼泪、哭泣和毁坏。”①

　　造成塞纳河洪水泛滥的源头大部分都离巴黎很远。约讷河将河水注入塞纳河，它的源头位于法国中部的莫尔旺（Morvan）地区，在中央高原（Massif Central）山脉的边缘。与巴黎一样，莫尔旺地区也经历了不同寻常的暖冬，使降雪变成了降雨，或降下来的雪在地面上融化，流进约讷河。约讷河流域的北部也是淫雨霏霏，使得已经涨满的河道里排进更多的雨水。天气不时寒冷，造成河水结冰，使得河水冲向下游的全部威力没有一下子爆发出来，这可能是塞纳河的水位一开始在巴黎升高缓慢的原因。后来，温暖的天气解冻了约讷河的河水，将更大的径流送往下游。不过，仅仅是约讷河的洪水还不会造成悲剧。大莫兰河（Grand Morin）与小莫兰河（Petit Morin）是马恩河的支流，也都涨满了水。当马恩河的大水最终也灌入塞纳河的时候，巴黎真正的危机到来了。马恩河的水就在巴黎的城郊边缘汇入塞纳河，距巴黎东部郊区城镇阿尔福维尔和沙朗东（Charenton）不远，这两个城镇是洪灾最严重的地方。②

　　导致洪灾的种子早在几个月前就已经开始孕育。那年夏天，由于降雨增多，法国地下水的水位和含水层的高程比往常要高。从1909 年 6 月到 1910 年 1 月，法国的降雨量比正常年份高 38%。通常情况下，塞纳河流域的地下水位是 14.5 英寸多一点儿，但是 1909 年夏末的时候，这个水位就已经达到 17 英寸多了。法国科学院（Académie des Sciences）在洪灾评估中这样写道：“到 11 月 1 日的时

---

① La Moitié de la France est inondée. *Le Matin*，1910－01－22.
② 参见 Auguste Pawlowski, Albert Radoux. *Les Crues de Paris*：*causes*，*méchanisme*，*histoire*. Paris：Berger-Levrault，1910.

候,几乎所有的地方都达到不透水土壤层的最大径流和透水土壤层含水量的饱和点了。"①

低压天气从布列塔尼向北海扩展,从1月中旬到月底,持续的低气压带来了大暴雨。受这种坏天气影响的不只是巴黎,还有意大利、瑞士、德国等欧洲大陆的很多地区。据《晨报》报道:"几乎在欧洲的每一个地方,都发生了洪涝、暴雨、雪崩、地震等自然灾害。"②

巴黎的地形也是导致洪涝的一个关键因素。巴黎在地貌上呈碗状,最高点在北部,位于蒙马特和贝尔维尔,从那里可以看到整个巴黎最美的一些景观。沿着这个高地向南,一直到距塞纳河半英里左右的地方,道路才变得平坦。过了塞纳河继续向南,道路的坡度再度增加,通往位于山顶的古罗马人供奉神灵的万神殿,也就是现在的先贤祠,或者是通往蒙巴纳斯(Montparnasse)。塞纳河就位于山峦之间狭窄的低洼地带上。

这个山谷里有巴黎市一些最古老的街区。数千平方英尺不渗水的石头路、木板路,以及用水泥建造的街道、人行道、建筑物,都无法吸收雨水,导致雨水流入塞纳河。正常情况下,城市的下水道系统可以让生活更加方便,但是在1月22日,当这个系统的水处理能力达到极限以后,人们的生活变得更加糟糕。

塞纳河的蜿蜒曲折也使得洪涝发生时泄洪变得更加复杂困难。塞纳河有六个马蹄形的转弯,随着河水往下游流动,在每个马蹄处都要转180度的弯,而巴黎正巧处在塞纳河的第一个马蹄形转弯处。同时,巴黎西部与海洋的相对落差很小,海拔只有250英

---

① Les Inondations dans le basin de la Seine en janvier-février 1910. *Comptes rendus hebdomadaires des séance de l'Academie des Sciences*,1910－07—1910－12:425.
② La Seine monte toujours. *Le Matin*,1910－01－23.

尺左右。这种地形意味着,一旦有大量的洪水涌入巴黎,仅靠地势本身很难推动洪水流动。而这次洪水体量巨大,因为整个塞纳河流域覆盖超过 4.8 万平方英里,流域内有众多的江河溪流,全都将水注入塞纳河。

巴黎的河水以前不都是像现在这个样子。布维尔河(Bièvre,名字来自高卢语,意为"河狸的河")曾是塞纳河的一个小支流,起源于凡尔赛(Versailles)附近,一路蜿蜒流经巴黎的左岸。最初,这条支流穿过圣母大教堂(今布维尔街附近),在现今的阿尔玛桥附近注入塞纳河。可是到了 12 世纪以后,僧侣将布维尔河一分为二,并主要用来进行水利灌溉,因此这条河流就在现今的奥斯特利茨码头与塞纳河交汇。随着时间的推移,布维尔河逐渐成为对巴黎商人来说非常重要的河流,商人们依赖它作为日常淡水来源,这些商人包括印染商、鞣皮商、肉贩子、啤酒酿造商以及著名的哥白林(Gobelins)制毯商。到了 19 世纪中叶,有100 多家工厂和作坊在日常生活中利用布维尔河的河水。[1] 这些产业的发展对布维尔河的生态造成了很大破坏,河水污染严重。到了 20 世纪,为了减少污染,促进城市的现代化建设,布维尔河被重新规划,地面部分被覆盖,完全成了地下河,这一改建过程到1912 年完工。

由于巴黎地区土壤含水量饱和,因此对于布维尔河在 1910年的泛滥,没有人会感到惊讶,前些年水量大的时候布维尔河也泛滥过。把布维尔河覆盖起来,这可能加重了洪涝,因为减少了一条河道,否则的话,这条河道还可以将部分雨水排泄出去。更加糟糕的是,有些地方将布维尔河与城市的下水道系统连在了一

---

[1] Colin Jones. *Paris：Biography of a City*. New York：Viking, 2005：109.

起，目的是帮助排泄污水。而现在，随着水位的上涨，布维尔河将河水倒灌进本来就已经满溢的下水道中。河水充盈的布维尔河流经蒙日广场（Place Monge）附近的第五区，对此《闪电报》（L'Eclair）这样描述道："布维尔河冲决了覆盖在上面的砖石建筑物，在有些地方，河水喷涌出来。河道建筑巡查员看到了存在的危险，立刻采取人员疏散措施。布冯路（Rue de Buffon）的小学校长以及她的家人是从屋顶上被救出来的……毫无疑问，这个地方的洪涝是布维尔河引起的……整个社区惨不忍睹。"①由于试图控制布维尔河，巴黎人无意中扩大了巴黎左岸东部地区爆发洪涝的可能性。

加尼叶歌剧院（Garnier Opéra House）是奥斯曼重建巴黎期间引以为豪的建筑，不过巴黎另一个地下水的来源就是这座歌剧院下面的沼泽湖。19世纪60年代兴建加尼叶歌剧院的时候，由于工人们不得不抽干里面数千加仑的水，因此工期延长了好几个月。这个地下水源可能是塞纳河早就干涸的支流，也可能是地形作用的结果。针对这种情况，建筑师查尔斯·加尼叶不得不在歌剧院的下面设计建造了一个人工水库。后来，加斯通·勒鲁（Gaston Leroux）创作了《歌剧魅影》（The Phantom of the Opera），这座建筑正是小说中幽灵的藏身之所。

到了1月22日，整个塞纳河流域，包括与塞纳河相连的所有江河溪流，再也不能容纳一点多余的水了。法国和其他国家的科学家都认为，在导致洪灾的原因中，土壤和天气所起的作用是一样大的，因为在正常情况下，土壤可以吸收涵养水分，但现在已经完全饱和了。法国就像一块湿透的海绵，再也容不下一滴水了。由此

---

① La Seine contre Paris. L'Éclair , 1910 – 01 – 29.

造成的后果是：发生了多米诺骨牌的系列效应。上游的城镇受到第一波洪水的袭击，造成法国北部部分地区受淹。然后，下游的城镇受淹。就这样，到了 1 月 22 日，塞纳河上游被洪水摧毁的特鲁瓦村的水位已经下降了，而巴黎的水位还在上涨。沿途一路持续不断的降雨和降雪使得塞纳河就像一台机器，一路轰鸣着奔向大西洋。根据《自然》(La Nature) 杂志上的研究文章，第二波降雨后面"紧跟着第三波，第四波降雨也紧随其后，从而使洪水不断地上涨"[①]。

巴黎市所有的河流都暴发了洪水，流经法国的罗讷河 (Rhône)、莱茵河 (Rhine Rive)、索恩河 (Saône River) 也是如此。根据媒体报道，整个法国的通信受到严重破坏，在好几个地区，军方强制居民疏散。在法国南部的第戎 (Dijon) 附近，武士河 (l'Ouche) 围困了躲在屋顶上的灾民，上涨的洪水导致一列行驶的火车停下来。瑞士边境附近的圣马丁·欧塞尔 (Saint-Martin d'Auxerre) 发生了一次泥石流，受害者被困在了屋顶。在里昂 (Lyon) 附近的丰旦纳镇 (Fontaines) 上，电话杆被从地上拔起。很显然，这是一次全国性的危机。

① L. Pech. Les Inondations de Paris. La Nature, 1921: 24.

第二章

塞纳河洪水袭来

1月22日，巴黎市夜幕降临，一只小船划过洪水，轻轻的桨声在空旷的大楼墙壁间回响，小船驶向熄灭了的街灯。船上的人试图站起来向前探身，小船左右摇晃起来。他伸出手，抓住路灯的柱子。在黑暗中，他摸索着将灯点燃，先是火苗摇曳，然后发出一团温暖的亮光，在深夜里将漆黑的水面照亮。他又摇起桨，划向下一个路灯柱，继续点燃路灯。

尽管有数十名市政工作人员在做这样的工作，但是随着河水的水位越来越高，这座光明之城变得越来越黑暗。巴黎所有街道上的汽灯都需要人工点燃和熄灭。在正常情况下，工作人员可以快捷地在城市里穿行，用长长的杆子点燃和熄灭汽灯的火苗。可是在洪水中，这项工作变得几近不可能完成。由于没有足够的小船，这些工作人员无法点燃每一盏汽灯。在受淹地区，如果供气管道完好无损，那么很多路灯还可以在这艰难的时刻提供照明。在另外一些地区，如果洪水冲毁或淹没了供气管道，那么路灯就根本不可能再发出亮光。因而在巴黎市区，一些地方闪烁着昏暗的灯光，另一些地方则在太阳落山后就陷入漫长的冬日黑夜。

在这种情况下，市政照明服务人员严重缺乏，但是为了尽可能地让城市多一点亮光，工作人员就去商店购买小油灯，安装在那些汽灯不亮的地方。他们还从仓库里取来老式油灯,重新挂在巴黎的街道上。有些灯用的燃料是油,不过巴黎市还储存着鲁索尔(Lusol),这是焦炭生产过程中的副产品,可以在缺油、缺电的紧急情况下使用。这些被换上的油灯一半以上都堵塞了,不能提供照明了。而那些没有堵塞的油灯,在凛冽的寒风将它们吹灭之后,还得再重新点上——当然是在有人有时间做的情况下。

让城市亮起来是个永无休止的活儿。赫科多·拉沃(Hector Ravaux)和奥古斯德·德拉阿耶(Auguste Delahaye)是两名市政照明工作人员,他们要辛苦地工作,保证第 13 区的灯亮着。拉沃驾着小船,巡视着贝西附近塞纳河段的码头,在巡视的时候,有时小船会被河上强劲的水浪打得颠簸不已。这些工作人员监视着临时铺设的管道,确保路灯的燃气正常供应,同时还要密切观察临时修筑的堤坝,防止燃气管道再次受到破坏。如果燃气管道开裂了,拉沃和德拉阿耶就得紧急跑过去,安装临时的油灯,如果油灯坏了,他们就赶紧找新的,把坏的换下来。他们只是众多应对巴黎黑暗的工作人员中的两名。①

生活在黑暗中的巴黎市民担心他们的人身安全,因此警察局开始布置更多的警力保护这些地区。有个巴黎记者在漆黑的街上开车,他回忆道:"尽职尽责的士兵挡住通往受淹街道的入口,他们枪上的刺刀在汽车前灯的照射下熠熠发光。'您要到哪儿去?'……这些街道上空无一人,漆黑一片,悲惨凄凉。"②这位记者在没有街灯的道路上遇到好几位这样的巡逻兵。

巴黎市突如其来的黑暗让人们回想起普法战争期间被围困的

① Rapport du Sou-Ingénieur de l'Eclairage. 1910 - 06 - 22. Archives de Paris, D3 S4 24. 关于洪水期间巴黎燃气公司以及应对照明问题的档案资料,见巴黎档案馆,档案号 D3 S4 26。
② Le Trottoir roulant. *L'Echo de Paris*, 1910 - 02 - 01.

可怕经历,当时由于燃料供应不足,城市的灯光暗淡。到了 1870
年 11 月底,几乎每个家庭都被切断了燃气供应。被围困的巴黎一
片寂静,作家泰奥菲尔·戈蒂耶(Théophile Gautier)曾这样描述
他走在塞纳河边时的感受:"沿着河岸,是死一般的寂静,是可怕的
静默……街道上的路灯只有一半的气压,只能在黑暗中露出暗红
的小点,这些微弱的红光反射到河里,光影被拉长,像血滴一样,在
河里慢慢晕开。"①这些句子虽然是在 1870 年写的,但 40 年后依然
可以用来描写洪水围困下的巴黎。

　　法国军方在巴黎外围长期驻扎一支守备部队。1910 年,巴黎
地区的高级军事指挥官是让-巴普蒂斯特·朱勒埃·达尔斯坦
(Jean-Baptiste Jules Dalstein)将军,他是一名职业军人,曾作为军事
工程师受过专业的训练。他在家乡洛林地区附近的梅斯(Metz)沿
法德两国的边境线指挥修筑了防御工事,这一事迹广为人知。
1870 年,这些防御工事并没有在普法战争中阻挡住入侵的军队,达
尔斯坦被抓,成了战俘。后来,他在法国的殖民地阿尔及利亚
(Algeria)和印度支那(Indochina)效力,一路晋升。1899 年,他负
责指挥巴黎地区的工程兵团,赢得了更多高级军官和政治家的尊
重,也被法国政府授予很多奖章,包括法国荣誉军团勋章。1906
年,他 61 岁,成为巴黎守备部队的指挥官。在巴黎西部的隆尚
(Longchamp)赛马场检阅部队时,他蓄着浓密的白胡子,一身戎
装,骑在马上,一出场就赢得公众的阵阵欢呼。他指挥的军队常常
作为仪仗队,在外交和礼仪活动中发挥重要作用,为来访的皇室成
员或权贵显要提供仪式服务。达尔斯坦作为法国政府的代表,被
派去参加西班牙国王的大婚仪式。不过,在巴黎大洪水中,外交和

① Hollis Clayson, *Paris in Despair: Art and Everyday Life under Siege. 1870—1871*. Chicago: University
of Chicago Press, 2002: 54. 关于普法战争期间巴黎的情况都来自克雷森(Clayson)的著述。

礼仪都要让位于实际的救援行动,达尔斯坦的工程教育背景将会被证明是极其有用的。[1]

在巴黎警察局长路易·雷平和其他市领导的请求下,达尔斯坦将军把他的部队派遣到巴黎的大街小巷,协助地方政府安慰和救援受灾人员。为了协调军队指挥,达尔斯坦将洪水泛滥地区分成五个区,每个区都派遣一名高级军官负责指挥。法国政府还向驻扎在英吉利海峡和地中海的海军下达命令,法国的水手开始驾着船,带着给养,从海岸临时移驻到首都。

1月23日是星期天,这一天,由于塞纳河的水位持续上涨,巴黎市区有些地方的积水已经有两三英尺深了。前一天,塞纳河的水位大约高出正常水平12英尺,现在又上涨了将近2英尺。塞纳河的水位已经到了轻步兵雕像的大腿处,开始挠他的痒痒了,但是河水依然在升高。一场大雪覆盖了整个城市,政府部门反复告诫市民,供应的水可能被污染了,在饮用或做饭以前,一定要把水烧开。警察开始要求疏散受灾最严重地区的居民。1月23日,在菲利希安·大卫路,有个男人游走在大街上,向那些希望铭记这一依然还在上演的洪水悲剧的人兜售大洪水的照片。[2]

新闻媒体关于拉维莱特(La Villette)肉类市场的报道显示,食品已经开始短缺,物价也在上涨。巴黎城外的乡镇有菜园和农场,通常情况下会为城市供应部分新鲜的食品,但是那些城镇现在是受灾最严重的地区。随着那里的农民失去自己的生活保障,巴黎市民也失去了一个重要的食品来源。在整个洪水泛滥区,干货商人、肉贩、面包店主以及其他在地下室储存食品的商贩,现在都一

① Robert de Sars. Le Général Dalstein, Gouverneur Militaire de Paris. *Revue Illustrée* (c. 1906). New York: New York Public Library Digital Gallery. Print Collection Portrait File.
② Helen Davenport Gibbons. *Paris Vistas*. New York: Century Company, 1919: 155.

无所有了。由于大洪水,肉贩布莱斯(Brez)先生不得不关闭他在圣班诺路(Rue Saint-Benoit)的肉铺,搬到一个旅馆里。他损失了大约 500 个鸡蛋,还有猪肉、鸡肉和酒,总价值约 250 法郎。他的收入没有了,而他周围的人既丧失了家园,也没有了食物供应。①

被洪水冲毁的街道,有些露出建筑大楼的地基②

1 月 23 日,随着下水道和地铁里的水涌出来,历史悠久的拉丁区(Latin Quarter)很快就变成了一片泽国。在洪水的重压下,地铁线上圣日耳曼大街(Boulevard Saint-Germain)的部分路段发生扭曲变形和坍塌下陷。工程师们忙着填堵岸墙重要地段的漏洞,但是奥赛码头附近出现了一个落水洞,对供气管道造成威胁。对此,工作人员首先是关闭供气管道,然后对岸墙进行加固。他们举着油灯,灯光照亮了人行道以及亚历山大三世桥上华美、辉煌的装饰。③

在每天的新闻报道里,记者们讲述了无数的警察和消防人员

---

① Letter from M. Brez to M. le Préfet. Archives de Paris, D3 S4 21.

② 来源:作者个人收藏。

③ Rapport du Conducteur, 1910 – 01 – 24. Archives de Paris, D3 S4 26; Note pour Monsieur l'Inspecteur chargé de la 2e section, 1910 – 02 – 01. Archives de Paris, D3 S4 26.

救人的故事。这些警察和消防人员赤着脚或乘坐小船在街道上搜寻,仔细辨认受灾人员的呼救声和喊叫声,如果发现有人处于危急情形,这些救援人员就首先将他从不断上涨的洪水中或者从上一层楼房的窗户里救出来。伦敦《晨报》驻巴黎记者 H. 沃尔纳·艾伦用文字记录了他所看到的一切:"我看到一个救援队艰难地乘船划过塞纳河。他们的船上装着几件不起眼的家具和一个很大的床垫,这个床垫竟然一点儿也没湿,床垫的主人向同情他的救援人员兴奋地指着那个完全干爽的床垫。一辆有篷子的马车正在等着,但是里面已经没有空了,床垫只能抬起来放在车顶上。哎呀,人的虚荣心哪。床垫子在车顶上刚刚系好,就下起一阵暴雨,将那个床垫子和它可怜的、绝望的主人淋了个透湿,就像掉进塞纳河里一样。"尽管有这些成功的救援,但是艾伦所目睹的洪水破坏程度还是非常惊人。在洪灾严重的贝西区,艾伦看到"一只小平底船载着一位工友去他受淹的家,两名警察用篙慢慢地撑着,遇到水中的杨树和水下的栏杆,发出沉闷单调的碰撞声"[1]。

　　尽管很多巴黎市民是在警察和士兵的帮助下脱险的,但有些人是自己逃出来的,他们抓着木头或其他杂物当作临时的筏子。报纸讲述了一些触动人心的故事,有的人在城市街道上深深的洪水中挣扎,最终淹死了,尽管 1 月 23 日的警察官方记录上显示只有一人死亡。那天,一位码头工人在码头附近帮助一名妇女穿过一片洪水区,两人都滑倒了,掉进一个排水口里,码头工人抓住了一棵树,但是那名妇女却消失在洪水中。[2]

　　随着塞纳河水不停地溢出堤岸,受淹地区不断扩大,更多的巴黎市民发现,他们被困在洪水泛滥的街道上了。1 月 23 日全天,巴

---

[1] H. Warner Allen. The Seine in Flood. *The Living Age 47*, 1910 - 04—1910 - 06: 32 - 33.
[2] Rapport du 23 janvier 1910. Archives Nationales, F7 12559.

黎市回荡着叮叮当当的锤子敲打声,因为警察、士兵以及来自各个市政服务部门的工人搭起了一个复杂的交通网,有木头人行道和人行桥,称作步行桥,可以让人们在城市里行走。人们很快将木板拼接在一起,把它们安装在水中的锯木架上。在塞纳大道(Rue du Seine)上,位于街角处的食品杂货店老板把他的货柜放在外边,然后放上木板,搭建了一座桥,可以从街的这一边走到另一边。这种做法是跟威尼斯人学的,威尼斯人的家被运河和海包围着,每当冬季涨潮的时候,他们就会季节性地生活在大水之中。正是因为有这个背景,很多人开始将受淹的巴黎比喻为威尼斯。

巴黎人搭建了木头通道,以便能够在洪水泛滥时通行①

这些临时搭建的人行道有的很高,高出地面 6 英尺抑或更多,长度有 300 码到 500 码。在一些受灾严重的街道,这种人行道会更长。贾维尔路(Rue de Javel)是受灾最严重的街区之一,那里的步行桥长达 2600 英尺。如果水下没有稳定的支撑物,工人们就将木板捆绑在木桶上,这样就搭建起一座座浮桥,在水面上浮动。

截至 1 月 23 日,很多步行桥看起来已经很像城市里的人行道了,人们继续在这座城市里过着繁忙的生活,上班、上学、购买日用品,生活和往常没有什么两样。身着盛装的女士甚至又开始了她们

---

① 来源:Charles Eggimann, ed. *Paris inondé: la crue de la Seine de janvier* 1910. Paris: Editions du Journal des Débats, 1910. 承蒙范德堡大学的让和亚历山大·赫德图书馆特刊部 W. T. 邦迪中心惠允使用。

正常的社交活动。为了方便那些不愿意疏散的巴黎市民，工作人员在他们居住的楼上搭上了梯子和舷梯，一直到二楼的窗户，和下面的步行桥连接在一起，以方便出入。住在楼上的居民可以从窗户里直接走到步行桥上，而且常常一点也不会弄湿。尽管步行桥提供了很大便利，但也存在着危险，有的人就掉进了冰冷的水里。

这些步行桥是一种文化传统的体现，法国人称之为"D 系统"（Systém D），指的是相信人民的力量，相信他们能够从挫折或困境中走出来。"D"代表着 Débrouillard，意思是"智多星"，或者是不屈不挠的、聪明的"小家伙"。法语中这一词语相当于美语中"美国的创造力"（Yankee ingenuity）或者坚忍不拔（stick-to-itiveness），主要表达面对困境的自信和决心。D 系统蕴含着自然资源的丰富性、人的创造力和独立自主精神，这些品质使法国经历了动荡不安的历史而依然屹立于世界之林。[1] 洪水泛滥期间，D 系统意味着生存的艺术。有一个人在洪水中用两把椅子艰难前行，每次将一把椅子挪到前面，然后再移动另一把椅子。还有一位机智的巴黎市民踩着高跷，走过洪水淹没的街道。

1 月 23 日，有些郊区城镇遭受了十分严重的毁坏。据《晨报》报道，那里的"洪水极其凶猛"。[2] 洪水的破坏之所以如此严重，部分原因是这些村镇没有巴黎那样的高岸墙在洪水到来之际给他们提供保护。在巴黎，塞纳河的洪水是从地下喷涌出来的，而在郊区村镇，洪水是从堤坝和屏障上漫过，直接冲向街道，有些街道甚至都还没有铺设水泥路面。那里的房屋一般都很低矮，很难抵御洪水的冲力。很多下游的村镇位于塞纳河上马蹄形转弯的里面，因此受到洪水的夹击围困，从两个方向冲过来的洪水顷刻之间就会

---

① Theodore Zeldin. *The French*. New York：Vintage，1984：187.
② La moitié de la France est inondé. *Le Matin*，1910 – 01 – 22.

给当地居民带来灾难。

很快，整个受灾地区的居民都不得不自己想办法。伊西勒布林诺（Issy-les-Moulineaux）镇正好位于巴黎西南边界的外面，塞纳河从首都流过来后，在这儿折转北上。进入 20 世纪，伊西这座城镇的居民已经超过 1.6 万人，也拥有了自己的下水道系统和有轨电车，成为法国重要的制造业基地。伊西人对于灾难并不陌生。1901 年 6 月，一家兵工厂发生可怕的爆炸，造成 17 人死亡，包括 14 名在那里上班的女工。对于这些死亡人员，当地举行了隆重的葬礼。①

1 月 23 日那天，伊西镇开始响起洪水警报，提醒人们洪水会淹没地下室和街道，要求居民采取行动，保护好自己和财物。尽管伊西镇安装有洪水紧急预警系统，但是洪水预报并没有像人们希望的那样通过电话或电报通知，而是通过正常的邮政服务送达的。这个官方洪水警报到达的时候，洪水也来到了。当晚 11 点钟，镇议会的议员们查看街道上的洪水情况，发现居民家中已经受到损害。在狄德罗路（Rue Diderot），居民正在往楼上搬家具，院子的墙也在倒塌。伊西镇和附近旺沃（Vanves）市的救援人员已经作好了最坏的准备。J. 胡伯特（J. Hubert）先生是住在伊西镇的摄影师和出版商，他在当地受灾地区到处走动，抓拍了数百张洪水上涨的照片。

1 月 24 日凌晨 2 点，塞纳河冲决了伊西镇的堤岸。胡伯特在回忆录中描述了塞纳河决堤时的情形："水浪滔滔，什么也无法阻挡，怒吼着冲向平地。这根本就不再是什么洪水渗漏，而是波涛汹涌，似受惊的野马。同时，暴雨也一直倾盆而下。"洪水掠过伊西勒布林诺的街道，木制马车被水浪冲垮。教堂的钟声在漆黑的夜里

---

① Conseil Général. *Etat des Communes*：*Issy-les-Moulineaux*. Montévrain：Imprimerie Typographque de l'Ecole d'Alembert, 1903.

响起,既是警报,也是祈祷。

很快,伊西镇的很多小房子就被淹没在洪水之中,那是体力劳动者的居所。人们赶忙穿上衣服逃命,顾不上携带家什,就走进齐腰深的水里,艰难地离开自己的家。到了 1 月 24 日凌晨 3 点,也就是塞纳河决堤一个小时以后,在伊西镇地势最低的地方,洪水已经有 6 英尺多深。熟悉的街道,熟悉的标志,全都消失了。据胡伯特所言,在一条街道上,"人们只能看到一大片水,点缀着成行露出水面的树木、依然亮着的汽灯、几个屋顶以及有轨电车的电线杆"。电灯都熄灭了,饮用水供应也停止了。塞纳河的水侵入了老年公寓,厨房和洗衣机房都不能用了。住在底层的人很快就搬到楼上,因为地上的水还在不停地上涨。城镇里的很多工厂被迫关闭,很多人没有了工作,也不知道什么时候才能复工。胡伯特这样描述道:"他们忧郁的眼睛望着无边的大水,寻找着曾经为他们遮风避雨的简陋家园。"[1]

伊西镇陷入了令人恐惧的静谧和黑暗之中。几乎所有的商店和工厂都突然关闭了,平日里熙熙攘攘的街道现在空空荡荡。夜里,可以不时地看到街上有微弱的灯光一明一暗,那是有人举着火把从村子里走过。官兵也开始赶来救援。

1 月 24 日,灾民来到镇议会厅,希望得到帮助。随后几天里,越来越多的难民来到这里。政府设立了七个难民中心,收容突然之间失去家园的人。城镇里的空地、空房子,也交由地方政府支配。家里还有空余房间的人家大都欢迎灾民到他们家里来。附近的蒙鲁日(Montrouge)镇伸出援助之手,照顾灾民的孩子,父母们安抚着自己的孩子,把他们交给邻居照顾。其他村镇发扬善良和

---

[1] J. Hubert. *L'Inondation d'Iss-les-Moulineaux*. Paris: J. Hubert, 1910: 4.

仁慈的精神，也给伊西镇送来了衣服和必需品。不过，他们也只能救济到这个程度。

　　像伊西这样的城镇当然不是一贫如洗，但是，这些城镇没有巴黎那样多的资源。洪水来了以后，很快就暴露出工人阶级居住的郊区与富裕城市之间基本的不平等。英国记者 H. 沃尔纳·艾伦在附近几个城镇采访时，对看到的一切感到如鲠在喉，他写道："到城外的郊区采访回来后，有些景象依然挥之不去，黏稠的黑色淤泥、悲惨的令人震颤的境遇、昏黄污浊的大片湖水，这儿或那儿杵着一幢高点儿的房子，好似一片被废墟包围的小岛。"①《生活画报》（*La Vie Illustrée*）杂志也认为郊区城镇的情况很凄凉。由于房屋质量差，抵御不了恶劣的天气，屋顶倒塌了，数百人流离失所。有个记者哀叹道："这个小房子是生活的全部梦想，是一生辛苦劳作建造的，本来希望年老力衰之后在这里度过平静的余生……但是现在，在洪水的无情冲击下，坍塌了。"②

　　1月24日，来自塞纳河上游以及下游村镇的灾民，开始成千上万地涌入首都。很多人是投亲靠友，受到巴黎人热情的欢迎。这些逃难者希望，如果他们的家乡不能给他们提供足够的资源，那么巴黎能够给予他们。对于这些灾民的迫切需求，巴黎公共援助办公室向很多郊区灾民提供救助，但是这种帮助是有条件的，灾民们必须证明自己没有从其他村镇那里获得救助。在这样混乱的情况下，提供这样的证明是很困难的。负责公共援助的官员犹豫不决，不愿意向来自郊区的灾民提供救济，特别是水灾最严重的时刻还没有过去，他们害怕救济物资会很快发完。

　　阿尔福维尔镇就在巴黎的东南部，在1月24日受到洪水的严

---

① H. Warner Allen. The Seine in Flood. The living Age 47, 1910－04—1910－06:32.
② L'Homme qui passé. La vie qui passe: inondations et inondes. *La Vie Illustrée*, 1910－02－05: 166.

重破坏。20世纪初,这个镇的人口有将近1.2万。① 那里只有一个工厂,多数人从事贸易,干点售卖玉石珠宝、裁缝和糊纸盒的小生意。阿尔福维尔镇坐落在"马恩凸块"(La Bosse du Marn)上,Bosse的意思是"凸块",就像三明治一样,夹在马恩河与塞纳河之间,两河交汇的地方就是阿尔福维尔镇。如果发生洪灾,这种地形对于阿尔福维尔镇来说极为不利,因为它与巴黎的联系很容易被切断。如果两条河都溢满了,那么两座桥就无法通行,阿尔福维尔镇的很多居民就被困在那儿了。这个镇只有大约11%的街道铺设了下水道,因此洪水无处可排,在镇子里形成大片的水塘。阿尔福维尔镇的很多房子很快就被洪水淹没,变成了一片废墟。

　　有个居民如此告诉《管理者》(*L'Autorité*)阿尔福维尔镇的洪水上涨得有多快:1月23日夜晚他上床睡觉的时候,房子里已经有些水,外面院子里更多一些。从那天早晨起,洪水似乎没怎么上涨,因此他觉得没有必要过于担心。但是,1月24日凌晨4点半左右,情况发生了变化,他的狗跳到他的床上,朝他叫唤。就在他睡着的几个小时里,冰冷的洪水上升了将近16英寸。他从床上跳下来,地上的水已经到他的膝盖了。他和妻子赶忙用箱子、盒子之类的东西搭了个落脚的地方,顺着梯子从第二层楼的窗户里爬了出来,肩上扛着、背上背着他们的床垫、床单、枕头和衣服。上午10点左右,他又回到家里,发现洪水已经有餐桌那么深了,于是拿了几件衣服就离开了。"从今天这个时候起,我们的家没了,家具没了,衣物没了,工作没了……但是我们的情况还不是最坏的,我认识的很多人,他们有几个孩子,情形比我们的还要糟糕。"②

---

① Conseil Général. *Etate des Communes*:*Alfortville*. Montévrain:Imprimerie Typographque de l'Ecole d'Alembert,1910.
② La Disparition d'Alfortville. *L'Autorité*,1910-01-28.

也就是从那一天，阿尔福维尔镇的镇长开始感到恐慌，他向警方报告说："受灾的情况难以描述，我们等来的救助远远不够。"①洪水暴发前，阿尔福维尔镇与政府有着政治分歧，从而导致很多阿尔福维尔人积极投身社会主义运动，而这次洪灾进一步加剧了双方的紧张关系。当地人指责巴黎市没有采取措施应对洪水，没有保护好桥梁，没有保护好他们的家园和生活。（洪灾过后，当地商人致函政府，请求工程师增加岸墙的高度。）

距阿尔福维尔东边不远，是迈松阿尔福（Maisons-Alfort）。在这个地方，一些刚刚失去家园的灾民露宿在巴黎-里昂-地中海（Paris-Lyon-Mediterranée）铁路线上，带着他们的东西挤在一起。这个镇也是国家兽医学校所在地，学校几乎就坐落在马恩河的河岸上。当洪水上涨的时候，这所学校对很多重要的物资作了双倍的准备，以应付可能发生的洪灾。附近的铁路线和船运服务都停止了，学生们上学变得非常困难。到了1月24日，马恩河溢满决堤，学校的地下室里灌满了水。

尽管有很多困难，学校的教授和学生依旧像往常一样上课，进行解剖试验。根据校长古斯塔夫·巴利尔（Gustave Barrier）教授的记述："每个人的脸上都写满了焦虑，人们撕掉报纸，谈论的全是关于洪水的事，特别是洪水在附近地区造成的破坏。"最终，巴利尔校长把师生召集起来，宣布停课。当他要求师生参加到抗灾救援中去的时候，他记得他们不由自主地爆发出了掌声。在洪水迫使阿尔福维尔、迈松阿尔福的居民离开自己家园的情况下，正需要这种精神状态。巴利尔写道："没有什么景象比这更令人悲伤的了，这些可怜的人，瑟瑟发抖，浑身湿透，满是泥巴，寻找着新的栖身之

---

① Memo from Maire［d'］Alfortville to Préfet［de］Police à January 24, 1910. Archives Nationales, F7 12649.

地,讲述着他们刚刚逃离废墟的凄凉故事。"①

纪尧姆·阿波利奈尔(Guillaume Apollinaire)住在第 16 区奥特尔的大时钟街(Rue du Gros),就在巴黎西部的城边。洪水暴发的时候,他已经是一位很知名的诗人,最为人称道的是,他打破了旧的文学风格,创造了新的文学形式。他是艺术圈的前沿人物之一,来往的朋友有巴勃罗·毕加索(Pablo Picasso)、让·谷克多(Jean Cocteau)、埃里克·萨蒂(Eric Satie)以及马塞尔·杜尚(Marcel Duchamp)等。几年以后,他发明了一个新词"超现实主义",来描述一种新的艺术,表达的是非理性的、意料不到的狂欢。巴黎大洪水期间,他为《无敌晚报》(L'Intransigeant)撰写的文章里所描述的内容,也属于这种艺术。

1 月 23 日,阿波利奈尔一开始从窗户里看到的塞纳河洪水上涨的景象并没有让他担心,反而让他感到有趣,使他想起了"荷兰的小村庄",那里的房子建在运河沿岸,小船安详宁静地在运河上浮动。但是,当他在周围徜徉了一番后,他的看法改变了。他所住的公寓大楼的地下室里的水已经有 6 英尺深,他的邻居害怕情形还会更糟。"在大时钟街,人群聚拢在一起。太阳消失了。菲利希安·大卫路上没有船只,只有一辆马车,悲伤的居民慌乱地往车上扔着他们最值钱的东西。"父母从楼上窗户里将受惊吓的、哭喊着的孩子递给站在下面的亲友。附近有一位女士绝望地啜泣着,洪水在她身边越涨越高。

后来,阿波利奈尔回到自己的家里,那条"巨大而狂怒"的塞纳河将他脑子里任何残存的关于塞纳河的美好错觉全部冲走了。在急速的洪流中,他"眼睁睁地看着满是树叶的大树和黑红花纹的

---

① G. Barrier. *Les Inondations de janvier 1910 et l' école d'Alfort*. Paris: L'Imprimerie Chaix, 1910: 6 – 7.

牛"被冲走了。当工人们急匆匆地在他的楼前铺设木板,以阻止洪水进入底层楼房的时候,那个幸福快乐的荷兰村庄意象消失了。洪水已经很深了,没有人帮助,阿波利奈尔连自己的家也回不去了。一个下水道工人背起他从洪水里走过去,根本不知道他背的是法国最著名的一位诗人。

尽管工人们付出了最大的努力,塞纳河的洪水还是在夜里灌入了阿波利奈尔所住的楼房。1 月 24 日早晨,他听到楼下的邻居在啼哭,并叫喊他的名字。他们请求他允许他们把家具和个人物品放在他家里。"不一会儿,一大堆的东西就搬了上来,真是令人悲哀,有床、椅子、衣橱、桌子、衣物、精美的家庭纪念品等。我希望洪水别涨到二楼。"最后,这位作家也不得不离开自己的家,放弃最珍贵的东西——他的书。工程师架起了木板人行道,使他能够离开自己家的前门。雪花飘落,阿波利奈尔拖着脚步走过木板桥,上了小船,来到安全地带。①

雪花从灰暗的天空飘然而下,先是变成雨,然后又变回雪,给人们带来了新的苦难。气压开始下降,预示着更恶劣的天气即将到来。1 月 24 日,巴黎市的全部基础设施都瘫痪了。正如《晨报》所报道的:"工厂停工,电、气中断,两千多个电话用户无法使用电话。"②洪水淹没了塞纳河沿岸的火车轨道,车站开始关闭。铁路公司尽可能地将旅客和货物转送到危险性小的车站。电报停止拍发,全城商店关门。一点一点地,整个巴黎与法国的其他地方,与世界的其他地方,都隔绝了。

老鼠的皮毛上沾着水和泥巴,从它们被淹的地下洞穴里爬出

---

① Guillaume Apollinaire. *Oeuvres en prose compléte*. vol. 3. Paris: Gallimard, 1993: 407 – 409. 这篇文章最初发表在 1910 年 1 月 25 日的《无敌晚报》上。
② Un Fléau s'étend sur Paris et sa banlieue. *Le Matin*, 1910 – 01 – 25.

来，到处寻找食物或干燥的地方。老鼠代表着污秽和疾病，随着老鼠在洪水泛滥期间和洪水退去后更加频繁地出入巴黎，有些巴黎市民开始公开谈论可能的疾病暴发，特别是由于水质受到污染，有可能暴发可怕的伤寒。如果真是那样，那么在城市被洪水淹没、在医院已经住满洪水受伤人员的情况下，人们担心可能会很快演变成一场流行病，造成大量死亡。对疾病暴发的担忧之所以在人们心头挥之不去，部分原因是这个城市有着流行病暴发的长久历史。在过去，巴黎经历了大规模暴发传染病的艰难时代，特别是 1832 年和 1848 年的霍乱，整个欧洲大陆都被这个可怕的疾病席卷。从 1880 年 7 月到 10 月，一种难闻的气味漂浮在城市上空，巴黎经历了一次神秘的"大恶臭"（The Great Stink）事件。很多人把这种恶臭归罪于污水池和化粪池清洗不彻底，或是归罪于巴黎城外焚烧城市垃圾的废物处理场。1895 年夏天，强烈的臭味卷土重来，再一次激起人们对于疾病和死亡的潜在忧虑。[①] 现在，虽然时光流转到 1910 年，但是老鼠的出现以及塞纳河上时时漂浮的动物粪便，依然让人们感到恐惧，让人们在巴黎闻到了更臭的气味，看到了更多的污秽之物。

1 月 24 日，路易·雷平不断地从巴黎及城郊各地的警察那里得到消息，他在巴黎和塞纳河上游郊区的村镇巡查，了解洪灾情况，努力预测下一步还会发生什么。他在城市里脚不点地地到处跑，穿着一件又长又大的黑色外套，头戴一顶圆顶硬礼帽，两个裤腿掖在长筒胶靴里，手里挂着一根木棍儿，以防自己摔倒在淤泥里。他比任何人都更加频繁地出现在救灾现场，站在洪水边上，成为政府形象的代表。

---

① 参见 David S. Barnes. *The Great Stink of Paris and the Nineteenth Century Struggle against Filth and Germs*. Baltimore：Johns Hopkins University Press，2006.

有一段时间甚至还有一些希望的迹象。地铁新 4 号线是南北主干线,在 1 月 24 日依然运行,因此,人们还可以在城市的一些地方走动。即便是这些在塞纳河底下正常输送乘客的地铁列车,现在也被迫停靠一边。右岸上的夏特勒站(Châtelet)和左岸上的奥岱翁站(Odéon)已经变成两条缩短了地铁线路的新终点站。如果乘客想到对面去,必须从地铁里出来,顶着寒风和冷雨,从一座桥上走过去,才能搭乘另一个方向的地铁。贝西发电厂依旧被洪水灌入,随时都可能造成整个供电网的大规模短路。果不其然,发电厂的地下室很快就充满了水,导致发电机全部关闭,其余的地铁也都停运了。

远离塞纳河的地区也受到了洪水的影响。供电公司位于巴黎东北部,就在甘必大大街(Avenue Gambetta)和贝尔维尔路(Rue de Belleville)上,该公司报告说不能再确保电力供应了。随着电力、交通和通讯等基础设施的不断崩溃,越来越多的问题出现了。

到了 1 月 24 日,巴黎市的四个垃圾处理厂有三个被洪水浸泡,只能将其关闭,巴黎制造的数万吨垃圾、废物不能再像平常那样进行处理了。政府卫生官员连忙制定了应急计划:将正常情况下应该送往维特里(Vitry)焚烧的垃圾倒入塞纳河,倾倒地点选在城市东部贝西附近的托尔比亚克桥(Pont de Tolbiac);本来应该运往其他两个焚烧炉的垃圾现在从奥特尔桥(Pont de Auteuil)倒入塞纳河。近 50 名工人开始将城市垃圾运往塞纳河,用耙子和铲子把臭气熏天、半腐烂的垃圾叉起来,从桥的栏杆上扔到河里去。其他的垃圾处理厂都在超负荷运转。城市垃圾回收服务部门组建了应急队,协助进行正常的垃圾收集。他们对垃圾进行分类,将危险或易燃的东西挑拣出来,然后用军方提供的马车将这些危险或易燃垃圾运到城市外围，在那儿进行焚烧，焚烧时冒出的浓烟辛辣刺鼻，笼罩在巴黎上空。所有其他的垃圾废物都倾倒进了依然在上涨的塞纳河里。由于洪水导致垃圾处理厂关闭，几天来，垃圾处理人员不得不继续将山一样高的、散发着恶臭的垃圾抛进塞纳河里。直到政府官员考虑到公共健康问题，命令他们停止这项工作，向塞纳河倾倒垃圾的行为才结束。

塞纳河里本来就漂流着杂物、废物，巴黎人的垃圾倾倒无疑是雪上加霜，河里的气味恶臭无比。地下室通常用来储存食物，现在那些腐烂的食物导致恶臭进一步加剧。到了 1 月 24 日，贝西的空气中充斥着仓库食品腐烂和河里垃圾恶臭的味道，浓烈呛人，令人难以呼吸。塞纳河的中间有两座岛，圣路易岛（Ile Saint-Louis）是其中较小的，此时洪水开始漫过圣路易岛的河岸。在圣路易岛这个地方，曾经有两个小岛，其中一个叫奶牛岛，由于废物填埋，这两个小岛就连在了一起，形成了现在的圣路易岛。这个小岛上有个凸出来的码头，塞满了垃圾、废物，都是洪水从上游冲下来的。塞纳河冲下来的垃圾越来越多，在这些垃圾的压力下，连着码头的墙随时都有坍塌的危险。如果码头和岸墙坍塌，那么岛上的很多建筑顷刻之间就会灌满混浊的洪水。来自各个地方的垃圾壅塞在桥梁上，堵住了本来就超负荷运转的排水系统。在有些地段，工程师在下水道上紧急安装额外的排水口，防止垃圾堵住下水管道。

在塞纳河下游，本来就已经在洪水肆虐下挣扎的村民，还不得不应对从巴黎漂流到他们家里来的垃圾。海乐（Heller）博士是公共卫生专家，他在给城市官员的备忘录中描述了巴黎西北部的城郊小镇克利希（Clichy）的情况。他这样写道："塞纳河将大量的生活垃圾和污泥冲到了河岸上。这些废物堆在那儿，有至少 700 米长,它们已经开始腐烂,发出难闻的气味,很快就会让人难以忍受。"[1]

同时,在巴黎市的西边,洪水冲进了另一个工人阶级居住区。贾维尔是一个充满活力的工业区,因发明了杀菌剂"贾维尔漂白剂"而闻名,这种漂白剂从18世纪70年代开始就在这儿生产。到了1月24日,贾维尔已经完全处于洪水之下。那天早晨,塞纳河的水冲进贾维尔的街道上、房屋里和工厂中。家里有小船的人把船开出来,嘴里喊着"船夫,船夫",把人或食物、物品等运到安全的地方。很快,除非乘船,人们已很难在地上行走了。贾维尔圣亚历山大教堂(Church of Saint-Alexander)的教区通讯描述了这一地区的情况,将这些普通的船只比喻成威尼斯的贡多拉,但是巴黎的贡多拉船夫不会唱歌。通讯中说:"在这些废墟当中,他怎么能唱得出来?深夜里,除了呼救声和犬吠声,什么声音也没有。"[2]

在整个巴黎地区,军方及当地警察竭力维护法律和秩序,但是问题还是发生了。1月24日夜,在三天前遭到洪水严重袭击的巴黎上游城镇特鲁瓦,一帮恶棍违反警察局发布的宵禁戒严令,袭击保护步行桥的警察。这名警察拿出刺刀自卫,但是那些粗暴的歹徒依然想扑倒他。直到后来另一个巡逻的警察赶来,情况才得到控制。警察局的报告中记载:"整个夜晚,多次听到枪声和呼救声。"政府有关部门在市内张贴警示:"执行人员已得到命令,如果有人胆敢在夜里不遵守宵禁命令,就对他射击。"[3]洪水已经开始将城区冲得七零八散。

---

① Extrait de Rapport de Monsieur le Docteur Heller, 1910 - 02 - 11. Archives de Paris, D3 S4 21.

② *Le Javelot Illustré*: *bulletin paroissial de l'Eglise Saint-Alexandre de Javel*, 1909, 9 (Numero Exeptionnel).

③ Report from Le Commissaire Central de Troyes à Monsieur le Président du Conseil. Ministre de l'Interieur, 1910 - 01 - 24. Archives de Paris, F7 12649.

1月22日到24日发生的这一切让路易·雷平和其他负责人深感震惊和恐惧,他们立即在整个巴黎地区采取了明确的应急措施,这也是对他们领导水平的考验。除了已经安排的正常议程,国民议会的议员们在1月24日增加了一项内容,对是否资助第一批受灾者进行投票,以使即时借贷成为可能。为了投票,法国人民的当选代表首先需要穿过涌动的洪水,因为塞纳河已经围困了波旁宫,将议员的会议室和城市其他地方割裂开来。为了到达议会大楼,政治家们不得不爬上小船,冒着弄脏他们绅士礼服的风险,渡过议会大楼的庭院。不久,一个木板人行道搭建起来,将入口与地面连接起来。尽管这条人行道已经很好用了,国民议会的议长亨利·布里松(Henri Brisson)还是坚持要求重新布设波旁宫的人行道,因为他发现附近的外交部正在搭建的桥比他的好。

国民议会1月24日投票决定给巴黎以及周边地区提供金融资助的时候,波旁宫的灯依然亮着。三个保护大楼应急发电机不被水淹的抽水泵仍在工作。第二天,也就是1月25日,电光一闪,大楼的灯最终还是熄灭了,整个巴黎就这样一点一点地变成漆黑一片了。

罗伯特·凯贝尔(Robert Capelle)是国民议会的速记员,因为洪水而被从家里疏散出来,现在和其他几名工作人员一起住在波旁宫里,包括高特里先生在内。凯贝尔忠于职守,他尽职尽责地记录了那些日子里这座政府大楼里所发生的一切。高特里把家人安顿好以后就回到了工作岗位,并把他的故事讲给凯贝尔听,凯贝尔就将之记录在他的备忘录里。

凯贝尔自己的家距大学路(Rue de l'Université)有几百码远,与周围其他建筑物一样,他的家也被洪水淹没了。1月24日,凯贝尔和他的朋友准备的拟在波旁宫寄居期间应急用的酒、煤、土豆等物品,都被洪水全部浸泡,不能用了。因此,凯贝尔走到外面飘飘扬扬的大雪里,抓了一只野鸡和一只兔子。至少,他们夜里有东西吃了,雪已经下了整整一天。[①]

　　塞纳河的洪水已经到了轻步兵雕像的大腿以上,巴黎人意识到,这次洪水是他们记忆中最严重的一次。随着温度降到零度以下,塞纳河里漂浮起许许多多的小冰块,与垃圾废物混杂在一起。1月24日,巴黎已经成为一个陌生的、面目全非的地方。没有人知道这次苦难什么时候才能结束,但是随着水位的继续升高,多数人认为,他们还有可能看到塞纳河对巴黎造成更为严重的破坏。

---

① Robert Capelle. *La Crue au Palais-Bourbon* (*janvier 1910*)；*emotions d'un sténographe.* Paris：L'Emancipatrice，1910：4.

第三章

洪水围困巴黎

1月25日日出之前,巴黎东南的郊区城镇伊夫里(Ivry)传出一声巨响,接着火光冲天。侵入帕热斯酿醋厂的洪水与那里储存的化学产品混合在一起,产生了一种易燃易爆气体。那些气体一遇上火,就会发生爆炸,数英里之外的巴黎市中心都能听见爆炸声,整个工厂大火弥漫。据《日报》(Le Journal)报道:"这次爆炸引起的巨响,使巴黎人误以为阿尔玛桥被炸毁了。"[1]这种想法并不难理解。从贝西的仓库和村镇冲向东部下游的垃圾废物,经常被堵在桥面和桥墩上,导致洪水不能顺畅地从桥下通过。在绝望中,让-巴普蒂斯特·达尔斯坦将军甚至考虑派部队用炸药炸毁堵塞的垃圾,以打开桥下的通道。

到达伊夫里镇火灾现场的当地消防队员试图靠近燃烧着的工厂,但是建筑物周围深深的洪水挡住了他们的去路。他们只能眼睁睁地看着工厂的火光越来越大,烈焰冲天,因为里面有大量的酒精和各种各样的化工产品。酿醋厂周边现在变得极其危险,住在附近工地的建筑工人被小船疏散到一家临时医院。

警察局长路易·雷平很快就和巴黎的消防队员来到现场,为

---

[1] Une Vinaigrerie sauté à Ivry. *Le Journal*, 1910 − 01 − 26.

伊夫里镇的人提供救援。他们蹚着及膝深的洪水,向燃烧着的建筑物冲去,不过接着又犹豫了。每个人都知道,为了避免建筑物里面发生第二次爆炸,他们必须尽快冲进去,但是雷平和消防支队的中校考尔德(Corder)不希望他们的人死于再一次的爆炸。由于没有别的选择,他们还是决定往里冲。雷平后来告诉市议会:"我们的人抢着大槌,快速冲进楼里,避免了一场爆炸。如果真的发生了爆炸,整个地区就会落下片片残骸,可能还会造成死亡。"①酿醋厂的大火扑灭了,也防止了又一次的爆炸。

由于这家酿醋厂被烧毁,在这里工作的 200 名工人突然之间就失业了,但失业的还不止他们。法国共产党的机关报《人道报》(L'Humanité)向读者报道了急速攀升的失业率。大火过后,"伊夫里镇成为废墟。工厂倒闭,数千名工人现在没有了工作"②。整个巴黎地区的工人都受到影响。在有些情况下,由于停气、停电或者铁路停运,工厂不得不关闭。在工人阶级居住区,质量差的房子往往更容易受到破坏,这导致很多居民既工作无着,又流离失所。

巴黎市有一位刚刚失业的工人,名叫让·拉皮纳(Jean Rapinat),曾在拉隆(Lalong)建筑公司工作,是个泥瓦匠兼石匠。这个建筑公司是专门从事市政工程项目的,包括下水道和排水道建设,该公司的信纸上骄傲地印着"把一切都排到下水道里"这句名言。由于第 15 区的公约街(Rue de la Convention)受灾严重,该公司被迫关闭了在那里的工地。1 月 25 日,随着水位的上涨,洪水还吞噬了拉皮纳曾工作过的、位于附近鲁蒙尔街(Rue Lourmel)的建筑工地。拉皮纳登记申请失业补助时,他的老板写了个条子,向负责救济的官员证明他的公司关闭了,他的工人目前失业了。拉

① *Bulletin Municipal Officiel*,1910 – 02 – 07:581.
② Trois villes cernées. *L'Humanité*,1910 – 01 – 26.

皮纳的家也被洪水淹没了,他只能住在一家旅馆里,每周生活费需要 5 法郎。[①]

坐落于迈松阿尔福的兽医学校距伊夫里不远,到了 1 月 25 日,这所学校已经成为巴黎东南郊区居民的避难地,包括来自附近村镇阿尔福维尔和沙朗东的受灾人员。不少难民带着他们的家畜,很快就被安置在学校的校舍里。那天,雨雪交加,官兵们慢慢地沿河搜寻,小心翼翼地躲避水中的垃圾,给受灾人员提供救援。兽医学校现在也成为军方指挥救援行动的重要基地。

兽医学校的校长古斯塔夫·巴利尔教授不知道怎样才能给所有的避难者提供住所。在他关于洪灾的回忆录里,这样描述了 1 月 25 日大量受灾人员突然涌入的情况:"衣衫不整,全身湿透,饥寒交迫,浑身冻得僵硬,他们是匆忙之间逃离家园的,他们的一切都没有了。孩子们在哭闹,父母们脸颊上也滚下大滴的泪珠。这边,有个妇女带着她的八个孩子,不知道丈夫在哪里。那边,有更多的妇女,其他人在安慰她们。"[②]学校职工和慷慨的邻居们给不断来到临时救难所的灾民送来面包、汤水、豆类和热牛奶。巴利尔教授还设法找地方让官兵宿营,给他们送去吃的。随着洪水的上涨,他们与城市的通信被切断,交通也中断了。这些到学校来避难的人现在又一次被洪水围困。

警察、官兵以及红十字会的工作人员一起来到学校,他们带来了食物、床铺和急需的药品,这对于应对紧急情况经验不足的巴利尔教授来说是个极大的安慰。巴利尔教授是兽医专家,在饲养马匹方面很有造诣,他照顾动物很在行,但照顾人还不太行。巴利尔教授写道:"从沙朗东桥来学校的路被洪水切断了,行人不能走了。

---

① Archives de Paris, VD 6 2101.
② G. Barrier. *Les Inondations de janvier 1910 et l'école d'Alfort*. Paris: L'Imprimerie Chaix, 1910: 11.

到这儿来,只能是乘马车,或者是让别人背着,或者是⋯⋯乘船。"很快,可选择的余地变得更小了,只有乘船才能通过深积的洪水。①

1月25日是洪水暴发后的第四天,这一天,凯贝尔和国民议会的其他工作人员从仓库里拿出油灯,挂在波旁宫里。立法辩论期间,议员们从大厅座位上站起来发言时,因寒冷而瑟瑟发抖。由于油灯散发出浓烟,议员们不久就开始咳嗽、气喘,眼睛流泪、发痒。由于这些困扰和不便,有些议员相互之间抱怨说,国民议会应该休会。但其他人强烈反对,他们说,如果议会休会,就是向巴黎市民传递不好的信号,在他们最需要领导的关键时刻让他们更加恐慌。根据凯贝尔的记述,有一个议员宣告说:"如果会议厅里进了洪水,我们就爬到座位上去。"②毕竟,与数千名巴黎市民所遭受的一切相比,议员们的这些不适根本不值一提。议员们认识到整个法国北部都发生了洪灾,洪水中的灾民是多么需要救助,他们的家和工厂都被洪水冲走了。于是,议员们继续工作,讨论通过慷慨的救助方案,为遭受洪灾的人们提供帮助。

不管是在城市的这一边还是那一边,巴黎人一直在努力和洪水做斗争。1月25日,警察和军人在阿尔玛桥附近沿着岸墙堆上一袋一袋的水泥,防止洪水漫溢。但是,西岱岛(Ile de la Cité)上的金银匠滨河路(Quai des Orfèvres)有一段塌陷了。

在洪水激流裹挟下通过城市的垃圾有酒桶、家具,很多巴黎人认为这些东西可以随便捡拾。冒着生命和四肢冻僵的危险,财迷心窍的人用双手从河里捞财物。《高卢人报》(Le Gaulois)的一名记者描述了有些人如何在心锁桥(Pont de Solferin)上爬过栏杆,从汹

① G. Barrier. *Les Inondations de janvier 1910 et l' école d'Alfort*. Paris: L'Imprimerie Chaix, 1910: 14.
② Robert Campelle. *La Crue au Palais-Bourbon (janvier 1910): émotions d'un sténographe*. Paris: L'Emancipatrice, 1910: 5.

涌的洪水中捞东西：

> 那些男人拿着带钩的长杆子，眼睛紧盯着漂来的东西……哇！……一桶酒，宝贵的、美味的酒！用杆子勾过来！千载难逢啊！他在肆虐的洪水中快乐地拨弄着那桶酒，那是所有这些狂怒之上的窃喜。砰！酒桶与结实的心锁桥碰到了一起。啊，真可惜！手持杆子的那个人弄丢了酒桶。那个酒桶在桥下碰来碰去，终于从另一个拱孔里冲过去，桀骜不驯地翻滚着，朝塞纳河下游流去。桥上看热闹的市民取笑道："你的宝贝没影了，去别的水边找你的乐子吧。"接着漂过来一把扶手椅，又漂过来一个床架，然后……一架大钢琴！①

这些漂流物以每小时 15 英里以上的速度顺流而下，当以很大的力量撞到桥的时候，很多都损坏了。警察局在河岸上竖起警示牌，告诫巴黎市民，根据法律，从河里捞上来的任何东西都要在 24 小时内交给政府。尽管如此，对于桥上的一些人来说，打捞这些漂浮物的诱惑还是太大了。

大洪水期间，美国作家海伦·达文波特·吉本斯（Helen Davenport Gibbons）在巴黎受淹的街道上穿梭，希望记录下洪灾伤害的程度以及塞纳河的奇异景象。吉本斯对于巴黎并不陌生，她小时候就和家人多次游历这座城市，结婚后不久，她就和丈夫于 1909 年把家搬到了这里。吉本斯把自己融入巴黎的生活中，为美国报刊撰写了大量在巴黎的经历和感受，她的自传里也有对巴黎

① The Great Flood of Paris. *Current Literature*, 1910 - 03, 48:266.

生活的大量记载。看到巴黎受淹,她这样描述自己的所见所闻:
"尽管报纸上警告人们,如果观看洪水,有可能会被洪水冲走,但是
桥上仍然挤满了人。"她站在圣母大教堂附近的阿荷高勒桥(Pont
d'Arcole)上,近距离地解读观洪人群的奇异心态:"看到巨大的酒
桶一个接一个地在桥拱下沉没,然后被高高地抛向空中,再从另一
个桥拱中翻滚出来,人们忘却了身边的灾难。"①对于站在她周围桥
上的巴黎人来说,这是一场好看的表演。围观者如果看到几个漂
流物竞相漂来,有时就会欢呼,看看哪个最先漂到桥这儿。如果赢
了,他们就会大笑,大喊。美国《当代文学》(Current Literature)杂志
描述了巴黎另一座桥上类似的场景:"庞大的扶手椅漂过来,都散
架了。身穿毛皮大衣的女士,优雅秀丽,站在停靠在桥上的汽车顶
上,用珠宝和糖果打赌,看看装有软垫子的沙发和雕刻精美的大床
架哪个先漂过来。"②吉本斯只能用一句俏皮话来解释这种现象:
"好奇心大于恐惧。"③

　　在奥斯特利茨站,洪水阻隔了地铁以及南去开往奥尔良
(Orléans)的火车。河的对岸是里昂站(Gare de Lyon),火车从那
儿也是开往南方,同样被洪水淹没了。就在洪水猛涨之后,焦虑的
巴黎人开始成群结队地涌向火车站,尽可能多地带上他们的东西,
希望能坐上一列开往没有洪水的地方的火车。起初,有几列老旧
的蒸汽机火车还在运行,但是到了1月25日,大多数火车都空无一
人,闲置在车站或院子里——因为周围是深深的洪水,火车无法动
弹了。对于那些在开始几天里幸运地搭上仍在运行的火车的人来
说,离开巴黎首先必须乘船从家里到火车站,然后蹚过积水,再爬

① Helen Davenport Gibbons. *Paris Vistas*. New York: Century Company, 1919: 164.
② The Great Flood of Paris. *Current Literature* 1910-03, 48: 261.
③ Gibbons. *Paris Vistas*: 164.

上火车。对于火车被取消的乘客,要么是回家,如果能回家的话;要么是在外面露宿,在车站里坐在自己的行李上,祈祷有什么能动的车子带他们离开。有些火车站就这样成了应急安置所。到 1 月 25 日,大约 200 名来自阿尔福维尔的灾民,包括孩子,一起挤在里昂车站的候车室里,身上裹着大衣,向车站管理人员祈求帮助。火车站站长那天给路易·雷平写信,请求帮助这些来自郊区的灾民,"因为这些到巴黎来的不幸的人,越来越多……"①除此之外,他也没有能力做别的什么了。几乎每一列火车、地铁和有轨电车都要停运数日,甚至是数周。

越来越多的巴黎人被上涨的洪水围困,感到极度恐慌。1 月 25 日,《晨报》刊载了一则轶事,说是有个警察生活在塞纳河一个浮动的码头上,他的职责就是监管这一地段。他被诊断患有癌症,琢磨着在自己熟悉的环境里舒适地度过最后的日子。可是由于洪水水位太高,他不得不离开在码头边上安的家,但是他又不愿去别的地方,最终这位警察选择了自杀,因为他不想死在一个陌生的地方。②

1 月 25 日,多支志愿者队伍在巴黎全市范围内积极向处于灾难中的人们提供尽可能多的帮助。第 4 区的皇家委员会(Royalist Committee)开设了一个流动厨房,每天从上午 9 点到晚上 7 点对所有人开放。位于圣安东尼近郊(Faubourg Saint-Antoine)的一个孤儿院有大约 800 个孩子,这所孤儿院被洪水完全淹没后,向社会寻求救助,他们收到了来自各地的捐助。

慈善组织,特别是法国红十字会(French Red Cross),在洪水

① Memo from Commissaire spécial Gare〔de〕Leon to Préfet〔de〕Police, 1910-01-25. Archives de Paris, F7 12649.
② Une Victie de la crue. Le Matin, 1910-01-25.

到来之际都立即行动起来,组织了最卓有成效的活动,捐助食品和住所,减轻洪灾的损害,用来自法国及全世界的大量捐款捐物救助巴黎及其周围地区。法国红十字会由三个独立的团体组成。成立历史最长的是战争受伤人员救助会(Society for Aid to War Wounded),该救助会成立于 1866 年,那时,国际红十字会在日内瓦刚成立不久。这一组织的会员在普法战争以及 19 世纪末的殖民战争期间,向受伤士兵和平民提供救护车、药品、医疗服务等。现在,这一组织将关注的目光投向巴黎街头。法国红十字会的另外两个团体是法国妇女联合会(Union of French Women)和法国妇女协会(Association of French Ladies),这两个组织都是普法战争结束几十年以后组建的,主要是为中上层妇女提供开展慈善工作的机会,这种慈善工作要与她们作为母亲的社会地位和身份相适合,也是为国家服务的。①

这些红十字会团体与路易·雷平密切合作,到 1 月 25 日,在全市设立了救护所,成为灾民临时的家,里面有床和热水器,同时还为刚刚失去家园的人们提供流动厨房和衣物。一名给《晨报》撰稿的记者描述了他在格勒奈尔(Grenelle)区看到的一个红十字会救助站的情况:"已经有 30 个人静静地坐着,狼吞虎咽地吃着蔬菜,喝着豆汤……他们用充满感激的目光看着(厨师)。"②

《时报》(Le Temps)的一位记者与一名志愿者司机一起到各地服务,看到了红十字会的繁忙活动。这名志愿者开着卡车去位于巴黎北郊圣旺(Saint Ouen)地区的学校,车上装着救灾物品。到了地方之后,他跳下车,打开卡车的后门,往下卸食物、被褥、衣服和

---

① 正如法国妇女联盟所言,她们的工作使她们成为"大家庭的活跃力量,将全体法国人团结在一起,同心同德,全力以赴"。Union des Femmes de France. *Cinquantenaire. 1881—1931*. Paris: Croix-Rouge Française, 1931: 5.

② Sur les ruines. *Le Matin*, 1910 – 02 – 05.

其他生活必需品。这里是一个临时救助站,有 50 名灾民,法国妇女联盟的会员为他们提供帮助。离开那里后,这名司机把车开到战争受伤人员救助会设立的另一个救护所,这个救护所主要给灾民提供菜汤、面包和肉食等。

在下一站,红十字会的会员与天主教团体慈善修女会(Sisters of Charity)密切合作,向那些离开家时什么也没有来得及拿的逃难者发放衣物,没有人问这些冒出来求助的人是不是真正的洪灾受害者。在救助所工作的妇女只是在登记簿上写上求助者的名字,并不要求他们提供其他证据。一个空大厅变成了救助所,给妇女、儿童、老人提供住处,里面还有一位盲人和一位瘫痪的病人。在这位司机开车去的另一个救助所,一位母亲把九天大的婴儿放在柳条摇篮里摇着;一个男子坐着,护着他的伤口,他的腿折了;一个小女孩不停地翻跟斗,试图逗她的小弟弟笑。回到卡车以后,司机驱车直奔郊区的圣丹尼斯,在那里卸下了面包、肉、土豆和巧克力,然后又急忙赶往下一站。①

战争受伤人员救助会在实施救援方面有着军事化的精确性,他们把巴黎及其周边分成六个区,每天都有志愿者到各区巡视,了解每个区的特殊需求。富有的卡马斯特拉公爵(Camastra)是这个团体的捐助者之一,他把自家的院子腾出来,交给救助会使用。车辆就是从这儿迅速驶向各个救助区,送去面包、鸡蛋、巧克力、汽油、羊毛外套、鞋子以及婴儿用品等救灾物品。救助会从一个小村庄里收到 2000 多磅的蔬菜捐助,市中心食品市场的商贩将肉打折卖给救助会。

在洪水暴发后的一周里,仅战争受伤人员救助会就在大巴黎

① Les Inondations. *Le Temps*, 1910 - 02 - 06.

地区设立了 50 多个救助站。据一家媒体估计,在最危急的时刻,红十字会每天发放的面包有 10 万块。在奥特伊(Auteuil)的红十字会医院里,志愿者在已经住满病人的病房里添加床位,收治受灾的病人。从郊区村镇刚刚逃难过来的受灾者,有些就在红十字会的工作间里帮忙,失业的女工在那里缝制衣服,提供给其他受灾者。

红十字会还与天主教神父联合,在田园圣母院(Notre-Dame-des-Champs)以及巴黎市的其他宗教场所开设救助站。他们向学校派遣工作人员,包括迈松阿尔福的兽医学校,一些军营现在也为洪灾受害者提供住所。位于公约街的政府印务局成了红十字会的救助所,甚至还有人说,如果需要,就把先贤祠改成救助站。纪尧姆·阿波利奈尔在《无敌晚报》上发表文章,称那些白天黑夜在救助站工作的人为"天使"。还有一位诗人,萨布朗-庞特维斯伯爵(Comte de Sabran-Pontevès),他用诗句向他们致敬:

> 法国上空的星星……天上来的使者,
> 在阴郁的地平线上,你们是彩虹。[1]

聋哑学校在空地上安放了 40 张床,盲人学校更是设置了近百张床。沙朗东的精神病院向无家可归的难民提供了很多空闲的床位,还在食堂里新搭起了一些床位。城市东郊的小镇勒韦西内(Le Vesinet)接收了大约 900 名灾民,巴黎北部的小城翁吉安雷班(Enghien-les-Bains)给 400 名灾民提供住所和食物。来自阿尔福维尔的 300 名灾民向西逃到蒙特勒伊-苏布瓦(Montreuil-sur-Bois),

---

[1] Comte de Sabran-Pontevès. Sonnet. Bibliothèque Historique de la Ville de Paris. Flood Collection.

并在那里的一所学校安顿下来。

　　圣保罗教会（The Society of Saint Vincent de Paul）和慈善协会（Philanthropic Society）在全城发放传单，上面列了很多人们可以寻求帮助的地方：住的地方在医院和临时救助所，有的只提供给单身女性或者带孩子的妇女；食品有面包等，还有流动厨房及为妇女儿童服务的临时餐馆；有的地方提供干衣服。这两个协会在巴黎和周边地区各有 25 个救助点，每个灾民都可以在那儿吃上一顿热饭。其他救助机构还有更多的救助点。

　　1 月 25 日，巴黎的墙上、广告栏里以及政府大楼的外面都贴满了大幅海报，以醒目的字体呼吁市民积极捐助，将钱物交给各个区的行政部门。这些海报号召全市人民，不论居住哪里，不论是何阶层，都要超越地区界限和社会差别，担当起社会责任。第 4 区的地方官员张贴的海报说得很直白："很多家庭已经失去了住所，缺吃少穿，饥寒交迫。"海报坦言，仅靠政府救援是不够的，"我们每个人都要向水灾受害者提供人道主义援助"。海报上还显示，把捐款交到区议会厅，政府会镌刻一个捐助榜，从而"展现我们区的人民团结一心"。①

　　第 8 区包括香榭丽舍大街（Champs-Elysées），是巴黎最富有的区之一。尽管该区也受到了洪水影响，但是情况比其他区要好得多。经区长同意，这个地区也张贴了通告，希望公众慷慨解囊。通告中说："一场前所未有的灾难已经降临巴黎，而且每天都在加剧。全体巴黎市民的镇静和勇气固然值得钦佩，但是我们应该立即行动起来，帮助那些不幸的洪水灾民。更为富足的区必须大力帮助那些没有同样多资源的区。这是第 8 区的责任。"②

　　通告中说，整个巴黎都处于危急状态，而不是仅仅某些区有危

①　Appel à la population, 1910 – 01 – 24. Archives de Paris, D1 8Z 1.
②　Aux habitants du VIIIe arrondissement, 1910 – 01 – 26. Archives de Paris, D3 S4 27.

险。不管自己所处的区是否被洪水淹没，整个城市的命运都被绑在了一起。

即便是洪水暴发期间，警察部门依旧履行着正常的职责。路易·雷平手下的警察队伍并没有停止对社会团体、工人罢工、政治骚乱等行为的监控。他们依旧像往常那样，逮捕罪犯、制止抢劫、处理市民纠纷和斗殴。他们照例赶赴火灾现场，提供安全和救助。巴黎的大洪水只是增加了他们的工作量，使他们确保大城市秩序的繁重任务变得更为艰巨。更糟糕的是，1 月 25 日，警察局大楼的地下室也开始进水了。

那天，雷平和其他几名官员到贾维尔区视察受灾情况，同行的有阿尔芒·法利埃（Armand Fallières），这位慈祥的老人已经 69 岁了，是共和国的总统。法利埃在权力顶峰时期经历了很多动荡不安的岁月，他是充满激情的共和党人，相信法律、科学、教育和理性的力量，曾在国民议会任职多年，其间积极推动法国政策改革，不断地向中间意见靠拢，既不实行第三共和国成立时期主导政府的保守政策，也不实行企图彻底推翻政府的激进政治。他在 19 世纪80 年代还担任过公共教育部的部长，推动了教育制度的重大变革，使法国的公共教育变成自由的、义务的教育，并从教会中分离出来。一直以来，天主教在青少年教育方面发挥着主导作用，这种政教分离是对天主教的直接挑战，引发了对宗教在社会中的作用的大论战。1906 年，国民议会选举法利埃为共和国总统。

尽管年事已高，满头白发的法利埃依然乘坐小船或汽车到洪水淹没的地区视察，有时还会搭乘马车。1 月 25 日星期二，当总统和他的随从到达洪水浸泡的贾维尔社区时，他已经知道塞纳河的水位涨到了轻步兵雕像的腰部，高出正常水平 14.5 英尺。下车后，法利埃和雷平蹚着及膝深的水、踩着淤泥视察水灾情况。当地居民正在手忙脚乱地搬家,尽可能地把东西塞进箱子里和手提包里,然后搬到马车上,但是依然有东西装不下。哭喊的妇女背着孩子,艰难地踩着泥水行走,大声地诉说着她们和她们的家怎么成了这样,又不知下一步会怎么样。对此情景,法利埃和雷平都深受触动。[1]

在贾维尔社区,被警察营救的老妇人紧紧抓住简易木筏[2]

那一天晚些时候,法利埃和雷平又视察了位于巴黎东郊的城镇沙朗东。雷平带着总统和他的随从查看了受洪水淹没的地方,雷平指着他露出水面的挂杖,让总统了解这里洪水的深度。法利埃问雷平:"你觉得,这儿的受灾情况比巴黎严重吗?"雷平强调,在沙朗东这样的地方,洪灾要比巴黎严重得多。他说,巴黎有人,有船,有工具,而这些郊区则严重缺乏。"生活在这一地区的都是穷人,他们既没有住所,也没有资源。"当雷平和总统在泥水里艰难行走的时候,听到从洪水围困的楼房里传过来的呼救声。"太可怕了。"法利埃叹息道,并让人帮助那个呼救的人。雷平命令手下尽

---

① The Floods in Paris. *Times* (London),1910 – 01 – 28.

② 来源:Charles Eggimann, ed. *Paris inondé: la crue de la Seine de janvier* 1910. Paris: Editions du Journal des Débats,1910.承蒙范德堡大学的让和亚历山大-赫德图书馆特刊部 W. T. 邦迪中心惠允使用。

快去办,警察跑过去找到了那个呼救的受灾者。总统和雷平回到车上时,还能听到其他人在喊:"别忘了我们! 救救我们!"[1]他们的呼救声并没有被当作耳旁风。

尽管救助者做了很多艰苦的工作帮助灾民,但还是有很多巴黎市民不知道该找谁寻求救助,特别是他们不知道到底是哪个部门在负责救助。在地方层面,塞纳省的省长和警察局长在抗洪救灾方面密切合作,但是他们的行政职能是有交叉的。在国家层面,内政部负责国内安全事务,但是达尔斯坦的部队也参与进来,帮助受害者,提供安全保障。官兵们帮助搭建步行桥,处理其他紧急的工程问题,但是这样做就会与国家有关部委的公共职能产生交叉。警察、陆军、海军、消防、公共援助机构、地铁工作人员、下水道工作者、路政人员,以及水、电、气、电话、电报等行业的团队,各自都有各自的上级。巴黎正处于有控制的混乱之中。

1月25日夜晚,天空澄明、清澈,星光点点,一轮圆月映在洪水里,随着波浪跃动。尽管洪水造成了破坏,但是巴黎依然光彩迷人,特别是黄昏以后。应急的油灯和剩下的几盏电灯在此时宽阔的塞纳河里朦胧地闪烁着。这条河现在如银河泻地,就像一个巨大的水平原,铺展在巴黎这片土地上,弥合了右岸和左岸的清晰界限。原来,通过岸墙这边的河水与岸墙那边的鹅卵石能清楚地看到塞纳河的边界,现在街道已经消失了,塞纳河的水直接冲击着建筑大楼的墙壁。

1月26日天亮以后,与河水上涨有关的一切都显示出不祥和怪异的迹象。汹涌的洪水颜色变暗。塞纳河比平常更加浑浊,有些地方冒着气泡,河道里充斥着垃圾杂物,似乎预兆着要发生一场

---

[1] M. Fallières visite la banlieue. *Le Gaulois*, 1910 – 01 – 26.

大灾难。《纽约时报》(*New York Times*)称塞纳河是一个"满是污秽的黄色恶魔,正在啃噬着它(巴黎)的重要器官"[1]。《无敌晚报》将它描述成一个老恶棍,正常情况下这类人都是被路人唾弃的,那个老恶棍大喊着:"世界末日到了。"[2]

摄影师(皮埃尔·珀蒂摄影工作室的摄影师)用镜头记录了被洪水淹没的城市的奇异之美[3]

劳伦斯·杰罗德(Laurence Jerrold)是伦敦《每日电讯报》(*Daily Telegraph*)驻巴黎的英国记者,他沿着塞纳河边行走,第一时间感受到塞纳河暴涨后的威力。他这样写道:

> 河水是黄色的,是莱茵河在科隆(Cologne)所
> 呈现的那种黄色,它在我们的下面咆哮着,就像罗

---

① Lights and Shadows of the Paris Flood. *New York Times*, 1910 - 02 - 13.

② Martin Gale. Le Carnet des Heures. *L'Intransigeant*, 1910 - 01 - 29.

③ 来源:Pierre Petit, *Paris inondé. janvier* 1910:32 vues. Paris:Pierre Petit, 1910.承蒙范德堡大学的让和亚历山大-赫德图书馆特刊部 W. T.邦迪中心惠允使用。

纳河（Rhone）从日内瓦湖（Lake of Geneva）中冲出来一样……在塞纳省这片平坦的土地上，这条河翻滚着，旋动着，力量如山洪一般大，其激烈和迅猛的程度不亚于伯尔尼（Berne）的蓝色阿勒河（Aare）。但是这条河是黄色的、污浊的，因为河水裏挟着各种各样的垃圾以及被损坏的东西。尽管如此，它依然美丽迷人。[1]

　　和很多巴黎人一样，杰罗德表达了同样的夹杂着欣赏和厌恶的复杂感情。1月26日，成群结队的巴黎市民依旧来到桥上和岸边，欣赏这难得一见的景象。这位伦敦《每日电讯报》的记者报道说，自1900年世博会以来，他还从来没有见过"如此多熙熙攘攘、穿着讲究的人聚集在桥上或岸墙边"[2]。于勒·克拉勒蒂（Jules Claretie）是法国记者，也是当时的编年史家，他的心情有点忧郁，那些站在塞纳河岸边的人让他想到了普法战争。他在给《费加罗报》（Le Figaro）写的文章中这样说："这些人群会让那些经历过巴黎大围困的人，痛苦地回想起那些悲惨的日子，那个时候，也是有这么多黑压压的人群，站在河边，看着过来的船只，船上是在马恩河战役中受伤的士兵。"[3]

　　1月26日星期三，法国北部和英吉利海峡受到暴风雨的袭击，带来大风、暴雨和强降雪，导致法国港口出港的很多轮船都停航了。不过，莱恩巴格法官和纳托尔夫人这两名美国游客却很幸运，他们已经离开了巴黎，踏上了返回家乡的旅程，登上了布列塔尼号邮轮，并且已经起航。在跨越大西洋的航程中，他们通过无线电收

---

① Laurence Jerrold. Paris After the Flood. Contemporary Review, 1910 - 03,97：284.
②③ The Great Flood of Paris. Current Literature, 1910 - 03,48：266.

听到巴黎所发生的一切。船上收到的报道引发了一则谣言,说是埃菲尔铁塔差一点就倒塌了。这个消息令人沮丧,船上的法国乘客开始担忧他们生活在洪涝区的家人以及他们的城市。当邮轮最终停靠在纽约港的时候,记者们立即采访莱恩巴格法官、纳托尔夫人和其他乘客,核实通过电报从巴黎传来的消息,因为这些人是踏上美国土地的第一批巴黎大洪水见证者。焦虑的法国乘客通过检疫后,不停地追问美国记者,希望了解自己国内的洪水情况。他们问的是:什么东西被毁坏了? 死了多少人? 巴黎现在还剩下什么?《纽约时报》评论道:"对于听到的消息,他们不是那么满意。"①

　　不过,至少关于埃菲尔铁塔的情况要比乘客们担心的要好。巴黎最受认可的标志性建筑没有倒塌,因为它四个支柱里的液压泵保护它没有受到很大的损害。现在,埃菲尔铁塔从一个冰冷的褐色湖泊里直冲云霄,这个湖覆盖了大部分战神广场,那里曾经是1900年世博会的核心场馆。就在这个地标建筑的旁边,坐落着战神广场车站,这个车站是为1867年的世博会建造的。车站的院子里覆盖着白雪,数十节装满货物的车厢被遗弃在车站内。车站的建筑物和列车全都浸泡在了洪水里。就在几天前,这里还是一派繁忙景象,而现在则是令人可怕的沉寂。埃菲尔铁塔靠着这个死气沉沉的车站,洪水里漂浮着垃圾废物,看起来不像以前那样巍峨壮观。

　　1月26日,卢浮宫附近邮政大楼下面排水管道里的污水溢出,渗透到大楼地下室里的中央电报交换机里。突然之间,728个电报线路,包括32个专门发送国际电报的线路,都受到极大的威胁,随时都有与世界断开联系的可能。在现代社会,快捷的通信对于商

---

① Saw Start of Paris Flood. *New York Times*, 1910 - 02 - 01.

业非常关键,巴黎的电报线路在 1909 年发送了大约 3300 万条信息。现在,塞纳河的洪水威胁可能将这一数字减少为 0。维修人员急忙运来水泥,对墙体进行加固,但是洪水淹没了供热设备,导致电力系统短路。消防队员最后拿来了一台水泵,但是担心大楼的地基承受不住,因此被迫关掉了。洪水淹了电报设备。巴黎与法国其他地方以及与英国、比利时、荷兰、丹麦、瑞士部分地区、意大利的通信中断了,国际贸易也停止了。在这样的情况下,外国记者很难将巴黎发生的一切告诉世界其他地方。由于至少还有一条跨大西洋的电报线路能够使用,一名英国记者只能将所写的报道发给报社在纽约的办公室,然后再从那里发回欧洲,因而花了高昂的费用。很多家庭十分焦虑,因为没有办法往外发信息,让其他人知道他们是安全的。

1 月 26 日,洪水淹没了给巴黎电车供电的发电厂,致使大部分电车停用。电车只能在城市的一部分地区运行,如果去其他地方,巴黎市民就得另想办法。马拉的公共汽车以及四轮马车虽然在巴黎街头用得越来越少,但也是可以继续使用的交通工具之一。这些马车拉着人在洪水中穿过街道,有些地方的洪水已没到了马脖子。

1 月 26 日星期三,暴雨和狂风持续了一整天。尽管是在家里,埃米尔·沙尔捷(Emile Chartier)也深切地感受到了这恶劣的天气。他是法国作家和哲学家,法国读者更愿意叫他阿兰（Alain）,他在日记里写道:"寒冷的风裹着雨,打在窗台上,即便是关着窗户,也能闻见雨的气息,好像窗户是开着的一样。"①公园里,雪花挂在光秃秃的树枝上,盖住空空的长椅,为城市增添了一抹美丽的亮

① Alain [Emile Chartier]. *Les Propos d'un Normand de 1910*. Paris: Institute Alain, 1995: 34.

光。但是,对于街道上已经糟糕一团的交通来说,漫天的雪花使道路更加泥泞和湿滑。随着浑浊的泥水从下水道口流入地下,本来就溢满的地下管道面临更大的压力。那天早晨,《晨报》醒目的标题反映了人们对于灾难程度越来越清晰的认识,这个标题是"一场国家灾难"。

巴黎市议会大楼坐落于右岸,在西岱岛对面,尽管洪涝期间处境艰难,市议会仍然在工作。市议会大楼是一座 16 世纪的建筑,楼的正面有华丽繁复的装饰,在普法战争和巴黎公社起义期间被毁,后来进行了重建。市政府各级官员坚守在工作岗位上,其间议会大楼里的灯光时明时暗,最终熄灭了。可以说,直到洪水摧毁了电话线路,忙碌的电话才停止工作。几天来,信使往来穿梭,经过大楼前数十个巴黎历史名人的雕像,将各地最新的受灾情况带到这座大楼里。

1 月 26 日,也就是洪水危机发生后的第五天,巴黎市议会在这座大楼里召开紧急会议。来自巴黎各个区的代表爬上高高的楼梯,进入议会大厅,向议员们陈述他们那里所发生的一切,敦促议员向受灾的民众提供救援。议会大厅的墙上镶嵌着深色的木板,挂着拿破仑时期的壁毯,这个壁毯是由欧比松(Aubusson)工厂生产的,上面绘着巴黎市的名胜古迹。在这样的环境中,市议会会员们紧张地坐在各自的位子上。天花板距他们头顶上方 26 英尺,上面有组成巴黎市各个区的徽章,表明这个立法机构所要服务的对象,提醒议员们有多少个生命需要他们负责。

会议刚开始,贾斯丁·德·赛尔弗(Justin de Selves)就站起来发言,他是塞纳省的省长,从 1896 年就担任这个很有权力的职位,奥斯曼曾在这个职位上工作过。德·赛尔弗出生于图卢兹(Toulouse)一个富裕的烟草商家庭,参加过普法战争,具有律师专业背景,他的家族与政府有着密切的关系。他后来在多个政府部门工作,曾担任过法国邮政和电报局的局长以及法国参议员。他发际线很深,下颌突出,眼窝深陷,两眼沉静、自信地看着议员们。"先生们,"省长从他浓密的灰胡子下面发出声音,"嗨!我不需要告诉你们关于我们省所遭遇的灾难,因为你们已经了解得非常清楚了。我们在自己的职责内已经采取了所有的措施,提供了各种救助。"与大多数巴黎人一样,德·赛尔弗认为,在这样的灾难面前,巴黎已经尽自己所能作了准备。他说,巴黎现在所需要的,是钱。德·赛尔弗呼吁市议会立即批准用 10 万法郎的预算资助洪灾受害者。当然,这不是一句话就能解决的。

"我已经向巴黎的军事首长(达尔斯坦将军,巴黎要塞的指挥官)以及所有的官兵表达了我们的感谢,他们冒着生命危险前来帮助我们。"德·赛尔弗告诉市议会的议员们,"我相信,在当前的洪灾形势下,你们也应该有这样的情感和行动。"聚在议会大楼里的这些立法者大声地说:"好的!好的!"①

接着,市议会议长厄内斯特·卡隆(Ernest Caron)发言。在当天正式会议日程开始之前,他很自豪地宣称:"我想让你们知道我们所看到的一切,巴黎的每一个群体,不管是社会阶层高的还是低的,他们纷纷慷慨解囊,扶危济困,展现了人类精诚团结的可贵品质。"卡隆分享了议会收到的来自其他城市的慰问电,电报表达了他们的市民对巴黎的关心。他大声地朗读道:"惊悉塞纳河洪水暴虐泛滥,巴黎人民猝遭厄难,图卢兹市也曾遇此不幸,谨致以最深切的同情和慰问。"②对于这些关心,卡隆已经代表巴黎表达了感谢。议会大厅里充满着美好的祝福,在危急时刻,巴黎决不会孤立无援。

在议员中间,还坐着路易·雷平,对他来说,洪水是一个直接

---

① *Bulletin Municipal Officiel*,1910 – 02 – 05:560.
② *Bulletin Municipal Officiel*,1910 – 02 – 05:560.

的挑战。卡隆议长在发言席上喊道："下面请警察局长发言。"继德·赛尔弗、卡隆之后，雷平也表达了感谢，但接着转换了话题，语调也变了。他说："语言必须变为行动，这也是我来这儿的原因。"雷平强调，巴黎郊区已经遭受重创，可是洪水依然在上涨，现在巴黎将继续承受更大的洪水冲击。"在这个关键时刻，巴黎正在受到威胁。我们可以保证去救援那些生活在洪水淹没地区的人们，给他们提供必需的住所、食物和医疗。"但是，雷平手中掌握的资源还远远不够。"我请求海军部长派更多的船只。我今晚就要，最迟明天早晨就要。"[①]雷平的请求不可能很快得到满足。对于越来越严重的洪水围困，很多巴黎市民开始感到崩溃，甚至要放弃。《晨报》报道了巴黎市民 1 月 26 日的情绪："人们不再与洪水抗争，他们只是看着洪水袭来。巴黎开始保持沉默，不再有任何作为。"[②]

但是，雷平不是那种保持沉默的人。他已经有 60 只船了，现在他又发出命令，要求征调停泊在拉维列特港口（Parc de la Villette）的船只，这个港口是位于城市东北部的运河的一部分。他还征用了布洛涅森林公园（Bois de boulogne）湖里的游艇，巴黎人常常在那个公园里度过休闲惬意的周日下午。雷平还请求内政部长提供几幢大一些的楼房，比如学校和博物馆，配备上供暖设备和床上用品，用作应急医院。他告诉市议会的议员们："你们知道，我已经开始利用以前的圣叙尔皮斯教堂（Saint-Sulpice）。"这座教堂有着精美的晚期巴洛克风格，只是两个塔楼没有设计成对称的样式。教堂距受淹严重的圣日耳曼大道只有几个街区，现在已被雷平变成救助站了。[③]

---

① *Bulletin Municipal Officiel*, 1910 – 02 – 05：560.
② Désastre incalculable. *Le Matin*, 1910 – 01 – 27.
③ *Bulletin Municipal Officiel*, 1910 – 02 – 05：560.

尽管那天晚上市议会大厅里回响着祝福的声音,但是严重的问题已经浮现,议员们的情绪很快变得激动起来。虽然卡隆要求精诚团结,但是议会还是要解决城市里日益严重的洪涝问题。伊万先生(Monsieur Evain)非常愤怒,他是来自巴黎东部第 16 区的议员,那个地区受灾非常严重。他指责政府不作为,没有及时地向巴黎市民预报洪水的到来。他又说,洪水到了他的选区后,政府的救灾效率低下,没有尽到职责,救助来得太晚。他在议会大厅内抱怨:"从星期六开始,如果我们能切断通往塞纳河的下水道,如果给我们提供充足的水泵,我们就可以抽干菲利希安·大卫路上的洪水,就能阻止这场灾难。"他说,恰恰相反,政府没有给他的选民提供水泵,"整整 48 个小时,我们没有得到任何援助,我们只有可怜的三只小船,还是人们借来的"①。就是利用这些小船,伊万称,他的选区的居民依靠自己的力量创造了奇迹,救助了 700 多名难民。救援极其艰难,他告诉市议会,至少有一次,船翻了,船上的五个人落入水中,其中有一人是孕妇。

在伊万看来,既然菲利希安·大卫路在以前的洪水袭击中就很脆弱,政府就应该提早采取预防措施。"在我担任议员期间,这不是第一次了,至少是第三次。"对于自己的选民处于无人帮助、仅靠自救的境遇,伊万很是愤怒,大声地诉说着自己的不满。

其他几名议员也站起来,纷纷发言质问:过去几天来,他们的选区为什么被忽视?标明紧急救助站位置的告示为什么没有张贴在他们的选区?船只什么时候才能到达他们的选区?"我要求政府给第 12 区的警察部门派遣 100 名士兵,调拨 8 艘船,配备 16 名浮桥搭建人员,"皮埃尔·莫拉尔(Pierre Morel)议员说,"我觉着

---

① *Bulletin Municipal Officiel*,1910 - 02 - 05:563 - 564.

这并不难。"①

莫拉尔议员还谴责面包店主,因为他们将面包的价格从 80 生丁左右提高到 1.2 法郎。他宣称,他会让任何涨价的人都"感到莫大的耻辱",同时呼吁其他议员也这样做。②随着物价上涨传言的传播,德·赛尔弗已认识到食品价格正成为一个严重的问题,因为饥饿极易导致法律和秩序的崩溃。那天早些时候,他给巴黎 20 个区的区长发了密信,提醒他们注意当地面包商非法牟利的行为。如果确有必要,他建议从区议会厅里出售面包。

市议会议员们自己的行政权力有限,因为实际负责行政管理的人是塞纳省的省长,但是这样的意见交流显示,他们开始质疑德·赛尔弗的领导能力。会议结束的时候,市议会投票通过了 10 万法郎的紧急预算,即刻资助受灾人员,另外 5 万法郎交由雷平支配,用于抗灾救援工作。就在市议会开会的时候,塞纳河的洪水灌入了市政厅(Hôtel de Ville)。在市政厅的地下室里,市印刷局定期印制《市政公报》(Bulletin Municipal Officiel),这是政府出版物,向公众发布政府的法令和公告。水泵抽水的速度比不上洪水注入的速度,因此公报印制不得不停止,虽然那天晚上的议会报告及时印制了出来,但是政府重要信息的发布还是中断了八天。

在这些政客们争吵辩论的时候,纪尧姆·阿波利奈尔在 1 月 26 日再一次冒险来到大街上,观察了解他身边发生的这幕人间悲剧。他蹚过几英寸深的冷水,两只脚马上就湿透了。他走过广场,来到圣叙尔皮斯教堂,想考察一下雷平设在这儿的临时救助所。走近教堂,他先是看到一个衣着考究的女士抵达这儿,眼泪正从脸颊上流下来。"我的家没有了,"她哭着说,"市政厅的人把我送到

---

①② *Bulletin Municipal Officiel*, 1910 - 02 - 05: 563 - 564.

这儿。"①她和阿波利奈尔一起走进教堂的大门,发现这里有数百名
灾民,情况都非常相似,他们现在都把教堂当作自己的家。

阿波利奈尔走过昏暗的走廊,经过每个房间时他都探进头看
一看里面的情况。"今天夜里,有将近 600 名灾民睡在圣叙尔皮斯
教堂。一位帽子制造商和他的妻子以及三个孩子睡在这儿,他们
的拳头攥得紧紧的。"时尚的左岸百货大楼乐蓬马歇(Le Bon
Marché)给这个救助所捐助了床垫和被单,竭力让这儿的难民舒
适些,但是舒适是谈不上的。阿波利奈尔这样描述这个救助所:
"一条彩虹奇迹般地照亮了笼罩在巴黎上空凄惨的黑暗,这是慈善
和恩典的彩虹。"

尽管阿波利奈尔对这个避难所不吝赞誉,但还是禁不住对其
中的生活状况感到恶心。随着他走进教堂的黑暗之处,一股股恶
臭向他袭来。雨水、河水以及下水道的潮湿吸附在人们的身体和
衣服上,放大着人体正常的体味。这儿的灾民现在挤在狭小的空
间里,没有什么条件让人保持个人卫生。阿波利奈尔还从四下里
听到这些一无所有的人发出的悲戚呻吟,那些呻吟声在昏暗的走
廊里回荡。"我看到了单身女性,她们睡在床垫上,唉,这些不幸的
人。我听到'我的上帝'的叫喊声,还有人轻轻地唱着一首歌的副
歌部分……本来副歌部分是欢快的,但是当时的处境使歌词显得
很是凄凉。"在另一个房间里,很多单身男性度过了又一个不眠之
夜,为他们的命运感到焦虑。有些人在啜泣,"其他的人眼睛里带
着恐惧,默默地望着我。还有一些人终于睡着了,响起了鼾声"。

阿波利奈尔的鞋湿透了,爬楼梯上二楼的时候,鞋子踩在石头
台阶上吱吱作响。他在楼上的小房间里看到带孩子的家庭,他们

---

① Guillaume Apollinaire. *Oeuvres en prose compléte.* vol. 3. Paris: Gallimard, 1993: 411.

紧紧地靠在一起,希望在黑暗和陌生的环境里得到慰藉和安全感。救助站给他们分发了平底锅,让他们做饭。饭做好以后,他们就把还热着的锅放在走廊里。阿波利奈尔从旁边走过的时候,一位父亲正在把用过的木炭放进锅里。这位可怜的男人跟诗人解释说:"你知道,我到这儿是为了照顾孩子。"听到这话,阿波利奈尔似乎深受感动。他转身问一位在避难所帮忙的志愿者:"明天会是怎样?"这些无家可归的巴黎人,下一步的命运是什么? 志愿者回答道:"这些男人,多数会去工作;这些女人,多数会留在这儿,做些针线活,或是照顾孩子。"阿波利奈尔从这些灾民的栖身之地走出来,尽管深表同情,但在描述所看到的情景时,他依然感到一丝厌恶:"人身上的臭味真是可怕。"[①]阿波利奈尔穿过这座富丽的避难所,离开了圣叙尔皮斯教堂,出门的时候,他可能抬头看见了欧仁·德拉克洛瓦(Eugène Delacroix)的巨幅画作,上面的雅各(Jacob)挣扎着,希望得到天使的祝福。用这幅画来比喻此时的巴黎非常贴切,这座城市正在挣扎着希望获救。

　　到了1月26日,巴黎市的通行就得靠船了。在几个社区,一些有商业头脑的巴黎市民用一只临时凑合的船将人从受淹的街道或从广场的一边送到另一边。有时,船上一次可以挤五六个人,平时步行可以走过的街道现在要乘船穿过。头戴圆顶硬礼帽、身穿厚羊毛大衣的绅士常常和头戴便帽、身穿廉价夹克的工人紧挨着坐在一起。那些船夫,很多可能是河道上的工人,在洪水里撑着长长的竹竿,推动小船前行,走过水下面的街道。乘客有时会纳闷,这种善意的行为是否应该收取费用,因为警察部门通常会补贴船夫。为了避免对所谓剥削的担忧,警察局或军方开的船最终替代了这些私人小船。

---

① Apollinaire. *Oeuvres*: 410 – 412.

对有些人来说，这些船是他们唯一的生命线。在一个社区，库堂先生（Monsieur Coutant）一直在帮助组织人员撤离，疏散了将近 70 名受灾者，其中有很多是妇女、儿童和病人。一位匿名目击者告诉《人道报》："我们只有一只船，三名船员，没日没夜地运送着灾民。"但是这些人又被叫走去干别的了。现在救人的责任就落到了库堂肩上，他的邻居越来越绝望，求他给予帮助。库堂沮丧地告诉他们："我没有分身术。"可是，这些人担心自己的安全，就抓住库堂的衣领，迫使他上船，带着他们渡过深深的洪水。①

由于自己没有船，很多巴黎市民退而求其次，自己制作木筏。尽管害怕落水，但他们依然乘自制的筏子涉过洪水。为了保持健康，很多中产阶级一直长期进行游泳锻炼。进入 20 世纪，医疗改革者把游泳作为法国人强身健体的一种手段，因为在那个时候，他们担心国民身体素质弱，如果再发生一场与德国或其他敌对国家的战争，恐怕法国就要灭亡了。尽管如此，游泳在很大程度上仍然是有闲阶层的活动，很多在街上涉水而过的巴黎市民要么一点儿不会游泳，要么游得不好。

因为害怕洪水，人们把木板、旧箱子、盒子以及任何能漂浮的杂物绑在一起，然后找一个杆子，在水里撑着走。乘坐这种简陋木筏的人，如果要安全地到达目的地，还真需要些运气。在贾维尔路，一位老年妇女手脚并用地趴在这样简陋的船上，身上裹着一个披肩，头上盖着一个围巾，以遮挡风寒。她非常担心自己会落到水里，死死地盯着她的目的地方向，祈祷着快点到，极力压抑着内心的恐惧。她身下的木筏是临时把一个薄薄的木板搭在两个桶上制成的，左右摇晃。一名警察用长长的篙撑着这个晃晃悠悠的木筏，

① Trois villes cernées. *L'Humanité*, 1910 - 01 - 26.

眼睛一眨也不眨,好像这个木筏是用信念绑在一起的。

　　在有些社区,市政府雇用的工程师和劳力利用大一些的独轮车运送人们渡过洪水。在巴黎市西边的帕西码头(Quai de Passy),一名当地工人拉着一辆小车走过一段斜坡,来到一个楼梯底下,那儿有很多人,包括戴着宽边时尚帽子的女士,都在排队等着坐这个小车渡过及膝深的洪水。拉小车的人每天都在水里走,身上要比他的乘客湿多了。这些城市工人,可能是道路维修人员或者公园的园丁,也可能是地铁司机,他们推拉着这样的小车穿过街道,尽可能地把乘客送到他们要去的地方。1 月 26 日,菲利希安·大卫路及其周围街道上的洪水上涨了很多,这些工人和志愿者再也不能拉着他们的小车送人了。为此,这个城区的很多人开始抬高步行桥。幸运的是,政府派来了几条船,还来了一个小舰队,海军和工程兵团的士兵驾驶船只在当地巡游,搜寻需要救助的人。

　　再回到国民议会大楼,1 月 26 日星期三,昏暗、寒冷的走廊里只有一些脚步声在回荡。墙上的小油灯发出微弱的光,议员和工作人员几乎看不到走出大楼的路。罗伯特·凯贝尔在他的日记里写道,大楼里的人那天夜里"好像是游荡在冥府里的幽魂",这个比喻很是自嘲,因为波旁宫里的温度达到了冰点。[1] 为了取暖,住在大楼里的工作人员用他们储存起来的木块点起了炉子。政府大楼里的气氛越来越紧张,越来越令人焦虑,食品开始短缺。凯贝尔望着依旧在上涨的洪水。第二天早上,洪水开始淹没大楼外面代表着法律的雕像了。

---

① Capelle. *La Crue*: 6.

第二部分

水下巴黎

第四章

拯救被淹没的城市

1 月 27 日星期四,塞纳河的水位达到了轻步兵雕像的肩膀,高于正常水平约 18 英尺。罗伯特·凯贝尔和他的国民议会同事们在波旁宫的一个楼梯上观察河水的水位。那天早晨,凯贝尔注意到河水淹没了底层的两个台阶,五个小时以后,水位上涨到第六个台阶。

纪尧姆·阿波利奈尔又到这座被洪水浸泡的城市走了一遭,他抬头望向天空,希望看到一线生机,也许会出现彩虹,结束在他看来如圣经大洪水般的灾难。"上帝忘了他的承诺了吗?"他在发表于《无敌晚报》上的文章中哀叹道。接着他就有了答案:"太阳消失了。"①灰暗的天空笼罩着巴黎,人们又熬过了一天,看到越来越多的家园和商铺被洪水淹没,很多人变得更加恐惧。随着水位的上涨,情况只会越来越糟。没有人知道雨水和洪水什么时候才能结束。

在右岸,洪水已经上涨得非常危险,几乎达到了卢浮宫外面岸墙的顶端。卢浮宫里珍藏着法国的大量国宝。1 月 27 日,有传言称,塞纳河水已经流进博物馆地下室的国宝仓库,洪水浸泡的岸墙

---

① Guillaume Apollinaire. *Oeuvres en prose compléte*. vol. 3. Paris: Gallimard, 1993: 408.

在不断上涨的河水压力下开始扭曲变形。在这座收藏着珍贵艺术品的旧宫殿外面,道路下陷,随时都有坍塌的危险。

第一批洪水应急人员和城市居民用沙袋及石头加固码头岸墙,抵御洪水的冲击①

　　那天下午,警察一到现场,就立即封闭了卢浮宫面向塞纳河的街道。工人们运送来数百个沙袋和几十个铲子,这是加固岸墙最基本的抗洪工具。在警戒线后面,聚集着一小群旁观者。越来越多的巴黎人意识到发生了什么,便停下来观看,但是他们的神情很快就紧张起来。洪水的冲击声越过岸墙传来,越来越大,几十名工程师、士兵和城市工人把沙袋牢固地堆在一起,支撑岸墙。他们干着活,不停地喊着,垒起了一排又一排沙袋,一个粗麻袋摞上另一个粗麻袋时发出砰砰的声响。其他工人在附近搅拌着水泥,把水泥抹在沙袋之间的缝隙中,使沙袋更为牢固。有几个工人拿起工具和水泥、沙子,沿着岸墙往下走,将台阶封死。正常情况下,行人可以顺着台阶往下一直走到河边。围观的人群静静地站了好几个小

① 来源:Charles Eggimann, ed. *Paris inondé:la crue de la Seine de janvier* 1910. Paris:Editions du Journal des Débats, 1910. 承蒙范德堡大学的让和亚历山大-赫德图书馆特刊部 W. T. 邦迪中心惠允使用。

时,焦虑地听着铲子反复搅拌水泥沙子并将沙子装进褐色湿袋子里的声音。这些工人一整天都在弯腰干活,将沉重的沙袋摞上去时会低声喊着号子,汗水混着雨水,湿透了他们全身。

在洪涝最严重的地区,工人们抵御洪灾的努力没有像保护卢浮宫这样成功。协和广场位于香榭丽舍大街的东头,那里矗立着金光闪闪的卢克索方尖碑,这尊方尖碑是埃及赠送给法国的,1833年起就竖立在那儿。为了不让洪水侵入协和广场,抗灾人员很快搭建起一堵墙。但是,洪水从地铁里涌出来,流进了广场。用一位工人的话说,就是“土地喝饱了”①。在香榭丽舍大街,有些地方的水已经很深,据新闻媒体报道,至少有一匹马淹死在那儿了。

工人们在全市范围内封堵下水道出入口,阻止洪水上涌,但是下水道出入口太多了,不可能全部堵上。一位居住在城市西部菲利希安·大卫路的市民愤愤地说:“那些下水道至少要负部分责任。”1月27日,他向邻居们发传单,上面写着:“造成你受灾的洪水不是大自然的原因。”换句话说,这场水患不是所谓的“上帝的旨意”。“给你带来洪灾的,是巴黎的下水道。”②他认为,如果在下水道出入口安装上必要的保护设施,洪灾期间就会阻止洪水从下面涌上来。

1月27日,《吉尔·布拉斯》(Gil Blas)刊发新闻记者加斯东·拉格朗日(Gasto Lagrange)撰写的文章,谈到了法国所遇到的大自然的嘲讽。文章说,法国控制了天空,在开发航空技术方面领先世界,在1910年开启了辉煌的航空工业时代,但现在却在控制水的战斗中失败了。“这是大自然的报复,洪水报复了天空。在这场洪灾中,我们湿了身,非常狼狈。”尽管被大自然打败了,但是,拉格朗日

---

① Report of Service de la Voie Publique, 1910 - 01 - 28. Archives de Paris, VO NC 834.
② Aux sinistrés de la Rue Félicien David, 1910 - 01 - 27. Archives de Paris, D3 S4 25.

依然看到了希望。在他看来,"我们是被击败了,但是我们能保卫自己。最重要的是,我们能互相帮助"。环顾整座城市,即使河水还在上涨,拉格朗日依旧认为,这是"一场体现着兄弟般团结、赋予巴黎人和法国人以新生命的伟大运动。在任何一个地方,任何一个角落,面对废墟和死亡的威胁,勇敢的人会突然站出来,英勇地战斗,积极地帮助"①。在拉格朗日看来,从士兵、海员、警察,到普通的巴黎人,所有的人都团结在一起,抗洪救灾。

《时报》主笔于勒·克拉勒蒂1月27日撰文盛赞巴黎的坚韧。他说,大自然已经让巴黎蒙羞,但是巴黎人民最终将获得胜利。"人民的心里不是充满同情吗?人们不是向受灾人员伸出了友爱和慷慨之手吗?不要再进行愚蠢的争论了,哪怕闭口一天。危难会在无形中将人民团结起来,这就是古人所说的'命运'。"克拉勒蒂宣称,共同的博爱仁慈将人们凝聚起来,特别是在灾难降临的时刻。"洪水很可怕,就像龙卷风,就像烈火,具有强大的破坏力。"尽管两个城市有着明显的不同,但是克拉勒蒂还是将巴黎比作庞贝(Pompeii):"这里的洪水就像火山熔岩……将居民赶了出来。"②这种团结是否会持续下去,克拉勒蒂不知道,但是在当下,它将巴黎市的每一个人都凝聚在一起。

不过,在贾维尔社区,随着洪灾持续的时日增加,人们失望的情绪也日渐加剧。虽然有船可以让人们谨慎地通行,但是恐惧和饥饿在迅速蔓延。法律和秩序似乎已接近崩溃的边缘。焦虑的市民饥饿无比,又买不到食物,便开始威胁闯入几家还没受淹的面包店。军方命令士兵进驻这一地区,防止发生抢劫行为,确保当地居民的人身和

① Gasto Lagrange. La Revanche de l'eau. *Gil Blas*, 1910-01-27.
② Jules Claretie. Paris assiégé par l'eau. *Le Temps*, 1910-01-27.

财产安全。①

　　1 月 27 日,法利埃总统和路易·雷平又一次视察贾维尔,与两天前一样,他们再次安抚居民。然后,他们与阿里斯蒂德·白里安(Aristide Briand)总理一起去视察设在圣叙尔皮斯教堂的临时救助所,那里的灾民正在流动厨房里吃饭。白里安出生于布列塔尼,接受过律师教育,进入政界前曾做过多年记者。尽管有着资产阶级的家庭背景,白里安自己却与社会主义者以及左派阵营的人站在一起,把自己看作是属于人民的人,积极在政界推动实施改革措施。白里安帮助成立了法国贸易联合会,于 1902 年被选为国民议会的议员。他长于论辩,口才出众,很快就成长为老练的政治家,不遗余力地促进政教分离。洪涝暴发时,他刚就职总理不久。他是在 1909 年 6 月开始担任总理的,当时他 47 岁,距洪灾发生只有6 个月,他还需要时间向巴黎人民证明自己。

　　法利埃、白里安和雷平从人群中走过,与第一批抗灾人员握手,也与受灾者握手。在这样一个可以展示与受灾民众精诚团结的公开场合,总统亲自尝了一口汤,引起了围观者的欢呼。白里安报以微笑,并安慰灾民。然后,法国的领袖们乘车去贝西,那里的官员和军队指挥员带领他们视察一所作为临时安全避难所的学校。法利埃亲切地与灾民交谈,表达深切的慰问和美好的祝愿。人民热烈地回应,向他大声欢呼。共和国的领袖们向世界展示,在危急关头,他们坚定不移地站在人民一边。②

　　那一天,法利埃总统收到美国总统威廉·霍华德·塔夫脱(William Howard Taft)的电报。塔夫脱总统也是美国红十字会的

---

① Buildings Fall in Paris Flood. *New York Times*, 1910 – 01 – 27; Killed on Sight. *Los Angeles Times*, 1910 – 01 – 31.
② The Floods in Paris. *London Times*, 1910 – 01 – 28.

会长,可以动员全美国的资源。他在电报中写道:"顷闻贵国首都及诸省突遭水患,美国人民及政府谨致衷心慰问。巴黎乃历史名城,风光迤逦,遇此洪灾,殊为遗憾。若有救助之途,经红十字会或其他途径,当竭尽全力。同时,我个人亦致以最真挚的同情和最热切的祝愿,希望此水患克日而解。"①

文艺界也进行募捐,表达对巴黎受灾者的支持。歌手在街上歌唱,为灾民送去他们的慰问。词作者向人们讲述感人的抗灾故事,激发更多的人为救灾而慷慨解囊。路易·雷纳尔(Louis Raynal)是当时深受欢迎的词作者,他创作了歌曲《致灾区人民》,承诺歌曲的部分售款将用于救灾。他在歌词中呼唤人性中的美善:

> 我们的巴黎在流泪,
> 期望得到你的解囊,
> 表达你的爱心,
> 抚慰受难的灾民!②

瓦伦丁·帕内捷(Valentin Pannetier)也写了首歌,叫《致灾民》,在副歌中表现了水患中越来越忧郁的气氛。

> 啊! 多么可怕的不幸。
> 哦,巴黎,塞纳河暴涨之地,
> 她造成了恐惧,

---

① The Paris Floods. *The Outlook*, 1910 − 02 − 05; *Papers Relating to the Foreign Relations of the United States*. Washington, D. C. : Government Printing Office, 1915: 508.

② Louis Rayna. Pour les inondés! Bibliothèque Historique de la Ville de Paris. Flood Collection.

毁灭,悲伤,痛苦!

河水冲溢出来,

将凄惨带到各地,

孩子和母亲,

别无他法,只有哭泣![1]

诗人们也用他们的诗句激发善心捐助。罗杰·德·塔尔蒙(Roger De Talmont)写了一首诗,《团结的呼唤》,把它献给路易·雷平,称赞这位局长作出的贡献和领导能力。发表这首诗的期刊在封面上说,期刊售价不能少于 10 分,以便在支付印刷成本后,还有余款捐给受灾人员。德·塔尔蒙在诗中加上一个小情节剧,里面有英勇的士兵、失去孩子的悲情母亲以及"世界女王"般的巴黎,巴黎被洪水蹂躏,但是由于有了勇敢、忠诚和爱国精神,最终得到了拯救。他甚至还描述了灾难面前出现的整个社会和谐一体的场景,政敌们放弃了不同的政见,团结在一起。在诗的结尾,他呼吁社会给予更多的善心捐助:

是啊,让我们不留遗憾地捐助吧,捐助,再捐助,

远离冷酷的自私……啊,这个不光彩的词——

我们受苦受难的兄弟在呼救,

他们别无所求,等待着捐助,再捐助![2]

截至 1 月 27 日,世界上很多国家都开始向面临磨难的巴黎伸

① Valentin Pannetier. Aux victimes de l'inondation. Bibliothèque Historique de la Ville de Paris. Flood Collection.

② Roger De Talmont. L'Inondation! Bibliothèque Historique de la Ville de Paris. Flood Collection.

出援助之手。自塞纳河暴涨以来的 6 天时间里,巴黎洪水已经成为世界性的新闻,占据着报刊的头条,各大报刊都在报道巴黎受淹的情况。随着洪涝新闻的传播,来自外国政府以及世界各地的个人和机构的捐助源源不断地到来,价值达数百万法郎。伦敦市长建立了基金,以方便伦敦市民捐款;布拉格市送来了慰问信和慰问金;俄罗斯沙皇尼古拉二世(Nicholas II)送来了 10 万卢布;教皇庇护十世(Pope Pius X)送来 3 万法郎和他的祈祷。意大利、澳大利亚、加拿大和瑞士也送来了捐助。米兰斯卡拉歌剧院(La Scala)把演出圣桑(Saint-Saëns)的歌剧《赛门和黛利拉》(*Samson and Delilah*)的收入全都捐给了洪灾难民。

在报道洪灾破坏情况的同时,《芝加哥每日论坛报》(*Chicago Daily Tribune*)讲述了一个六岁女孩的感人故事。这个女孩听说法国儿童的遭遇后,拿出她储钱罐里的所有积蓄,这些钱本来是要给她自己买个新娃娃的,但是现在她把钱全都捐给了灾民。[1] 新奥尔良的团体组织,比如 7 月 14 日协会、法国联盟、法国慈善协会等,出于它们与法国的历史渊源,也慷慨相助。慈善家威廉·K.范德比尔特(William K. Vanderbilt)为抗灾捐助 10 万法郎。美国商会提供了大量资助,美国驻法大使罗伯特·培根(Robert Bacon)召集在巴黎的美国商人,协调对巴黎的救助事宜。培根交给法国政府一张 60 万法郎的支票。如果按照 1 美元大约等于 5 法郎的汇率,仅这笔捐助就有约 12 万美元,而这是 1910 年的美元。

即便是德国皇帝威廉二世(Kaiser Wilhelm II)也发来了慰问电,向洪灾受害者捐了款。从当时的情势上看,德国皇帝不知道他的善意能否被接受,因为这两个国家近年来一直冲突不断,德国抢

---

[1] Quick Chicago Aid to Paris. *Chicago Daily Tribune*, 1910 - 01 - 30.

占了法国的阿尔萨斯和洛林,致使双方积怨很深。不过,一系列的外交斡旋还是为两个从前敌对国家之间的这点善意表达打开了通道。不过,有位德国军官就不那么慷慨了,他对于援助法国救灾颇有微词。看到法国军方参加抗洪救灾,他不无嘲讽地说:"看来我们亲爱的邻居的品行从 1870 年以来还是没有什么变化。我一点也不奇怪,因为我从来都不相信能从灾难里学到什么东西。"[1]

如果说德国军官从抗洪救灾中看不到什么希望,法国人民显然不是这样,他们证明了自己是最慷慨大度的。巴黎的报纸虽然将坏消息带给那么多人,但是也设立了救灾基金,读者捐助了数百万法郎。1 月 27 日,法国报纸再次刊登了捐款人名单,捐款虽有多有少,但显示了全市人民的团结。市政府在办公大楼外面挂上捐款箱(就像挂在很多教堂里的捐款箱一样),即便是几枚硬币,市民也可以放在这些箱子里,专门用于救灾。第 16 区市政厅里有一个手写的捐款花名册,上面写着捐款人的名字、捐款数目以及签名,比如,P. 瓦雷拉德(P. Vareillaud):5 法郎;A. 莫特(A. Motté):3 法郎;G. 德比西(G. Debessy):1 法郎。在当时的情况下,没有人会认为捐的钱少。[2] 1 月 27 日的《费加罗报》刊文说:"公众的慷慨是发自内心的,不过,对于这种慈善,我们必须看到,我们的城市有着难掩的焦虑。"[3]

工业界,包括汽车制造商和巴黎-里昂-地中海铁路公司以及其他企业,为其失业员工建立了基金。法国工会也建立了基金,尤其希望确保工人的孩子能够得到照顾。第 15 区的工商业联合会

① Robert Chickering. *Great War, Total War: Combat and Mobilization on the Western Front.* Cambridge, UK: Cambridge University Press, 2000: 116.

② Mairie du XVIe Arrondissement. Liste du souscription en faveur des victimes de l'inondation dans l'arrondissement. Archives de Paris, D3 S4 28.

③ L'Inondation à travers Paris. *Le Figaro*, 1910 - 01 - 27.

募集资金,帮助该区的灾民。圣-库洛(Saint-Cloud)一家被淹的电话机厂老板向他的员工发放面包和肉食品,甚至在工人不上班的情况下,每四天也会付给工人两天的工资。警察局大楼也定期收到大笔的匿名捐助。

除了金钱,全法国的人民还捐助物品。鲁纳公园(Luna Park)是布洛涅森林附近的一家娱乐公园,它的经营者向警察局提供了一批平底船,这些船都是在他的公园里使用的,它们在洪水淹没的街道上非常好用。其他船只的所有者也将他们的船捐给当地政府,或者是自己开着小船帮助洪水中的人。达博纳夫人(Madame Dabernat)致信《时报》,说她的房子里可以住 12 个妇女和孩子,她的家就在巴黎外面的圣雷米-谢弗勒兹(Saint-Rémy-les-Chevreuse)。有些食品商贩捐助鱼、肉、土豆。成衣制造商协会以打折价出售衣服,帮助那些失去衣物的人。在位于首都下游的迈松-拉斐特(Maisons-Laffitte),赛马场的老板允许一位受灾的农民将他的 900 只羊暂时寄养在他的马场里。巴黎和周边地区捐助的物品越来越多。1 月 27 日,位于法国东南地中海附近的德拉吉尼昂镇(Dragnignan)派遣了六名船夫和三艘船参加救灾工作。[1]

虽然巴黎很多地方没有被洪水淹没,但是新闻里的报道是洪灾覆盖全巴黎,给读者的印象是全城人民都在经历这场苦难。《晨报》1 月 27 日的文章反映了这一点:"不论是贫穷的社区,还是富有的豪宅,不论是贝西还是里尔路(Rue du Lille),不论是贾维尔还是蒙田大道(Avenue Montaigne),同样都遭受了损失。最雅致的家具、簇新的住房和最古老的监狱一样都遭受了洪水的袭击⋯⋯在这样的洪水泛滥中,没有一个巴黎人能够幸免,没有一个人能在家

---

① Memo from Préfet [de Draguignan] à [Ministre de] l'Intérieur, 1910 – 01 – 27. Archives Nationales, F7 12649.

里感到绝对安全。"①在报纸的宣传报道中,巴黎的每一位市民,不论处于什么样的社会地位,不论拥有多少财富,都经历着同样的危险。因此,新闻媒体竭力宣传全体巴黎人共同抗洪的坚定信念和精诚团结。很多人认为,这样万众一心的精神对于城市的生存至关重要。

在一个工人阶级居住区,一位住在多层公寓的居民从窗户里看到一个船夫在用长长的蒿竿撑着小木筏。一个小女孩坐在她家公寓的窗台上,好奇地看着楼下船上的人,尤其关注静静地站在木筏上的巴黎红衣大主教里昂·阿道夫·阿麦特(Léon-Adolphe Amette)。阿麦特肥胖的身躯裹在道袍里面,秃顶的头上戴着宽檐帽子,当陪同他的神父祷告并用手在胸前画十字的时候,他脱帽致意。对于那些从窗户里盯着他看的人,他总是充满爱意地看着他们。②

这位慈父般的大主教年轻的时候在巴黎圣叙尔皮斯神学院学习哲学和神学,他在教会里一路升职,担任过法国教区的多个职位,1906 年被任命为巴黎红衣大主教。洪水暴发以来,这位 60 岁大主教的日程一直安排得满满的,多次到受淹地区抚慰教民,当然 1 月 27 日他也去了。作为巴黎郊区的精神领袖,阿麦特把看望教民作为他的重要职责,他到巴黎市区以及郊区的救助站和医院安抚灾民,并且常常带去食品和衣物。

有一次,红衣主教去第 4 区位于孚日广场 (Place des Vosges) 附近的圣安东尼社区 (Saint Antoine) 时,遇到几位不愿离开家的老人,他就给这些恐惧的市民送去补给,并友善地送去微笑和祝福。挤在窗户后面的人见到他们的主教,都高声欢呼"主教大人万岁"。他还

① Désastre incalculable. *Le Matin*, 1910 – 01 – 27.
② 这幅照片现藏于巴黎教区历史档案馆的洪涝文件收藏室。

去了圣叙尔皮斯神学院,看望了在那里避难的灾民,并告诉他们:"我的好朋友,想一想上帝,向他祷告,你所遭受的苦难他不会忘记,你以后会到天堂里去的。"①

在阿麦特大主教的监督管理下,教堂募集了数额可观的资金,还有其他物品,最初几个星期就募集到一百多万法郎。教堂向灾民分发衣物、日用品、鞋子、被褥以及面包和肉,还给很多灾民提供热水器,为被毁家庭购置家具,帮助一些灾民支付房租,向部分商人提供贷款。

被洪水冲得无家可归、身无长物的教民,悲戚地直接给大主教写信,祈求给予金钱上的帮助。有个年老的教民在信中给大主教讲述了他儿子的故事。在这次水灾中,他儿子新开创的事业毁于一旦,现在他儿子已经一无所有了。他哭诉道:"我们住的附近有个富人,但是他的心肠像石头一样硬,一点都不肯帮助我们这些受灾者。"在祈求大主教帮助的时候,他说:"我的十字架是沉重的,但是如果能给予我帮助……我们的情况就会改善,甚至可能完全改观。"②教堂给这些危难中的人提供善款后,受助的人都会给主教写信致谢,感谢上帝的慷慨仁慈。有位灾民收到 20 法郎的善款,他在感谢信中写道:"我永远不会忘记您的仁爱,我每天都为主教大人和我们善良的牧师祈祷。"③

在整个巴黎地区,教会成为很多人重要的生命线。阿尔福维尔就在巴黎的东南部,那里的牧师以慷慨助人而闻名。据《伦敦时报》报道,他"几乎没有离开过船……一直和当地救灾的炮兵部队

① *La Semaine religieuse de Paris* 1910 – 01 – 01—1910 – 06 – 30 (63) : 207 ; Mgr. Amette visite les hospitalize. *Echo de Paris*, 1910 – 02 – 01.

② Letter from M. de Boisse to Archbishop, 1911 – 11 – 13. Archives of the Archdiocese of Paris.

③ Letter from Marie Bonafe (?) to Archbishop, 1911 – 03 – 19. Archives of the Archdiocese of Paris.

在一起，从洪水围困的建筑物里抢救孤苦无依的人、老年人以及病人"①。圣保罗修道院（The Order of Saint Vincent de Paul）的修女们乘小船沿着都尔奈勒码头（Quai de Tournelle）巡视，帮助当地受灾的人，那些受灾的人只要从远处看见修女们的白色头巾，就感到心安。凡尔赛的主教在他的教区访贫问苦。赛恩斯大主教（the archbishop of Sens）的教区在约讷河上游，他打开教堂的大门，收容无家可归的难民。不过，教会和教堂也没能免于这场灾难。一位牧师外出传教回来，发现他放在教堂地下室里的书籍和调查文稿全被洪水浸泡了。

《贾维尔教区通讯》是在洪水结束以后出版的，它讲述了当地牧师竭尽全力抚慰受到惊吓的教徒的故事。有一次，牧师去看望被洪水围困的家庭，看到一位母亲因恐惧而呜咽。他急切地希望在这位母亲恐慌的时刻给予帮助，于是大声说道："要有信心，我不会抛弃你的。"在后来的日子里，他又多次来到这个家庭，努力点燃他们对生活的希望。他每次去的时候，那位妇女都拥抱他，让他亲吻每一个孩子，她说那样可以给她带来很大的幸福。②

1月27日，随着洪水侵入发电厂及各处的供电站，全城发生了供电线路短路，电灯也全都熄灭了。很多地方的水泵一直发挥着很大作用，将大量的洪水排出建筑大楼，但是从那天开始，这些水泵也不能用了。发电机组大多都已关闭，以前有照明的城区变得一片黑暗。现在，巴黎主要依靠蜡烛和油灯来照明。

大量部队开始从全国各地抵达巴黎。从法国各地集结来的驻军，包括大约10个步兵营和15个工程兵连，现在部署在巴黎及其郊区，协助承担一直以来由巴黎要塞部队担负的救灾任务。让-巴普蒂

---

① The Floods in France. *London Times*, 1910 - 01 - 31.
② *Javelot illustré*: 20.

斯特·达尔斯坦将军指挥法国的士兵和水手,以单人和团队的形式,在巴黎街区巡逻,确保城市的秩序和安全,向处于危险之中的市民提供救助。根据媒体的粗略估计,军方从巴黎城外的军事基地提供了至少 3500 匹马、200 艘船、300 辆汽车、15000 张宿营床,还有新到来的士兵随身携带的各种物品。① 很快,在被洪水淹没的街道上到处都可看到士兵的身影,这成为巴黎市民熟悉的一道风景。

从布雷斯特(Brest)、瑟堡(Cherbourg)、土伦(Toulon)等海港基地来的海军水手带来了数百只可折叠救生艇。这些救生艇有 14 英尺长,是用防水帆布造的,非常轻便,在海上大量使用。有了这些救生艇,在 1 月 27 日,海军水手和水警就在西岱岛上巴黎圣母院(Notre-Dame Cathédrale)外面的空阔广场上安营扎寨,他们把可折叠救生艇打开,在暴雨中搭建起救援支持设备。这个地方是巴黎市中心,官兵们从这儿派出救援船只,西岱岛两边的塞纳河依然在汹涌咆哮。就在官兵营地不远处,塞纳河水冲进了这座哥特式建筑典范的地下室和后花园,渗入圣母院大教堂的地窖,那里埋藏着历代巴黎主教的圣骨。

距这个神圣宗教建筑几百码的地方,巴黎一些重要的中心大楼也受到塞纳河洪水的威胁。洪水流进了法院,将司法宫(Palais de Justice)冲得一片狼藉。据新闻报道,司法宫的地下室灌入了洪水,损坏了供热系统,使法庭冷得像冰窖一般。那天,监狱看守者开始将犯人包括心智错乱者,从洪水淹没的牢房转移到安全地带。附近是中世纪的古老监狱(Conciergerie),在这座哥特式建筑中央大厅的拱顶下,涌进来的洪水有近 8 英尺深。

1 月 27 日,雷平局长指挥消防队员和警察,达尔斯坦将军指挥

① Les Suites de l'inondation. *Le Petit journal*, 1910 - 02 - 01.

士兵和海员，集中进行灾民救援。为了做好这项工作，他们从私人那里征用了数百艘船和数百辆车，巴黎市民还自发地捐助了更多的船只、车辆。来自凡尔赛的地方警察到了其他郊区城镇后，向内政部部长报告说，那里的工人、水手以及各个社区的居民，"抱着极大的热情，争先恐后地抢救、保护和供给"他们的家园。①

巴黎市各行各业的工人积极参加抗洪救灾，其中就有地铁 8 号线的工作人员。当洪水在左岸升高的时候，他们就自发地走出去，告诫市民将要发生的洪涝。"他们立刻提醒格勒奈尔社区的居民和商人，敦促他们尽快保护好他们的家产和货品"。对此，他们的领导给予表扬，并建议给他们特别的嘉奖。② 地铁 8 号线的员工在至少两英尺的水里工作了好几个小时，收集搭建木筏和人行道的木板，以便让更多遭受洪水围困的人走出去。

城市路政人员也做了他们职责以外的工作。有名路政工人叫查理·乐康泰（Charles Leconte），他每天都赶着马车忙活到午夜，疏散受淹地区的灾民。还有一位工人名叫让-巴普蒂斯特·莫利欧（Jean-Baptiste Moreau），他夜以继日地查看贾维尔地区的下水道出入口。皮埃尔·斯里乌克思（Pierre Syrieux）数日来不知疲倦地收集和焚烧洪水冲来的垃圾废物。欧仁·让杰特（Eugène Jeangeot）游泳水平高，所以照管步行桥上行人的安全。帮助行人从窄窄的步行桥上走过时，让杰特常常要站在及腰深的洪水中。除此以外，他还驾驶一只救援船，在洪水淹没的街道上帮助灾民。其他的路政人员则搭建人行道，维修堤岸，把受惊吓的居民背到安全地带。③

---

① Memo from Préfet［de Versailles］to［Minister de l'］Intérieur Paris, 1910 − 01 − 24. Archives Nationales, F7 12649.
② Memo from Directeur des Travaux Publiques Service Technique du Métropolitain to M. le Conseiller, 1911 − 09 − 14. Archives de Paris, D3 S4 24.
③ Rapport du Sous-Ingénieur chargé du Quartier de Javel, 1911 − 06 − 13. Archives de Paris, D3 S4 24; Rapport du Conducteur, 1911 − 07 − 08. Archives de Paris, D3 S4 24.

　　1 月 27 日,持续不断的救援行动振奋了那些依然处在困境中的灾民的精神。部队、警察和消防队员越来越多地出现在各个社区,当地的市民尽管处于洪水危难之中,却依然保持着良好的秩序,以此欢迎救援官兵的到来。很多市民亲眼看到这些救援官兵分发救济物品、搭建人行通道、加固河岸堤坝、提供基本的安全保障、扑灭火灾等。《伦敦时报》报道说:"这些救援官兵本来就很受欢迎,他们在救援中所表现的善意的幽默、友爱和达观,更是让他们备受欢迎。"由于好奇的巴黎市民冒着严寒持续不断地前来观看洪水冲击的壮观景象,岸墙和大桥栏杆承受了很大的压力,因此,警察和士兵对这些人群进行疏导,以免发生意外。"站在受淹街道上的哨兵不厌其烦地与行人交流,尽量地劝说,而不是使用武力阻止那些大胆的人冒着生命危险去危险的地方……那些用水泥袋和沙袋加固岸墙的士兵,在抗灾中乐观地唱着歌,受到当地居民的热烈欢迎和衷心感谢。"①雷平告诉大家,他要用热咖啡和红酒(Mulled Wine)款待士兵和所有全力以赴抗洪救灾的人,而且管够,算是给那些冒着湿冷的寒风,不分白天黑夜地抗洪救灾的人,送去一点温暖和慰问。

　　抗洪救灾极大地拉近了人与人之间的距离。警察和士兵会不告而至,同乘一个救生艇或同住一个救助所的人突然之间会变成邻居,也可能会成为莫逆之交。男人背着女人蹚水,这种直接的身体接触在正常情况下是永远不会发生的。在洪水中,可以看到士兵背着高雅的中产阶级女士,仆人背着他富有的主人,还有一个男人背着另一个男人。为了让孩子到达安全的地方,父母把孩子交给完全陌生的人,而在平时,哪怕是把孩子交给陌生人几分钟也是不可能的。

---

① The Floods in France. *London Times*, 1910 – 01 – 01.

一个小女孩在警察的保护下走过窄窄的步行桥,和父亲会合①

　　不过,除了抗洪救灾,路易·雷平的警察队伍还必须应对日益严重的盗窃威胁。多数巴黎人能够团结一致,携手一心地相互救助,拯救他们的城市,但是依然有些人为一己之私,趁机发水患财。不法分子利用夜色掩护和灾难中的混乱,在社区内游荡,专门寻找没有人的住宅,抢掠财物或偷窃人们逃难时来不及携带的物品。这些盗贼的主要目标是那些空寂无人、居民已被疏散的小区。

　　根据 1 月 27 日的警察报告,在圣旺镇,"通往受灾地区的所有路口都有军方和宪兵把守……目的就是防止偷窃抢掠"②。尽管有警察和部队的保护,但是很多巴黎市民后来还是生活在恐慌之中,特别是在那些没有电灯的地方。即便是派遣更多的部队来帮助维护法律和秩序,偷窃抢掠事件依然时有发生。

　　在巴黎市民心中,违法乱纪现象一直是心头病。自 19 世纪末以来,越来越多的 35 岁以下的年轻小伙子,有的甚至还不到 14 岁的青少年成为罪犯,这就引发了人们对于青少年犯罪和城市安全的忧虑。在很多案例中,他们的祖父母或父母由于奥斯曼的城市

---

① 来源:作者个人收藏。
② Memo from Maire〔de〕St. Ouen to Préfet〔de〕Police Paris, 1910 - 01 - 27. Archives Nationales, F7 12649.

改造而被迫离开城市中心,迁到了贫穷、不发达的城区,那里的警察人数少;或者是迁到了城郊村镇,那里是城市警察鞭长莫及的地方。这些人不再像他们的上一代那样从年轻时候起就有各自的政见,积极投身于反腐败的斗争,而且相信一定能取得胜利。巴黎公社的失败以及阶级差距的拉大已经让那些理想主义者梦想破灭。这些街头流氓暴徒彻底放弃了对社会的责任感,完全投身到劫财的犯罪活动之中。

这些流氓暴徒被称为阿帕切人(Apache)。作家古斯塔夫·艾马尔(Gustave Aimard)在他的系列异域小说中,将美洲土著民族阿帕切人描写成野蛮的斗士,他们在 19 世纪中叶的巴黎家喻户晓。一些哗众取宠的报纸在 1902 年借用"阿帕切人"这个词指那些涉足所谓"金色头盔"事件的人,这些家伙会为一个妓女而大打出手。这个带有种族色彩的词含有蔑视之意,认为新世界的这个部落是"野蛮"的,现在,这个词被用来描述另一伙威胁破坏巴黎文明秩序的不法之徒。这一名称强化了那些不法之徒街头暴徒的形象。① 有些居住区,特别是工人阶级居住的社区,比如贾维尔、格勒奈尔、格拉歇尔(Glacière)、雷阿勒(Les Halles)周围、贝尔维尔、克利希、圣丹尼斯、蒙马特、圣马丁运河周围,还有很多郊区村镇,都是阿帕切人经常出没的地方。根据关于这些巴黎流氓暴徒 1900 年前后的照片,他们拿着武器,很多是自制的,包括钉了钉子的袖口和铁条,用来殴打和勒扼受害者,此外他们还带着手枪和棍棒。

① 关于阿帕切人,参见 Anne-Claude Ambroise-Rendu. *Peurs privées, angoisse publique: un siècle de violence en France*. Paris: Larousse, 1999; Dominique Kalifa. Crime Scenes: Criminal Topography and Social Imaginary in Nineteenth-Century Paris. *French Historical Studies*, 2004, winter (27): 175 - 194. 蒙马特地区是个灯红酒绿之地,也容易发生骚乱。由于可能被流氓抢劫,因此去该地观光旅游会更加危险,对有些人来说,甚至会更加刺激。巴黎人对阿帕切人有着浪漫的想象,在很大程度上与美国人后来美化渲染黑帮头子阿尔·卡彭(Al Capone)类似。不过,多数巴黎人还是持更为实际的看法,他们担心在深夜遭到流氓的袭击。

警察一旦逮捕了他们,就常常让他们在新闻媒体的镜头下游街示众,显示警察对于制止暴力威胁非常重视,毫不手软。雷平不遗余力地打击这些罪犯,向巴黎市民宣称,在他担任警察局长期间,巴黎的街道是安全的,所谓的危险有夸大之嫌。不过,这并不足以解除人们对于流氓暴徒出现在巴黎市区的恐惧,特别是不能让中产阶级完全心安。①

洪水暴发前几个月,法国报纸就发表文章,警告市民这些流氓暴徒对首都造成的威胁。1910 年 1 月,在与流氓暴徒的枪战中,一名警察被杀,另一名警察受伤。这次枪战先是发生在当地一家酒吧里,随后转移到附近一幢房子里。就在塞纳河水位开始上涨的前几天,一帮年轻的流氓暴徒被起诉,因为他们涉嫌盗窃并持枪翻越法庭被告席、跳进旁听席,向受惊吓的旁听者大喊大叫、做鬼脸。1 月 22 日出版的《生活画报》刊载了一篇文章,配发了多幅极具冲击力的照片,再现了流氓暴徒与警察的冲突。当然,这些内容与巴黎后来泛滥的洪水没有关系。1 月 23 日出版的《小报》画刊(*Le Petit Journal Illustré*)在封面上就此提出了这样的问题:"巴黎怎样才能摆脱流氓暴徒?"即便是在洪水最严重的时候,新闻报刊在报道洪灾影响的同时,也大量报道了巴黎流氓暴徒造成的普遍恐慌。聚焦犯罪、讲述耸人听闻的犯罪事件,日渐成为大众传媒的报道趋势,因为这样可以扩大销售量。不过,这些故事还会因为放大危险而引发市民的恐惧。当这些流氓暴徒利用洪水泛滥为

①报纸上充斥着对这些年轻小伙子(多数是男孩子,有时是女孩子)的描述,这些人在巴黎制造事端。1907 年 10 月 20 日,《小报》画刊封面上有一幅插图,形象地说明了这一切。画面上是一个剽悍的暴徒,手里拿着刀,拳头紧攥着,眼睛里冒着杀气。在他的淫威下,一个个子矮小的警察努力用伸出去的空拳头保护自己,仿佛世界末日就要到来。画面的背景中,其他流氓暴徒射杀了一名警察,一位市民被打死,躺在血污的人行道上。画面下面的文字说明是:"巴黎的流氓暴徒,8 万多名罪犯对抗 8 千名警察。"毫无疑问,流氓暴徒的人数有夸大之嫌,但是仍然反映了巴黎市民的恐惧程度。

非作歹时,新闻媒体会对犯罪给予更多的关注。①

洪涝期间,当新闻报刊最初报道抢劫和偷盗事件时,巴黎市民自然将这些事件与城市危险联系起来,因而变得更加焦虑。洪水暴发以后,犯罪分子成了混乱的靶心,人们有了具体的谴责对象。不过,洪水泛滥期间,并不是所有的偷盗抢劫都是流氓小偷干的,有的明显是那些绝望、饥饿但一直遵纪守法的人干的,他们这样做只不过是为了在从来没有经历过的危机中生存下来。但是,在这样的氛围下,事情很容易升级。很多人认为,任何偷窃都是顽冥不化的犯罪分子所为。当城市灯光熄灭以后,当人们不再有安全感时,巴黎市民,特别是那些有家财、害怕被抢劫的人,对恶棍暴徒的恐惧给巴黎这座城市蒙上了更多的阴影。

1月27日以前,警察就已经限制人们在洪涝区流动,禁止人们在很多郊区村镇行走,当地居民如果要回家取东西,必须有警察或士兵陪同。在一些洪灾最严重的地区,看到抢劫者时警察有权开枪。

1月27日下午,太阳下山了,又一个白天短的冬日就要过去,但是在卢浮宫外面加固岸墙的工人依然在忙碌着。博物馆的工作人员紧张而又满怀期待地看着这些工人,准备待在这儿,与他们一起度过漫漫长夜。夜幕降临以后,工人们点着火把,将岸墙照得亮一点,他们心里是多么希望这堵岸墙能够抵御就在墙那边的汹涌洪水啊。沙袋不多了,这些救援人员就四下寻找其他材料,最后决定利用他们脚下的铺路石。他们把铲子插进街道上的石缝里,金属碰撞石头的响声回荡在空中,铺路石松动后,他们用双手把石块

① 报纸特别关注的是一个名叫里亚布夫(Liabeuf)的鞋匠的故事。他在巴黎的一家酒馆里喝醉了酒,大嚷大叫,以身涉法,杀死了一名警察,被指控为一个犯罪团伙的成员。洪水泛滥期间,报纸仍在连篇累牍地报道这个故事。新闻媒体还报道了一个士兵谋杀他的两名长官的故事,被指控为"阿帕切暴徒"。事实上,这两个人都不是所谓的阿帕切流氓暴徒。

从地上搬出来,以最快的速度先垒了一层,然后是第二层,接着是第三层,都紧靠着沙袋和水泥。

在危急和绝望的时刻,巴黎人一直使用街道上的铺路石。最近的一次是1871年巴黎公社期间。巴黎公社的起义社员把铺路石扒出后垒起来,作为路障阻挡镇压的军队前进。同时,起义者从街垒后面还可以射击,或者向敌人投掷石块,以打退敌人。这些路障街垒都是用城市的各种东西建的,包括铺路石、树木以及树木底部围着它们的金属格栅、碎片瓦砾、马车、下水道盖子等。这种做法有着悠久的传统,在1830年和1848年的法国革命起义期间都是如此。维克托·雨果的小说《悲惨世界》中一些最激动人心的场景就发生在街垒战中,年轻的起义战士以街垒为掩护,英勇作战,誓死捍卫自由的法兰西,将法兰西从专制统治下解放出来。现在,在1910年,街道上的铺路石再一次成为新的街垒,抗击的却是完全不同的敌人。

随着1月27日午夜的到来,用沙袋、铺路石、水泥垒砌的屏障越来越高,紧贴着卢浮宫外侧塞纳河边厚厚的岸墙,但是在岸墙的那一边,塞纳河里的水依然在上涨,那些保护博物馆的抗洪人员担心他们采取的加固岸墙的措施还不够。由于担心出现最坏的结果,他们开始将更多的沙袋堆到墙上,进一步增加堤岸的高度。他们的担心是对的,仅过了几个小时,岸墙那一边的河水水位已经高过了工人的头顶,有人测量,足足高出了三英尺。在这凄苦寒冷的冬夜里,工人们依然在马不停蹄地奋战着。英国记者H. 沃尔纳·艾伦写道:

> 需要加快干啊,因为,在油灯微弱光线的映衬下,看起来漆黑、平静的洪水开始涌动起来,舔舐着铺路石垒砌

的岸墙。工人们不顾一切地在杨树之间的人行道上挖着大坑，将挖出来的土装进袋子里。有的人忙着把从河里打捞出来的大块木板钉在一起，制成一个挡板，放在沙袋的后面，紧紧地顶住洪水的压力。小车不断地推进来，卸下石头瓦块，加固岸墙和挡板。

艾伦写道："再过几个小时，洪水可能会赢。卢浮宫所有的地下室可能会被淹没，洪水会裹挟着垃圾废物穿过里沃利街（Rue de Rivoli）和皇宫（Palais-Royal）。"[1]抗洪人员知道，洪水已经开始渗入卢浮宫的地下室，但他们依然奋战到凌晨，置个人安危于不顾。1月28日拂晓，在晨曦中，他们看到自己加固的岸墙赢得了与塞纳河的决战，他们垒砌的屏障经受住了考验。

卢浮宫外面的抗洪岸墙正在升高，处于巴黎另外一个地方的布西科医院（Hôpital Boucicaut）则已被洪水围困，正在开始紧急救援。这家医院是巴黎最现代的建筑之一，1897年才建成使用。医院完全处于洪水泛滥的贾维尔社区，受灾严重。1月28日，天还没亮，医院的院长就与警察联系，报告了越来越严重的受灾情况，请求路易·雷平给予紧急救援，尽快疏散几百名病人。

混浊的洪水渗入病房，水位顺着墙壁不断升高，这些洪水既有来自塞纳河的，也有来自医院下水道里的。这个曾经纯净无菌的地方现在到处是污泥废物，散发着可怕的气味。医院工作人员对这种不断恶化的情景感到身心俱疲。当电话突然之间没有信号的时候，他们变得更

[1] H. Warner Allen. The Seine in Flood. *The Living Age* 1910-04—1910-06,47：35. 巴黎和外国的媒体上充斥着有关卢浮宫的报道，主要有：La Crue de la Seine, de javier 1910. *Le Génie civil*, 1910-02-05：258；Documents et informations. *L'Illustration*, 1910-02-26：221；Les Sept jours de la semaine. *La Vie Illustrée*, 1910-02-05；The Floods in Paris. *London Times*, 1910-01-28；The Floods in Paris. *London Times*, 1910-01-29；Panic Near in Paris. *Washington Post*, 1910-01-28.

加焦虑,因为与外界联系、获得即刻救助的手段被切断了。将信息带到巴黎其他地区以及从外面带回必要的物品,现在成为两辆机动救护车的唯一任务,医院领导派遣这两辆救护车不停地在城市中往来穿梭。洪灾现场的一位护士告诉记者,病房里的洪水越来越多,漂满了卧病在床的病人的粪便,她担心病人会淹死在自己的排泄物中。[①]

　　1 月 28 日上午 8 点,雷平得到关于布西科医院危机情况的报告,立即带领一队警察和消防队员赶了过去。[②] 雷平到达后,发现医院大门口的洪水已经齐腰深了,堵住了进出的通道。在雷平的指挥下,警察和医院职工连忙搭建了一座人行木桥,抬着病人穿过院子里的积水,从医院的侧门送到水浅的地方。医院的马拉救护车一辆接一辆地来到人行木桥的尽头,军方提供的货车以及居民个人抗灾捐助的各种手推车也聚拢过来,把病人转移到安全地方。冰冷的洪水拍打着马肚子,有时甚至淹没了马背。8 点 30 分左右,医生、护士和其他救援人员忙着用被单包裹病人,特别是垂危的病人,使他们免于寒风的侵袭,从而安全地抬到人行木桥那儿。很多女病人当众放声哭泣。

　　两名救援人员将一名卧床病人抬起来,放到一个两头有把手的宿营床上,然后小心翼翼地抬着床,走过人行木桥,再把病人放到雨水湿透的车上。这些用于救护的车辆很少有顶篷遮盖,因此不能在送病人去安全地方的途中给予保护。这些临时作为救护车使用的车辆也不是很干净,由于每天不停地使用,很多车上沾满了煤渣或灰泥。一位目击者说,马站在寒冷、有旋涡的洪水里,会吓

---

① Lights and Shadows of the Paris Flood. *New York Times*, 1910 – 02 – 13.
② 巴黎和外国的媒体对布西科医院疏散病人的情况进行了大量报道,包括 Le Désastre dans Paris s'étend d'heure. *Le Journal*, 1910 – 01 – 29; Le XVe inondé-misère et dévouement. *Vaugirard Grenell*, 1910 – 02 – 06; Lights and Shadows of the Paris Flood. *New York Times*, 1910 – 02 – 13; The Floods in Paris. *London Times*, 1910 – 01 – 29; The Public Health and the Paris Floods. *The Lancet*, 1910 – 03 – 12: 754 – 756. 雷平在 1910 年 2 月 7 日的《城市简报》中讲述了自己的救灾经历。

得直立起来,以至于马夫不得不竭力控制它们。在这种极度紧张的情况下,有一匹受惊发怒的马挣脱了马夫的缰绳,将他踢得不省人事。马夫在地上躺了好几分钟才苏醒过来,他又重新套上马,驾着马车,拉着满满一车病人,把他们送到安全的地方。后来,救援人员试图驾驶几辆机动救护车,但是洪水太深了,受淹的引擎发动不起来。骑自行车的警察急忙去找另外的车辆,加大救援力度。马车上路以后,在大洪水中行走得非常慢,往往需要一个小时才能到达救助所或是另外一个已经住满惊恐病人的医院。

整整一个上午,人们聚拢过来观望病人和受伤人员,只有几个病人能够自己走出医院。《纽约时报》报道:"突然之间响起一片叫声,有一个人,他的脸因为疾病而变得很可怕,鼻子的一部分因为严重溃烂而没有了,缠在上面的绷带不知怎么掉了下来。本来掩盖在绷带下的伤口现在暴露于凄风苦雨之中,雨水就像铅弹一样从乌云密布的天空中落下来。"①

救援人员在滂沱大雨中工作了好几个小时,才把所有的病人安全地从医院里疏散出去。《纽约时报》的记者讲述了这一紧张的情景:"就像是溃败之后的大逃亡,极其混乱。"不过,凡是经历过那次救援的人,都不会忘记一个指挥救援的熟悉身影。据《纽约时报》报道说:"在医院大门的入口处,站立着镇定从容、一贯高效、永远有爱心的警察局长雷平先生,他坚定地发着号令,但是声音有时因同情而颤抖。"②

1月28日,医生们在巴黎的医院里临时增加了大约2000张病床,收容来自布西科医院的病人和其他在洪灾中受伤的人。但是洪水在前些天也冲毁了这些地方,使得这些地方的受灾人员在自

①② Lights and Shadows of the Paris Flood. *New York Times*, 1910 - 02 - 13.

己需要救助的时候很难得到救援。去另一家医院并不能保证布西科医院的病人或者其他任何人的安全。洪水期间，巴黎的救护车一直在加班加点，很多护士一个班就工作 36 小时，她们跟随每一辆救护车，在车上提供紧急救助。《纽约时报》的记者采访了一名护士，她说在洪灾最严重的时候，连续 60 个小时都没有睡觉。即使那些没有直接受到洪水侵袭的医院，有很多也不能正常提供清洁的床单，因为给所有巴黎医院提供洗熨服务的中央洗衣店被洪水淹没了。巴黎的各个地方、各个领域都紧密地联系在一起，因此多数未被洪水淹没的地区也一样受到洪水的影响。

同样是这天早晨，在伊夫里的老年公寓，政府部门开始疏散那些能自己走动的老年人。在警察和消防队员的帮助下，老年公寓的职员引导着这些年老的巴黎居民，从 130 多英尺长的步行桥上走过去，来到未被洪水淹没的地方。到达安全地带以后，这些老人或是去和自己的家人团聚，或是去别的地方。尽管不无危险，这 1500 多人还是走过了临时搭建的人行木桥，远离了洪水的伤害。[1]

其他人就没有这么幸运了。据新闻报道，在城市的另一个地方，警察发现一对孤独的老年人死在自己家里。他们知道自己身体不好，走不远，也走不快。为了逃避不断上涨的洪水和对洪水的恐惧，他们在床头自缢身亡。[2]

截至 1 月 28 日星期五，在不到一周的时间里，塞纳河的水位上涨到前所未有的高度，河水变得污浊昏黄，流速之快之猛，出乎所有人的预料。法国北部连降暴雨，不只是巴黎受淹，整个法国也面临着被淹的危险。随着塞纳河的水位一再刷新纪录，很多巴黎市民感到惊恐，但也有不少人保持良好的精神状态。纪尧姆·阿波

① The Floods in Paris. *London Times*, 1910 - 01 - 29。
② Paris Floods Worse; Other Rivers Rage. *London Times*, 1910 - 01 - 06.

利奈尔在城市里行走时遇到一个年轻人,这个年轻人谈到汹涌而来的洪水,"就像谈论要来参加晚会的客人,'我们正等着约讷河、卢瓦尔河(Loire)、阿尔芒松河(Armaçon)、瑟兰河(Seraing)的洪水'"。所有的河流都在流向一个地方。有个成年人听到这番话,不无悲哀地说:"一个人越是疯狂,越是要笑。"①

这一天,当太阳高高升起来的时候,巴黎人看到塞纳河的水位高出正常水平将近20英尺,河水已经到了轻步兵雕像的脖子。

① Apollinaire. *Oeuvres*:409.

第五章

疲于应付

1月28日星期五,记者亨利·莱弗丹(Henri Lavedan)沿着码头蹚水前行,塞纳河一览无余,他在给《画报》撰写的文章中写道:"这就是塞纳河,吕泰斯(Lutece)的塞纳河……就像一辆无声的战车在疾驰,就像被满身泥浆的狂奔烈马所拉动,一路向前,奔向大海。"莱弗丹使用罗马人对巴黎的称呼"吕泰斯",反映了他看到河水肆虐后的心情。这一灾难无疑就是一个现代版的古代悲剧,就像庞贝城或其他的灾难一样,使城市变成了废墟。

前几天,莱弗丹和其他巴黎人一起,沿着河岸慢行,走过六座桥,透过桥的栏杆观看塞纳河。塞纳河上的桥有几十座,但那时依然通行使用的,只有六座了。与其他巴黎人一样,莱弗丹对塞纳河翻滚昏黄的河水以及满满的垃圾废物感到惊奇。这一天,莱弗丹又冒着凄风苦雨,来到塞纳河边,这一次几乎就他一个人。酷寒凄冷的天气让多数看客望而却步,不敢引颈观看河里的洪水:"寒风将冷雨打在脸上,像刀割一样,好奇的人没有以往那么多了。"①看一眼河水暴涨的塞纳河,对多数人来说,已经变得太过刺激和紧张了。

---

① Henri Lavedan. Courrier de Paris. *L'Illustration*, 1910 – 02 – 05: 90.

经过几天的蓄积，塞纳河开始释放全部的威力，咆哮的洪水顺河而下，据媒体估计，水流时速达每小时 25 英里。在那个暴雨倾盆的星期五，塞纳河的水位最终超过正常水平 20 英尺，仅次于 1658 年的历史最高纪录，当时塞纳河水也是在整个左岸和右岸肆意泛滥。轻步兵石雕依然勇敢地和他的三个战友坚守在阿尔玛桥的桥墩上，河水已经漫到他们的脖子。德比利堤道（Quai Debilly）在阿尔玛桥下游，距阿尔玛桥桥墩仅几十码远。那天早晨，有几位抗洪的战士将他们的船拴在德比利堤道上，其中一位在下船的时候被塞纳河水冲走了。虽然他幸存了下来，但是官方此后严禁将任何小船停泊在塞纳河沿岸，因为塞纳河水势迅猛，危险极大。

连绵不断的大雨打在街道上，拍击着塞纳河的河面，发出单调、沉闷的声音，进一步增加了整个巴黎街区洪水的深度。现在的塞纳河向两岸拓展，将人们熟悉的街道、桥梁和建筑组成的陆地风景，变成了陌生的水乡风景。张贴在广告栏上五颜六色的演出或百货店减价的海报，现在都失去了耀眼的光彩——由于长时间的洪水浸泡，色彩已经剥落，变得黯淡了。

雨停以后，圣-库洛航空俱乐部罕见地升起了气球，上面坐着观光客和摄影者，他们飞过灰暗的天空，俯瞰巴黎遭洪水破坏的情况。[1] 他们的飞行器从乌云下面飞过，那些黑云已经盘旋在巴黎上空很久了，巴黎人几乎都记不起上次见到太阳是什么时候了。

美国作家海伦·达文波特·吉本斯几天来一直焦虑地观察着塞纳河的上涨情况。1 月 28 日星期五，她和她的家人乘坐出租车，尽可能地靠近巴黎圣母院。一家人在冰冷的雨中来到巴黎的这座哥特式大教堂，希望能走到塔楼上看看洪水的情况。吉本斯在冬

---

[1] Seine is expected to recede in Paris flood crisis today. *Christian Science Monitor*, 1910 – 01 – 28.

天的寒风中冻得瑟瑟发抖,说道:"我太冷了,简直爬不上去。"到了塔楼的顶上,她注视着城市的保护墙,对眼前的一切感到十分震撼。"从塔顶看到的一切独一无二,极不寻常,第二天可能就看不到了。我们看到了洪水最汹涌的时候,巴黎处于一片汪洋之中,大教堂的两边都是呼啸而过的洪水。"在远处,她看到垃圾废物顺河而下,挂在了桥上。她在巴黎生活了好几年,现在她所熟悉的城市已经变得面目全非。"人们认识到,长久的居住让我们对城市的布局有一个大概的印象,但此刻,淹没在水中的灯柱和树木变成了恶魔。"①

尽管塞纳河的水位接近最高水平,尽管汹涌的洪水冲击着桥面,撞击着两边的岸墙,但是在城市的中心地带,洪水依然没有漫过岸墙。②

塞纳河水没有从市中心漫过堤岸,而是从地下顺着各种通道奔涌。整整一周,河水从下水道里、两岸的地铁通道以及饱和的土壤中涌上来。对此,救援人员很是困扰,不知道如何保护城市不受从地下泛起的水浪的侵袭。1月28日,有个工人在困惑无奈中提交了一份报告,说他和他的同事在皇后大道(Cours la reine)"堵住了塞纳河的决口,但是从蒙田大道流过来的洪水还是把皇后大道淹没了,功夫全白费了"③。皇后大道是一块美丽的绿地,将塞纳河与杜勒里花园(Tuileries Garden)隔开。沿着塞纳河岸进行抗洪并不一定能带来效果,因为洪水可以从其他通道进入皇后大道,比如从距岸墙几十码的地下管道冲出地面。街道、广场和人行道,因为下面的土壤被洪水浸泡,已经开始扭曲变形,甚至塌陷了。实际

---

① Helen Davenport Gibbons. *Paris Vistas*. New York: Century Company, 1919: 163.
② 今天,人们沿着河岸可以看到竖立着的巨大测量柱,上面显示洪峰到来时水的深度。测量柱上有刻度线,很多刻度线距岸墙的顶端只有几英寸,最高的刻度线上写着"1910"。
③ Report of Service de la Voie Publique, 1910–01–28. Archives de Paris, VO NC 834.

上,巴黎市正在巴黎人的脚下陷落着。有些街道上原来铺着木板,以使行人走起来更加舒适,现在洪水冲上了街道。海伦·达文波特·吉本斯回忆道:"我们看到铺路的木板一片狼藉。"① 所有残留的电灯现在都不亮了,整个巴黎市处于冬日漆黑的夜色之中。

1月21日洪水刚开始暴发的时候,警察局长路易·雷平曾在警察日志中写了简短的备忘录,提及洪水渗透到奥赛车站附近的南北地铁建筑工地,很显然,那时还不是一个紧急情况。现在,一周以后,到了1月28日,雷平看到了洪水带来的破坏。

奥赛站现在已经成了巴黎最受欢迎的博物馆之一,收藏了数百幅印象主义的艺术作品,当时是世界上第一个使用电气铁路和火车的城市车站。该车站于1900年7月14日世博会期间投入使用,为巴黎市的电力发展增添了一抹亮色。它也是巴黎-奥尔良铁路公司的骄傲,该铁路公司在19世纪90年代末从法国政府那里买下塞纳河沿岸的那块地,建成了新的车站。建筑师设计的这座美丽的车站,与左岸上圣日尔曼德普雷街区(Saint Germain Des Prés)附近的建筑,以及岸墙沿线历史悠久的建筑有机地融合在一起。岸墙沿线有黑色和金色相间的穹顶式建筑学院宫(Palais de l'Institut),那里是著名的法兰西学士院所在地,法国的学术精英在这个学术殿堂里从事着科学研究。

车站外面,正对着塞纳河的是高高的穹顶式窗户、装饰典雅的复折式屋顶以及巨大的钟表。地铁站正面傲然显示着铁路站点的名字,提示巴黎人可以乘地铁去往哪些地方。大写字母"PO"是巴黎-奥尔良公司的缩写,提醒人们这个车站是巴黎-奥尔良公司引以为豪的资产。车站的富丽堂皇与周围社区的富奢豪华风格相

---

① Gibbons. *Paris Vistas*: 165.

称,同时还是 20 世纪现代技术的样板,它拥有完备的电梯、行李传送带和 16 个地下电气化轨道。

对于巴黎-奥尔良铁路公司来说,奥赛站处于更靠近城市中心的位置。巴黎-奥尔良铁路公司的另一个枢纽站奥斯特利茨站位于塞纳河上游,对面就是贝西商品批发区,这里曾一度是巴黎人乘车的主要目的地。为了将这两个姊妹车站连接起来,巴黎-奥尔良铁路公司沿着塞纳河铺设了电气化铁路轨道。但是,工程师沿着塞纳河将铁轨铺设到地下的时候,铺设的深度要比欧仁·贝尔格朗所建议的最深的深度还要深很多。欧仁·贝尔格朗是奥斯曼男爵手下负责水利设施的首席工程师,他对铁轨深度的建议主要是考虑了洪涝的危险。将岸墙一边的铁轨和另一边的河水隔开的保护性屏障,只能防御普通的洪涝。

1 月 28 日,阻隔河水进入电气化铁路轨道的墙壁几乎支撑不住了,挡不住塞纳河的洪水。从奥斯特利茨站到奥赛站,这段距离有两英里以上,在混浊洪水的冲击下,防护墙的多个地方出现了溢流,整个铁路通道被洪水淹没。洪水也开始将奥古斯丁堤岸(Quai des Augustins)的石头冲得松动了。这段堤岸的附近就是美丽的圣米歇尔喷泉(Saint Michel Fountain),拉丁区的学生长期以来喜欢在喷泉边上聚会。当堤岸的保护墙多处漏水时,数千加仑的洪水就冲进下面的铁道。沿河铺设的地下铁路成为洪水进入左岸的主要通道之一。

1 月 28 日那天,塞纳河不仅沿着整个地铁线流进奥赛站,还流进了周围社区窄窄的街道里。圣安德烈艺术路(Rue Saint-André-des-Arts)和比西十字路口(Carrefour de Buci)等购物区商铺林立,那里的洪水已有将近两英尺深。雅各路(Rue Jacob)也是如此,这里有几十个画廊,陈设着众多的油画和素描,是富人和雅士常常光顾的地方。里尔路和贝尔查斯路（Rue de Bellechase）两边的住宅区宁静安详，现在也被污浊的洪水浸泡了，水深有四英尺多，小区的居民发现他们的地下室被洪水淹没了，有好几英尺深。马扎然街（Rue Mazarine）就在学院宫的后面，那里的水深超过两英尺半。圣日耳曼德普雷因圣日耳曼德普雷修道院而得名，这座教堂建于公元 6 世纪，是巴黎最古老的修道院之一，距塞纳河很远，一般认为不会受到洪水的侵害。1910 年，修道院的神父可能从高高的塔楼上往下看，为这座古老建筑的安全而祈祷。

奥赛站的内景是摄影师的最爱，摄影师的镜头通常会聚焦于中央大厅里灯光闪烁的拱道。此时，电气化铁路被淹没在几英尺深的洪水下面①

洪水一旦到达奥赛站，就流进了车站里面，顺着车站的排水系统流动，最终会从车站里流出来，灌入塞纳河，从而形成一个巨大的循环。奥赛站的大厅已经成为一个室内湖，里面的站

① 来源：Charles Eggimann, ed. *Paris inondé：la crue de la Seine de janvier* 1910. Paris：Editions du Journal des Débats, 1910. 承蒙范德堡大学的让和亚历山大-赫德图书馆特刊部 W. T. 邦迪中心惠允使用。

台和铁轨被几英尺深的水淹没了。奥赛站被洪水淹没的内景成为摄影师的最爱。为了拍摄城市被洪水肆虐的景象，摄影师们把镜头聚焦于奥赛站中央大厅内部硕大的拱形窗户。外面的光线透过那扇窗户照进来，照亮了空荡荡的站台。往常这里人来人往，热闹非凡。在这些照片中，被照亮的拱道反射在静静的洪水里，形成令人震慑的对称画面。尽管洪水平静不动、气味难闻，但是这幅景象却让奥赛站看起来像是美丽的古代寺庙废墟。这个车站被洪水淹没以后，巴黎与其他地方的交通就被切断了，巴黎人也被困在了城市里，因为奥赛站是乘车往南去的主要站点之一。

除了雷平一周前在警察日志中所提及的，我们刚才还谈到洪水会流过车站，流经铁道，流入地铁，同时，塞纳河还从另外的通道进入了南北地铁线，这些通道就是地铁线路建造中在街道上留下的出入口。地下通道里水和空气的巨大压力以及吸力，很快将这个未完成的地铁线路变成了虹吸管，通过工人建造地铁线路时挖掘的洞把街道上的洪水吸进来。于是，洪水就开始在地铁通道里横冲直撞，最后在国民议会站与协和广场站之间又从地下返回到塞纳河里。

塞纳河主河道由东向西流，而在这次洪涝中，塞纳河的水则是通过河道下面的地铁线从南向北流，从左岸流向了右岸。南北地铁线本来是运送旅客的，但现在则是把洪水输送到了右岸，这是所有人都没有想到的，如果没有外界的力量，水不可能自己从左岸流向右岸。

那天下午，被吸进地铁通道的洪水涌向了右岸，决口距奥赛站只有一英里。于是，洪水开始泛滥，先是从地铁站口和下水道口喷出来，然后冲向几十个街道，渗入到所有人都认为安全的数百个建筑物。洪水大致沿着地铁线划了一个大大的弧线，从塞纳河堤进入右岸地区。也就是说，从宽阔的协和广场——法国大革命时期那里曾是残酷的断头台，冲向香榭丽舍、新古典主义的玛德兰教堂（The Church of Madeleine）、加尼叶歌剧院、奥斯曼大道以及罗莱特圣母院（Notre-Dame-de-Lorette）教堂。距塞纳河很远的地区现在也成了一片泽国，包括巴黎的另外一个重要火车站圣拉扎尔站（Gare Saint-Lazare）及其周边地区，这个车站的铁道现在已被洪水和污泥覆盖。工人们急忙用石头和水泥垒砌路障，堵住连接南北地铁线和圣拉扎尔站的通道，但是为时已晚，洪水已经冲了过去。平常人潮如涌的站前广场，现在已变成市中心的一个湖泊，使得周边地区数日来都无法通行。①

洪水从圣拉扎尔站迅速蔓延到附近的其他区域，淹没了著名的卢浮宫百货公司（Grands Magasins）的地下室，这家百货公司富丽堂皇，是幢多层大楼，售卖的是最新款式的衣服和家居用品。巴黎两家最为知名的购物商场，一个是穹顶装饰着色彩斑斓、美轮美奂的玻璃的老佛爷百货公司（Galeries Lafayette），一个是春天百货公司（Printemps），现在它们也不得不关门了。为确保安全，防止发生骚乱和抢掠事件，部队移驻到这一地区。

在附近的歌剧院广场（Place de l'Opéra），没有完工的地铁站积满了洪水，导致地面上的人行道开始晃动，接着出现漏洞，最后塌陷下去，使得装饰华丽的路灯柱东倒西歪，一片狼藉。宽阔的广场上开了个大洞，地下的东西暴露出来，包括建了一半的地铁站。考

---

① 很多资料描述了巴黎右岸地区的洪涝，这些资料主要有：H. Warner Allen. The Seine in Flood. *The Living Age* 1910 - 04—1910 - 06：47；L'Inondation de 1910. *L'Illustration*, 1910 - 02 - 05：92 - 93；La Crue de la Seine, de javier 1910. *Le Génie civil*, 1910 - 02 - 05：259 - 60；Commission. *Rapports et documents*：257，261. Commission des Inondation. *Rapports et documents divers*. Paris：Imprimerie National, 1910：257, 261.

虑到街道的不稳定状态,警察很快就拉起了警戒线,将该地区拦起来,防止有人掉进去。现场有位记者担心巴黎歌剧院会出现最坏的情况:"整个这片地区可能会崩溃瓦解,已经出现了一个巨大的深沟,加尼叶宏大、辉煌的建筑作品就要轰然倒入那个大洞里。"①这块区域有洪水、警察设立的路障以及在几条未被洪水淹没的街道上行驶的汽车,局面混乱。从玛德兰教堂到巴黎歌剧院的距离很短,只有 1/4 英里,现在到那里则需要很长时间,据记者 H. 沃尔纳·艾伦说,需要两个小时。②

洪水从地下进入奥斯曼大道以后,就以难以置信的速度冲到建筑物内,这些建筑物很多都是新建的,在洪水的冲击下齐刷刷地倒在街道上。救援人员用沙袋堵住大道,防止洪水继续蔓延,但是他们的速度赶不上洪水的速度,临时垒成的拦水屏障只是迫使洪水流向其他方向,进入更多的房子。新闻媒体的报道说,圣拉扎尔站周围的建筑似乎是在下陷。有些观察者注意到,很多建筑现在呈现奇怪的倾斜角度,这令当地居民很是震惊。也许,人们以为塞纳河沿岸会发生洪水,但是在距塞纳河这么远的地方,他们从没想到也会有洪涝灾害。

警察和士兵继续从洪水里拯救巴黎市民,但并不是所有的救援都是成功的,甚至他们自身也发生了悲剧。22 岁的下士欧仁-阿尔伯塔·特里皮尔(Eugène-Albert Tripier)在洪涝期间已经执行过很多次救援任务,1 月 28 日,他又和两名同事一起登上一只小船,开展新的救援。就在小船从码头驶离之前,一名电报员请求与他们一起走,以便派送一份重要的电报。四个人挤在超载的小船里,沿着右岸正对着埃菲尔铁塔的福柯街(Rue Foucault),向南朝塞纳

---

① Laurence Jerrold. Paris After the Flood. *Contemporary Review*, 1910 - 03,97: 285.
② Allen. The Seine in Flood: 36.

河漂去。就在他们接近塞纳河的时候,一个巨浪从后面打来,把他们的船往前冲去。小船剧烈颠簸,他们紧紧靠在一起,霎那间,洪水的巨大力量将他们和小船一起掀到空中,越过岸墙,可能是顺着瀑布降落了下来。他们落到塞纳河主河道以后,其中两人掉进漩涡里,但是还能抓住旁边的树枝。他们努力地将头从冰冷的水里露出来,大呼救命。

小船现在已经失去了控制,载着另外两人向塞纳河的河心驶去。特里皮尔从船上站起来,跃入昏黄的河水中,向河岸游去,可能是希望救援他的朋友。他奋力与汹涌的洪水搏斗,使出全身的力气,希望到达堤岸。但也就是一眨眼的功夫,他筋疲力尽,消失在刺骨的塞纳河水里,被河道里湍急的水流裹挟走了。抱着树的那两个人,以及不会游泳而留在船上的那名士兵,最后都得救了。

特里皮尔的死立刻成为全城关注的传奇故事。新闻报刊高度赞扬他的牺牲精神,路易·雷平说,如果找到他的尸体,巴黎市将为他举行葬礼,感谢他所做的一切。[①]

由于出现了像特里皮尔下士那样的英雄事迹,巴黎市民毫无疑问欢迎军方的救援。但是,焦虑不安的市民并不总是配合军方的救援。有时候,士兵们在巴黎和郊区会遇到一些市民,尽管他们的房屋处于坍塌的危险之中,但依然不愿意听从士兵的疏散建议,有些救援行动甚至演变成了对抗。很多市民只愿意接受食物和水,并不愿意被疏散到未被洪水淹没的地带,因为他们担心一旦离开,自己的家就会被抢劫一空。还有一些人不愿疏散是出于对当局的不信任。不管什么原因,巴黎市民有时抵制救援人员,尽管生

[①] 关于特里皮尔事迹的报道,主要有:La Première victime. *L'Eclair*, 1910 - 01 - 29; Un Caporal noyé. *L'Intransigeant*, 1910 - 01 - 29。特里皮尔的葬礼资料收藏于巴黎城市历史图书馆(Bibliotheque historique de la ville de Paris)的洪涝资料室。

活在被洪水损害的房屋里有危险,但他们宁愿自己承担责任也不愿意离开。如果不能劝说受灾人员离开他们的家,士兵们就经常在以后的日子里给他们带去抗洪物资。有的时候,行政管理权限的交叉还会造成其他冲突。比如郊区城镇维特里的市长拒绝让一只军方的小船通过他管辖下的受淹街道,去往一个附近的社区。为此,塞纳省的省长不得不专门写了一个条子,请这位市长允许军方通行。①

不过,并不是每一个人都对军方怀有戒心,特别是市议会会员路易·杜赛(Louis Dausset),他尤其没有戒心。据有些人(可能是他的政敌)所言,在1月28日市议会预算委员会的内部会议上,杜赛呼吁对巴黎实行"戒严"以应对洪灾,也就是说,将城市交给军方管理。做过教授的杜赛是法兰西祖国联盟(La Ligue de la Patrie Française)的创始人之一,这个联盟是奉行民族主义、支持政府的知识分子团体。其实,杜赛的政见是不明朗的,但是他提出的关于戒严的想法让很多人感到震惊甚至震怒。他们认为杜赛所想的是使抗洪救灾工作完全军事化。在杜赛的批评者特别是在那些担忧他右翼倾向的人心中,戒严就意味着在全城进行军事管制,废除民选的政府。在随后的几天里,新闻报刊纷纷发表社论,反对杜赛的建议,言辞颇为激烈。有些政治家公开谴责这一观点,希望让全社会了解,杜赛所言并不代表执政的每一个人。②

杜赛坚持认为,他的建议只是为了更大程度上的有序化,因为实行统一的、协调一致的领导,可以使救灾工作更有成效。他声明,他的目的不是要军方接管城市,也不是寻求军事化管理或专制

---

① Memo from Préfet [de la] Seine to Marie [de] Vitry. Archives Nationales, F7 12649.
② 在巴黎档案馆关于洪涝的文件中,有大量关于杜赛辩论情况的媒体报道,显示出市政府的某些人认为这是一个极有意义的插曲。巴黎档案馆,档案号:D3 S4 21.

统治。也许是出于无意,杜赛对政府应对猝然到来的危机的能力提出了怀疑,这一质疑产生了极大的政治影响。

为了应对杜赛等人对政府直言不讳的严厉批评,阿里斯蒂德·白里安总理公开宣称,没有任何理由采取军事戒严这样的极端措施。他向巴黎市民保证,不排除采取更强有力的措施,但只是在必要的时候。多年来,白里安一直致力于促进法国工会建设,但是就在几周前,他制止了一次铁路罢工,把抗议的工人征募到国民警卫队,逮捕了带头罢工的人。白里安强调,洪水暴发以来,巴黎市民一直非常镇定、沉着地应对,一点儿都不需要极端的抗洪措施,他希望众志成城的精神击破采取更加极端解决方案的呼声。很多报刊主笔站在总理和政府一边,抨击杜赛的想法,认为杜赛就是一个极端主义者。有位记者在《路灯》(La Lanterne)报上撰稿,将杜赛的建议比作1799年拿破仑的军事政变,认为"在每一次灾难中,都有一些人失去理智",而杜赛就是这一类人。[1] 同时,法国各省的报刊以及国际社会的媒体也参与报道了这一新闻,它给世界造成的印象是:巴黎遭受洪水重创,民选领导人处于将城市管理权力交给军方的边缘。

杜赛在1月28日的发言引发了关于城市如何有效应对危机的激烈讨论。根据几家报纸的报道,政府官员并不总是能够以最有效的方式提供救援。其中一篇报道说,第15区的居民希望得到资金援助,但是被政府官员拒绝了。考虑到洪灾发生后城市里出现的各种复杂问题,很多人也认为如果有统一的中央领导,也不是个多么坏的主意。

尤其是对于保守派人士来说,由军方来管理控制城市的想法

---

[1] Semeurs de panique. *Lanterne*, 1910-01-31.

很是合适，因为这样能满足他们寻求法制和秩序的愿望。杜赛的言辞激发了有关人士对民主政府及其商业支持者的恶毒攻击。在这一论争中，《闪电报》的保守派编辑厄内斯特·朱迪（Ernest Judet）发表文章，直言不讳地提出了责任问题。他认为，"每个人都开始认识到，当下的灾难不是没有缘由的事故"，因为政府的很多建筑工地缺乏有效的监督。因而，巴黎正是由于某些所谓的"富有魅力的创新"而塌陷了，这些创新导致了目前的混乱，包括地铁工程建设，使得洪水从地下渗出来。在朱迪看来，城市服务部门政出多门，目前正在影响洪涝期间的救灾工作。这种职能分散的状况不仅导致受灾人员得不到帮助，而且成了相关部门相互推诿的借口。工程师和警察会为了是否从塞纳河里打捞漂流木而争论不休，他们无法达成一致意见，是因为各有各的主管部门。朱迪公开呼吁实行统一的中央领导，这一点恰巧是杜赛无意或有意建议的。①

亨利·德·拉雷戈（Henry de Larègle）出生于旧式贵族家庭，他赞同朱迪的观点，他在《太阳报》（Le Soleil）上发表政论，认为"国家和巴黎市的官员不仅要对洪涝的发生负有责任，而且还应该对洪涝造成的后果负责任，这是无可争议的"。他说，城市建设管理不善，"工程师削弱了巴黎地下的底土，对于塞纳河可能发生的洪水泛滥，没有采取丝毫的预防措施"。拉雷戈声称，河岸、码头的改建以及地铁的建设，都抬高了水位，"现政府说拥有以前洪涝灾害的准确地图，简直幼稚透顶"，因为政府根本没有考虑到城市的空间布局已经发生了变化。总而言之，工程、规划等政府部门都没有保护好巴黎，未能使它免于一场非常明显的危险。②

---

① Ernest Judet. Les Cinq pouvoirs. *L'Éclair*, 1910 – 01 – 29.
② Henry de Larègle. Les Résponsabilitès. *Le Soleil*, 1910 – 02 – 29.

批评家巴塞勒米·罗巴利亚（Barthélemy Robaglia）在报纸《吉尔·布拉斯》上发表文章，毫不犹豫地呼吁实施戒严令。他对政府对洪涝处置的方式深感焦虑，对所看到的抗洪救灾缺乏明确领导甚为不满，他大声疾呼，在每一位巴黎市民恪尽职责的时候，却"缺乏领导，没有人负责任"。他相信，正如有人所建议的，如果巴黎实行戒严，全城市民就不会陷入恐慌状态，而是会镇静下来，因为他们知道这样做是必要的。"军事首长是必要的"，罗巴利亚坦陈，"在他的领导指挥下，所有的服务部门、军方、警察、工程师、监督检查人员等，都会各就其位"。最后，他请求道："我们能够实行戒严令，我们必须实行戒严令。"①

《法兰西行动》（*L'Action Française*）是同名社会团体主办的报纸，崇尚君主制度，因此就支持用一名有威望的领袖来替代职能界限不清的各个政府部门。这份报纸攻击民主政府是个骗子，嘲笑巴黎人民对自由的迷恋，呼吁建立强有力的政府。就"法兰西行动"这个组织来说，倾向于拥戴新的国王，领导法国这个国家。他们可能希望这次洪灾为他们的事业赢得支持。②

右翼记者、小说家和讽刺作家雷翁·都德（Léon Daudet）是"法兰西行动"的创立者之一，他毫不留情地抨击第三共和国。不光是在危机发生期间，都德平时也猛烈地攻击政府。他在洪涝期间撰写的抨击檄文，先是以文章的形式发表，继而又以传单的形式散发，把政府称为"有罪的政权"。都德呼吁：民主制度已经将巴黎市置于危险之下，使政府机构充斥着腐败、无知的公务人员。"在这个行政官僚体系的顶端，是一群疯子、骗子、贩子、拉皮条客"，他们都是靠抢掠百姓的财产而自肥。在这样的政府领导下，巴黎已

---

① Barthélemy Robaglia. Pas d'affolement, NON! Mais l'état de siège, OUI! *Gil Blas*, 1910 – 01 – 29.
② L'Unité de commandement. *L'Action française*, 1910 – 01 – 30.

经不再是一个运转正常的文明城市。都德认为："巴黎以前是一座城市，现在不仅从道德上，而且从物质上，都已蜕变成一个营地，汇聚着拙劣、有害的艺术品，一见之下给人以虚幻的印象，就像是一个永久的万国博览会。"①

在都德看来，现政府不仅是应对危急事件不力，而且还应该为洪灾的严重性受到谴责，因为它任由工程师和贪婪的地铁公司肆意进行工程建设。在另一篇批评文章里，都德将第三共和国怒斥为"偷窃政府、买卖政府、放高利贷政府、混乱政府、无序政府"，这种政府导致个人主义，最终陷入无政府混乱状态。他说，个人私欲在政府中得到强化，肆意膨胀，而政府却要为此买单。"由于他们掠夺了光荣的法兰西，破坏了它的自然保护能力，过度使用了它的土地，因此民主注定了要死亡……在他们的规划中，灾难和毁灭将不断积聚。"都德认为，工程师和科学家都是"傻子"，巴黎洪水的教训就是："共和国必须打倒。"②

就在这种令人作呕的政治攻讦中，特别是来自极右政治阵营的政治谩骂中，出人意料地涌现出一股支持抗洪救灾的志愿者力量，这就是"报童王"（Camelots du Roi）组织。这个团体是 1908 年成立的，是当时反共和运动的一部分，因而也是反政府的，其成员都是右翼民族主义者，同时也是年轻的君主制主义者，致力于为了自己的事业而组织平民运动。作为更大的组织"法兰西行动"的青年团体，"报童王"致力于实现与皇家及天主教相联系的法国远景目标，猛烈抨击共和党人、共产党人和社会党人，并从总体上反对民选政治，认为这一切都是腐败的。有时，他们与其他年轻的政治

---

① Léon Daudet. Un Régime criminal. *L'Action Française*, 1910 – 01 – 28; flyer in Archives de Paris, D3 S4 25.
② Léon Daudet. La leçon de l'eau: A bas la république. *L'Action Française*, 1910 – 01 – 30.

活跃分子言语不和,就会在大街上打架斗殴。这些"报童王"1908年攻击了一名索邦大学的教授,从而变得臭名昭著。他们攻击该教授的原因是,这位教授对贞德(Joan of Arc)表示不敬,而贞德是深受君主制主义者敬慕的英雄,因为她象征着法兰西的国家传统,这一传统又深深植根于"报童王"所崇仰的宗教背景之中。"报童王"冲进教授的教室里,与教授的支持者在街道上进行群殴。事实上,"报童王"把自己看作"行动派",当需要保卫他们的信仰时,便挺身而出,甚至不惜使用暴力。

当洪水开始上涨时,"报童王"就出现在警察局,但这次他们是自愿提出要为抗灾尽一份力量。洪涝期间,只有右翼报纸刊载关于他们活动的报道。一位给反犹报纸《言论自由》(La Libre Parole)撰稿的作者在船上遇到一群"报童王",认为他们是"彬彬有礼的青年才俊,从昨天就开始日夜不停地工作","将被洪水围困或冲击的市民从无助和苦难中解救出来"。① 还有一些赞同他们行为的文章讲述他们帮助警察的事迹,宣传他们自己驾船出去救人的行动。为了"帮助受灾者,政府从报童王组织中挑选了一大批救援人员,这些人都是游泳健将"②。毫无疑问,人们对所有的帮助都是欢迎的,不管这些帮助来自何方。沙朗东位于巴黎东南,塞纳河从那里流入巴黎。在沙朗东,有这样一个故事,说是有20个"报童王"找到当地市长,要去提供医疗救护服务,"市长表示热烈欢迎"。③ 在阿尔福维尔,"报童王"成立了一支夜间巡逻队,保护城镇财产不受抢劫。雷翁·都德在一篇社论里把"报童王"描写成"年轻而英勇的朋友,敢于冲进凄冷的黑夜,将老弱病残从死亡线上救出来,给

① Oscar Harvard. L'Inondation, Impressions d'un passager. *La Libre Parole*, 1910 – 02 – 01.
② Le Desastre. *L'Action Française*, 1910 – 01 – 28.
③ Les Camelots du Roi a l'ouvrage. *L'Action Française*, 1910 – 01 – 28.

绝望中的青年人送去慰藉,是给我们带来好消息的象征"①。

作为一个成立相对较晚的组织,"报童王"无疑希望塑造他们的公众形象,不愿意让社会认为他们是一个由无赖组成的麻烦制造者团体,而是竭力让社会认为他们是一个致力于崇高事业的英勇战士组织。他们理所当然地把自己视为法兰西的信仰者,认为法兰西是一个强大、令人骄傲的国家,有着丰富的遗产,但是他们又相信,这个国家正在受到自由主义者和共和党人的攻击。在法国受到塞纳河洪水袭击的情势下,"报童王"将他们的行动定位于拯救巴黎和巴黎人民。这个组织的负责人之一毛里斯·皮若(Maurice Pujo)直言不讳地说:"共和国政府应该感到忌妒,因为它对我们的这种宣传无能为力……这是一种'行动的宣传'。"②他们相信,只有"报童王"这样的团体才能拯救法国,他们对法国的拯救从救援洪水中的难民开始。

爱德华·德拉蒙特(Edouard Drumont)是煽动反犹的报纸出版商,对政府抱有深深的敌意。考虑到他别有深意的动机,我们对他的话在理解上要格外谨慎,但是与那些一味称颂巴黎万众一心、众志成城的文章相比,他对洪涝的描述提供了一个不同的视角。德拉蒙特在他的报纸《言论自由》上发表文章,对英雄主义和团结一致的思想观念发表自己的看法,认为"这是一个永远给人带来惊奇的话题",因为巴黎现在事实上"正滑向无政府的混乱状态,而且像洪水一样日甚一日地滑向无政府混乱状态……现在的领导们不知道该给人民发布什么样的命令,而且尤为要命的是,他们对于应该发布的命令首鼠两端。他们表现出本能的忠诚,但又对什么都

① Daudet. La leçon de l'eau.
② Maurice Pujo. Le sauvetage et le ravitaillement. http:// camelotsduroi. canalblog. com/archives/1a_les_camelots_lors_des_inondations_de_paris_en_1910/index. html.

不信任；他们履行自己的职责，但是履行的时候又总是漠然地耸肩"①。

此时的政治氛围和社会氛围都非常混乱不安，新闻媒体散布着激烈的反政府指控，社会上存在着抢劫掠夺的风险，大街上则是鼓噪的右翼团体。到了1月28日，巴黎城内到处都是军人，自然而然地引发人们的质疑，在应对危急情况时，军队应该采取什么样的行动？杜赛在这一天似乎率性而为地呼吁实行戒严令，给保守派人士带来了希望，即为救灾采取果敢的行动，甚至是军事占领。

对于共和国的支持者和站在左翼政治立场的人士来说，杜赛实行戒严令的建议不啻为当头一棒，甚至是背叛。巴黎公社及其后来的血腥依然让很多巴黎人心有余悸，特别是对于那些支持1871年起义的人来说，宣布实施军事戒严就意味着将那支在巴黎街道上屠杀了他们众多同志的军队再次请进来，就是那支部队制造了"血腥的一周"，粉碎了他们实现巴黎独立的梦想，并占领了巴黎很多年。《晨报》的一名主笔认为巴黎的工程建设加剧了洪涝的恶化，并将巴黎的工程与1870年法国军队令人尴尬的失利相提并论。他说："巴黎的工程建设遭遇这样的失败，原因是缺乏未雨绸缪，没有采取预防措施。"②另一位主笔写道："就像经历1870年法国在普法战争中的失败一样，我们经历了这次洪涝灾害。在这两次围困中，我们都看到了炸弹的降落。"③提及巴黎围困这一问题，再次唤起人们对近代法国历史上最为分裂、最为恐怖的一页的回忆，事实上，那次围困刚刚过去40年，从那次围困中幸存下来的人依然记忆犹新。由于巴黎有这样这一段被围困、被军事占领、城市

① Edouard Drumont. Après le déluge. *La Libre Parole*, 1910 - 02 - 03.
② Henry de Jouvenal from *Le Matin*. as quoted in The Floods in France. *London Times*, 1910 - 02 - 01.
③ Arthur Meyer. Catastrophe nationale. *Le Gaulois*, 1910 - 01 - 26.

和国家之间存在紧张关系的历史,杜赛碰触到了巴黎人紧张的神经。

事实上,对于巴黎公社的记忆并不是很多巴黎人不信任军方的唯一原因,还有最近发生的一些事件。19世纪末,法国发生了最大的丑闻,德雷福斯事件(Dreyfus Affair)。由于对这个事件所持的政治立场不同,法国人分裂为不同的派别。洪水暴发期间,很多巴黎人心中对于那次臭名远扬的论争的记忆依然挥之不去。正是由于这些历史,法国军方失去了巴黎人的信任,很多人不再把军队看作是人民和国家的保护者。

1894年,法国军方的一批绝密文件被泄露给德国军方,但是没有人知道谁是泄密叛国者。法国人对普法战争中失败的痛苦依然难以忘怀,对这次信息安全中再次出现的差错更是感到蒙羞,没有一个法国人相信自己的军方人员竟然会心甘情愿地与敌方合作,军中的一些人决定将泄密的责任推到一个名叫阿尔弗雷德·德雷福斯(Alfred Dreyfus)的犹太裔上尉身上。爱德华·德拉蒙特是《言论自由》的创始人,也是狂热的反犹分子,他对当时的大众恐慌以及所谓的阴谋论推波助澜,大声呼吁要对德雷福斯进行调查,希望坐实德雷福斯的罪名。法国军方为了挽回声誉,避免陷入更进一步的难堪,就决定开展虚假的调查,用伪造的证据对德雷福斯进行陷害,将他变成了一个替罪羊。尽管没有发现任何间谍证据,军事法庭依然匆匆结案,作出了事先就确定好的有罪判决。德雷福斯被法国军方公开剥夺了军衔,被控有叛国罪,判处去法属圭亚那的魔鬼岛服刑。整个事件得到了保守派政客、反犹人士以及诸多天主教人士的支持。

后来,德雷福斯的家人以及其他支持者不断地申诉,要求重新开庭审判。在这一背景下,法国著名作家埃米尔·左拉在《震旦报》(*L'Aurore*)上发表措辞严厉的公开信《我控诉》(*J'accuse*)。他当众谴责军方罗织罪名,背离公正,诬陷一名无辜的人,同时还抨击政府纵容军方的行为。左拉的批评触及第三共和国的核心价值观,特别是涉及军队在民主政府中的地位问题。长久以来,法国军队一直是维护君主、贵族和教会等特权阶层的利益,现在的问题是,这样一个军队是否能为一个自由民主的社会价值观提供保护,作为国家机器,这支军队的地位正在受到质疑。在很多人看来,犯有背叛罪的不是德雷福斯,而是军方,他们不仅背叛了法国,而且背叛了这个国家千辛万苦争取来的个人自由、宗教自由、公平公正以及法治等价值观念。尽管如此,依然有许多人认为德雷福斯是有罪的。

于是,有些人支持德雷福斯,认为他是军方腐败和宗教狭隘的牺牲品;有些人认为德雷福斯是个间谍,是法兰西的叛国者。双方发生了激烈、全面的论战。1906 年,国民议会最终赦免德雷福斯,使得这场争论尘埃落定。直到此时,很多法国人才开始对军方表现出严重的不信任,公开对军方表示厌恶和不满,因为军方对一个无辜的人进行了不公正的审判。

四年以后,就是那支不公正判决德雷福斯的部队,来到了巴黎的街头,很多人对于他们是否值得信任心存疑虑。他们就是路易·杜赛 1 月 28 日在洪水高峰时期建议巴黎人将他们的城市所要交付的那支部队。德雷福斯事件的伤口仍然没有愈合,很多人觉得,如果将他们的城市拱手让给这支军队管理,并实行戒严,那将是一件既痛苦又恐怖的事情。

洪涝期间并没有实行军事戒严。民选政府继续指导着军队的救灾行动,尽管巴黎与法国军队之间的过节令人烦扰,但是巴黎市民在危机之中对士兵和水手还是欢迎的。在洪灾中,法国军方一直努力地治愈一些过去的创伤，特别是巴黎市民亲眼看到了士兵那么辛苦地保护他们和他们的城市。不论在街道上还是在报纸杂志上，巴黎人都能看到部队的士兵搭建人行桥、维护社会秩序、防止偷窃抢劫案件发生。有一张照片显示，一群士兵围在一个水泵旁边，手摇水泵的两个把手旁各有一名士兵，他们不辞辛苦地将洪水从大楼的地下室里抽出来。其他的士兵脱掉上衣，在后面等着。法国士兵挽起袖子，不怕脏、不怕累，不是为了占领巴黎，而是为了救援巴黎。

第六章

崩溃的边缘

　　这么大规模的自然灾难引发了一些精神层面的解释。1 月 28 日,巴黎市民参加红衣大主教阿麦特专门举行的弥撒,在天主教堂里向上帝祈祷。神秘主义作家 R. 罗泽尔(R. Rozier)博士对于这次洪水泛滥的解释与大多数人有些不同,他不把这场水患视为上帝的惩罚,而是将其看作另一种超自然力量。他声称自己事先看到了洪水的迹象,是唯一预测到洪水有多么强大的人。作为预言研究者,罗泽尔认为,过度的森林砍伐惹怒了生活在法国森林中的仙女。他相信,就是这些仙女导致了水患的发生。只有重新植树造林,才能平复森林之神和水神的不满。①

　　诡异的是,出现了这样一个巧合。洪水暴发的那一周,哈雷彗星从巴黎上空掠过,于是,就有人猜测这位天外来客和不寻常的天气之间可能具有某种联系。当然,两者之间不会有什么联系,但是对某些人来说,哈雷彗星的出现总是一个奇怪的征兆。如果回到人类早期的时代,每当天有异象时,往往就会说要发生不寻常的事件。这次洪灾如此非同寻常,也许只有天外事件才能解释地球上所发生的一切。

---

① Dr. R. Rozier. *Les Inondations en 1910 et les prophéties*; *Théorie et prophéties*. Paris: Chacornac, 1910.

红十字会、天主教会和政府设立的救助站里住着数千名因洪峰而被迫离开家园的巴黎市民①

　　1月28日,洪水到达顶峰,伦敦《每日电讯报》驻巴黎记者劳伦斯·杰罗德从黑暗的公寓楼里摸索着走下楼梯,出来看看城市的情况。早些时候,电灯都灭了,因为没有电,大楼的电梯也都停止了运行。杰罗德来到外面的街上,立马闻到强烈的刺鼻味道,他大为惊讶。巴黎及其郊区的很多地方都弥漫着越来越浓的污水、垃圾和霉菌相混杂的恶臭味。杰罗德并没有因此而退却,依然走在积满洪水的街道上,他简直不敢相信眼前所呈现的一片废墟的景象。

　　只有很少几辆火车还在淤泥和洪水中运行,当然开得比平常慢很多。杰罗德乘上一列开往圣拉扎尔站的火车,这个车站主要车轨上面的钢结构顶篷已经在印象主义画家笔下成为现代城市的著名象征。此时,这个车站非常空荡、昏暗,杰罗德从前门出来,看了看眼前曾经熟悉的广场。他所看到的已不再是罗马广场(Place de Rome),而是数百英尺宽的一个潟湖,这令他大吃一惊,简直难以相信。

往日里,圣拉扎尔站及其周围人群拥挤,有商贩、游客、行人和车辆。现在,洪水剥夺了巴黎这片地方人们的生活,杰罗德四下环顾,一片死寂,他深感惊恐。水面平滑如镜,波澜不惊,只有微风吹过或小船摇橹前来时,这个右岸上突然出现的潟湖上面才会出现层层涟漪。

杰罗德凝视着眼前洪水造成的破坏,脑子里突然出现一幅清晰的画面。那个时候,很多人在洪水暴发之际想到了威尼斯,杰罗德却不是。他看到眼前的景象,想到的是不久前另一次毁灭性的灾难。1908年12月,意大利的墨西拿海峡(Messina Strait)发生了7.5级地震。墨西拿海峡将西西里岛(Sicily)从亚平宁半岛的靴子尖上分开。地震发生后,立即掀起40英尺高的海浪,吞噬了地中海附近的城市和村镇。墨西拿地震在欧洲历史上破坏性最大,死亡人数至少有6万,而据有些推测,死亡人数则高达20万。

杰罗德曾作为记者报道过墨西拿地震。在墨西拿,地震过后,地面上的东西几乎荡然无存,因此杰罗德将巴黎比作墨西拿,显然有点言过其实。不过,他站在那里,四下全是洪水给巴黎带来的破坏,他能想到的唯一能帮助他理解眼前景象的,也就是墨西拿了。罗杰德给《当代评论》(Contemporary Review)杂志撰写的文章是关于这次洪灾最好的、最长的报道之一。他写道:"一两根灯柱歪歪斜斜,路面隆起,铁轨扭曲,静静的水面覆盖着街道,到处是死一般的沉寂。房子里一片黑暗,空无一人,远处有一群人在默默地、缓慢地走动。在墨西拿港第一眼看到的就是这幅景象……圣拉扎尔站看起来就像墨西拿的游艇船坞一样,一片死寂。"①

车站里面,洪水造成了极大的破坏。车站管理部门报告说,洪水的压力导致从罗马广场到地铁入口的人行通道弯曲变形,地铁入口随时都有坍塌的危险,从而导致车站内的其他建筑物也可能会一起倒塌。由此造成的结果是,多数通往车站的入口都封闭了。

杰罗德随着人群从圣拉扎尔站走出来。"我们拖着脚步前行,茫然无措地看着曾经的罗马广场,现在已变成一片污浊、昏黄、恶臭的水域。水中的售票站、卖报亭东倒西歪,还有两三根横卧的灯柱,就像水中的小岛。同样,这里的洪水也淹没了旅馆、咖啡馆和商店的地下室,一切都空荡荡的,死寂无声。"人群慢慢地、默默地走出车站,四下里望着,寻找出去的通道。有的妇女低声说:"我的上帝啊!"警察想让人群有序地行走,但也只是轻声说出简短的指示性话语。

"巴黎市中心一夜之间就变得这样死寂一片了吗?看起来的确是死寂了。直到星期五那天看到不再繁忙拥挤的车站,我还从来没有见过如此完全的死寂景象。"杰罗德描述的死寂不是人的死亡,而是巴黎市的沉寂无声。"它会整个沉陷下去吗?很有可能,巴黎所有的一切虽然不会像墨西拿那样化为一堆尘土,但是会化为一摊泥浆,泥浆中混杂着落石和砖头。"他注意到,加尼叶歌剧院就在附近,歌剧院周围的街道就像果冻一样,路在他的脚下弯曲变形,错位泥滑。"整个巴黎要一下子塌陷吗?巴黎城要一点一点地瓦解吗?或许巴黎的一切都真的在劫难逃,或许这真的就是巴黎的末日,这意味着也是巴黎人的世界末日。"②

---

① Laurence Jerrold. Paris After the Flood. *Contemporary Review*, 1910 – 03, 97: 281.
② Laurence Jerrold. Paris After the Flood. *Contemporary Review*, 1910 – 03, 97: 282, 283.

　　离开圣拉扎尔站,杰罗德转身走向左岸,走过塞纳河,来到工人阶级居住的圣多米尼克街(Rue Saint Dominique)。金色穹顶的荣誉军人院(Hôtel des Invalides)就在附近,其一楼的房间里已经积满洪水,淹到了天花板,生活用品之类的东西漂浮在街道上的洪水里。人们辛苦工作赚钱购买并小心呵护、擦拭的珍贵家具,现在被用来搭建人行道,上面淤泥斑斑,被人们踩着爬到船上去。有一位寡妇刚刚从她的小公寓里被解救出来,她突然想起旧纸盒子忘记拿了,里面有她所有的钱财。杰罗德看见消防队员划船再把她送回家,以便让她取回辛苦赚来的积蓄。在圣皮埃尔·格乐仕·卡鲁教堂(Saint-Pierre Gros Caillou)附近,他还看到了一家六口已经三天没有吃饭了,他们"偶然被人遗忘了,家里太贫困了,没有储存任何食物,也太虚弱了,连呼救的力气都没有"。还有一位年老的看门人,她照看的房舍被洪水淹没,她也被淹死了。一位水手抱着她的尸体,把她放到小船上。"医生无法到病人那儿去,婴儿就在简陋的民房中降生,产妇24小时都没有得到任何帮助。"[1]

　　杰罗德1月28日在巴黎城行走的时候,一定看到了已经成为一片沼泽的荣军院广场。荣军院广场本来是一块美丽的绿地,两边连接着荣军院和亚历山大三世桥。从荣军院到奥赛站之间,整个河岸延伸地带全是洪水。在这片区域,人们搭建了复杂的人行步道,可以步行通过。1月28日这天,走步行木桥穿越荣军院广场的人很多,致使木桥在重压之下倒塌,桥上的一群巴黎市民掉入冰冷、污浊的洪水中。荣军院广场上的步行桥很快就修好了,设有警察严格把守,并限制一次通过桥的人数。

　　伦敦《晨邮报》驻巴黎记者H.沃尔纳·艾伦回忆了很多步行

① Laurence Jerrold. Paris After the Flood. *Contemporary Review*, 1910－03, 97：287.

桥断裂坍塌的情形。他把所见所闻撰写成《洪水中的塞纳河》一文，并在美国和英国的杂志上发表。他写道："男人们早晨穿着干净的鞋子出门，忙碌一天回家时就不得不在没有灯光的街道上蹚着及膝深的水行走，或者是踩着窄窄的木板通道小心翼翼地挪动，但往往会发现就在洪水最深的地方，人行木桥坍塌了。"①

和巴黎市民一样，城里的动物也被洪水困住了。左岸区的奥斯特利茨北面就是巴黎植物园（Jardin des Plantes）和动物园。1月28日，动物园的管理人员开始担心动物的安全问题，因为塞纳河的洪水已经进入到很多动物的生活区，将动物困在笼子里，动物们既没有食物，也没有清洁的水。面对越来越深的塞纳河浊水，熊别无招数，只能爬到熊的围栏中地势较高的地方，现在那里已经变成了一个小岛。动物园的管理者开始往外大量迁移动物，但是这样做并不容易。美国作家海伦·达文波特·吉本斯写道："动物们很快就爬到树上去了，用木板将它们引下来并赶入便于运输的笼子里非常考验人的智慧，不会攀爬的动物几乎被淹死。我们看到，动物园的管理人员要么用吊车把它们吊出来，要么用结实的网把它们网出来。"②鳄鱼发现自己的池子被洪水淹没后，就想逃到河里去。动物园的管理人员拍打着水面，试图捉住那些鳄鱼。随着有关动物园传闻的增多，谣言也开始传播，说是动物园的动物已经逃了出来，在巴黎的街道上乱窜。由于寒冷、潮湿和饥饿，动物在笼子里吼叫、窜动，不知所措。尽管动物园的管理人员尽了最大努力，但至少有一只长颈鹿不配合营救，最终死去。两只羚羊也在洪水中丧生，一头大象因洪水而得了风湿病。③

① H. Warner Allen. The Seine in Flood. *The Living Age*, 1910 - 01—1910 - 03, 47: 36.
② Helen Davenport Gibbons. *Paris Vistas*. New York: Century Company, 1919: 161.
③ Flooded Paris. *London Sunday Times*, 1910 - 01 - 30; The Floods in France. *London Times*, 1910 - 01 - 31; The Floods in Paris. *London Times*, 1910 - 02 - 05.

　　这段时间里,市政厅的工作人员竭尽全力保护数千份重要的法律文件,防止被洪水冲走。市银行的后勤人员和其他雇员多次去地下室抢救抵押品,这些抵押品价值在 2.5 亿法郎左右。1 月 28 日白天,地下室的洪水在 6 个小时里又上涨了将近 5 英尺,这些市政府和银行的工作人员在黑暗的楼道里爬上爬下,搬运了大约 13 万份文件。男性员工将沙袋堆在墙下,尽可能地防止洪水进入。[①]

　　《画报》记者亨利·莱弗丹在描述 1 月 28 日的洪峰时这样写道:"噢! 可怜的人啊! 可怜而渺小的人啊! 他们一个铜板一个铜板地辛苦挣钱,才营造了这么个可以吃饭、睡觉的小窝,好不容易购置了钟表,弄了些小摆设和纪念品,但瞬间就丧失了这些虽然菲薄但在他们眼里弥足珍贵的家产,重新操办不知要到何年何月。"[②]

　　D 系统是法国人相信自己能够度过艰难岁月的信念。尽管抱有 D 系统的自信和拥有城市生活的智慧,但是在经历整整一周的洪涝侵袭后,很多巴黎人已经变得焦虑不安、惊慌失措。在 1870 年普鲁士军队围攻巴黎期间,全城市民的吃饭问题是极大的挑战,当时巴黎人在商店外边排起长长的队伍,希望能买到一两口食物。肉类实行严格的配额,肉贩只把肉卖给他们名单上的顾客。围城后期,政府对面包也开始实行定量供应。不管是定量还是不定量,一切东西都价格飞涨,因此对很多人特别是穷人来说,填饱肚子的食物都可望而不可即。据报道,在 1870 年巴黎被围困的最严峻的日子里,不光是穷人,不少巴黎市民不得不吃老鼠、狗、猫。据传闻,甚至是动物园的动物,也被这座饥饿的城市吃掉了。这些往日的记忆并不遥远。1910 年,随着洪水吞噬整座城市,那些记忆禁不住又在巴黎人和市领导的心头萦绕。

---

① *Bulletin Municipal Officiel*. 1910 - 02 - 11: 640.
② Henri Lavedan. Courrier de Paris. *L'Illustration*, 1910 - 02 - 05: 90.

在这次洪水围困中,食物供应尤其引起人们的担忧,因为巴黎的中心市场距塞纳河非常近,如果受淹,里面的食物就会损坏。食品销售是中心市场最基本的功能之一。这个市场规模宏大、摊位众多,是奥斯曼巴黎改造的又一杰作,是促进食品购买与销售现代化的一种尝试。这个中心市场有着高高的、拱形的钢架结构,足够大批的巴黎市民进出购物。同时,还有着巨大的玻璃,给市场里面的顾客和商贩提供明亮的光线与流通的空气。

几天来,通过各种各样的小孔,洪水已经渗入到市场的好几个地方。市场管理人员向市政府的路政管理部门报告,路政工作人员蹚着地下室不断升高的洪水,成功地堵住了漏洞。这个中心市场以"巴黎的肚子"而著称,1月26日,《晨报》报道说:"看起来'巴黎的肚子'没有遭到很大的破坏。"①

不过,人们还是担心洪水对中心市场造成更大的破坏,因此引发了某些食品一时涨价。很多人担忧,如果食品供应短缺,商贩和店主很可能会牟取暴利。1月28日,在第11区圣殿郊区街(Rue du Faubourg du Temple)88号乐夫勒先生(Monsieur Lefevre)开设的食品杂货店外面,聚集了一小群巴黎市民,他们非常愤怒,因为邻居们说乐夫勒先生要提高土豆的价格,于是人群越聚越多。他们既愤怒又饥肠辘辘,于是变得激动起来,采取暴力的方式冲进店里,出于泄愤砸毁了铺子。《人道报》对当时的情况进行了报道:"土豆如雨点般砸落下来……打在店老板的头上,直到警察制止才作罢。"这篇文章的标题是《大众的公正》,抓住了这次事件的核心。②

为了应对市民对于食品供应的焦虑和谣言,白里安总理在

---

① Le Ventre de Paris. *Le Matin*, 1910 – 01 – 26.
② Justice Populaire. *L'Humanité*, 1910 – 01 – 29.

1月28日宣布,如果有面包店主或商贩在洪涝期间涨价,政府将予以惩罚。如果有批发商涉嫌囤积食品或进行食品投机,特别是囤积或投机土豆,也会受到惩罚(据推测,土豆价格已经上涨了30%左右)。[①] 政府下令从东部调拨面粉,以解决粮食库存短缺问题。对于向首都地区运输粮食必需品的所有车辆,准许优先通过。军方倒是在自己的粮库里储存了一些小麦,但是由于首都地区的面粉厂都被洪水淹没了,很多人担忧这些军方库存可能不够,满足不了饥饿的市民的食品需要。

对于价格飞涨的指责,不论是来自政府官员,还是来自街头谣言,都深深地激怒了面包业协会。协会的负责人立即在全市张贴布告,标题是《面包的价格》,以此来反击对面包店利用市场短缺而牟取私利的指控。布告坚决地声明:"这些指控完全是不对的。"面包业协会将这一事件归咎于滋事生非者以及蛊惑人心者,这些人想以此在巴黎市民中间制造恐慌。布告称,恰恰相反,全城的面包店主在洪涝期间一直加班加点地干,而且在洪涝危机期间以正常价格向市民提供必需的食品。尽管面粉涨价,但是面包业协会说:"面包的价格将不会发生变化。"[②]

害怕挨饿的人越多,彼此之间反目成仇的人就越多。对于食物的渴求有时会进一步加大社会阶层之间的不平等。据劳伦斯·杰罗德回忆,在洪水高峰期间,救灾部队带着面包去巴黎的贫困社区进行救援。但是在划船经过一些富人区时,救灾战士听到那些富人向他们大声呼喊,口里说出一个高价,愿意以此购买战士携带的食品。这些富人出多少钱都愿意,虽然这意味着从那些付不起

① The Floods in Paris. *London Times*, 1910-01-29.
② Syndicate Patronal de la Boulangerie de Paris. Le Prix du Pain. Bibliothèque Historique de la Ville de Paris. Flood Collection.

钱的穷人口里抢夺食物。

1月28日,有个食品商贩发现洪水冲进了地下室的食盐仓库,市政厅开始意识到情况已经进入紧急状态。市场维护人员急忙筑墙垒坝,挡住洪水。很快,这些墙坝就起到了作用。不过,就在塞纳河水位达到高峰的时候,中心市场第7区、8区、9区、11区和12区货摊的商贩们陷入一片恐慌,他们看到洪水从伦堡图街(Rue Rambuteau)的化粪池里冲出来,流进了他们的地下室,地下室的混浊污水至少有16英寸深。仓库工作人员匆忙把水泥袋子摞起来,防止污水进一步渗透,同时还在整个市场修建了临时堤坝,预防洪水进入。①

尽管中心市场上的一些鱼、黄油、鸡蛋和肉类被洪水浸泡坏了,但是工人们1月28日的抗洪努力最终取得了成功,他们堵上了洪水渗漏的口子,修建了防护屏障,把洪水挡在了外面。巴黎不会挨饿了,因为新闻报道里说,用不了几天,火车就会运来制作面包的面粉,食品价格将回归正常。有1300多个车厢满载着日常生活用品,从法国东部开始抵达巴黎。红十字会和其他救灾团体持续不断地给巴黎及其郊区送去食品,黄油和牛奶生产商募集救援食品,并将它们交给红十字会,分发给灾民。

没有受到洪水影响的面包店不停地加工制作,饥饿的市民排起长龙,等待着从盛满面包的大篮子里购买食品。美国慈善家罗德曼·沃纳梅克(Rodman Wanamaker)是费城百货商店的老板,这家著名的百货商店是他父亲创建的。罗德曼·沃纳梅克曾在巴黎生活了十年,对这座城市一直怀有深深的感情,因此他连续

---

① Seine is expected to recede in Paris flood crisis today. *Christian Science Monitor*, 1910 – 01 – 28; The Floods in France. *London Times*, 1910 – 02 – 02.

30 天每天为巴黎地区的每一位洪水灾民购买一块面包。① 可以称得上奇迹的是,洪涝期间巴黎没有一个人饿死,在一个有着450 万人口的洪涝灾区,这是一项很了不起的成就。每个人都有口饭吃,这使得巴黎人不论境遇多么艰苦,都能够砥砺前行。同时,这也使政府建立了信心,有能力在危机面前保护自己的城市。

随着巴黎的洪水达到高峰,塞纳河下游的巴黎郊区城镇的洪水依然在上涨。1 月 28 日,在巴黎东北的白鸽城(Colombes),法国工程兵团上尉 T. 沃斯(T. Vaux)已经为指导抗洪救灾工作奋战了整整一周。

1 月 22 日,白鸽城的污水管道开始溢流。沃斯和他的 20 名战士带着铲子、铁镐、绳子以及其他工具,迅速赶到洪水渗漏地点,挖掘堑壕,延缓塞纳河水上涨,从而为疏散人员赢得时间。市政厅命令组成六人一组的小分队,在关键地点巡视堤坝情况。沃斯开始建造临时木筏,因为他害怕万一堤岸完全溃决,也算是有所准备。1 月 26 日夜,沃斯的担心不幸成为事实,洪水先是漫过堤岸,然后是彻底溃堤。第二天凌晨,沃斯和城镇官员下达命令,拉响警报,要求疏散。随着太阳的升起,沃斯的手下驾驶着木筏和小船,开始疏散当地居民,有的甚至背起灾民。沃斯记载道:"夜幕降临,大约有 50 个人,都是老人、妇女和孩子,被我们送到安全地带。"洪水继续蔓延,到了 1 月 28 日,那些没有疏散的居民陷入"难以描述的恐慌"。到了这个地步,很显然,在与不断上涨的洪水的较量中,沃斯和他的手下失败了。当地居民各家之间空间逼仄,木筏划不过

---

① Flood Victims Hurl Looters into River. *Los Angeles Times*, 1910 – 02 – 03.

去,救援人员只得步行穿过湍急的洪水。①

作家皮埃尔·哈姆普(Pierre Hamp)在他的短篇小说《塞纳河暴涨》(*The Seine Rises*)中,描述了巴黎郊区城镇越来越强烈的恐慌情绪。② 哈姆普成为作家以前,曾在饭馆和铁路上工作多年,因此他的作品对平凡的世间男女倾注了极大的同情。同时,他也以强烈的现实主义笔触描写了平民的日常生活以及他们难以掌控的外力。他描述了巴黎南部舒瓦西勒鲁瓦(Choisy-le-Roi)的情况。在哈姆普笔下,随着洪水的上涨,衣着笔挺的中产阶级职员每天乘着因洪水而缓慢、不正常行驶的火车,进入巴黎市区。他们聚集在火车站台上,闲聊着当地发生的事情。上了火车后,他们或者与其他同样晚点的乘客聊天,或者埋头看最新的报纸。"有个年轻人,虽然睡眠严重不足,但眼睛依然很明亮,他不停地用疲惫的声音喊着:'我们一直在救人! 我们一直在救人……'"

一旦塞纳河用全部威力袭击这个村庄,正如哈姆普所描述的那样,"那些没有逃走的人陷入了极大的恐慌"。在他的故事里,有个妇女在制桶匠和拉车夫的帮助下,努力地搬运她的被褥。人们开始逃离自己的家园,携儿带女在街上奔走。警察在洪水边上生起篝火,以便逃难的难民能够取暖。当地居民相互争抢救灾物资。无奈之下,救援的士兵朝天放了几枪。一名饥饿的工人嚷嚷道:"如果你想得到食物,就得自己去拿,要不就会饿死。"

街坊邻居之间相互帮助,但人们渐渐感觉到,这种互助不会持久。在哈姆普对洪灾的叙述里,社会阶层的界限以及人类同情心的局限,从一开始就显而易见。在受灾的难民中,穷人要比富人遭

---

① Reprinted in G. Massault. *Columbes*:*L'Inondation de Janvier 1910* // G. Massault:Columbes,1994:14.

② Pierre Hamp. The Seine Rises // James Whitall. *People*. New York:Harcourt Brace,1921:71 – 88.

受的苦难更大。

在哈姆普的小说中，法律和秩序很快就崩溃了。抵达洪灾现场的士兵不知道该干什么，只是徒增混乱而已。制桶匠知道小偷们正潜伏着，要报复他。警察和士兵疏散城镇的居民时，也碰到了不好讲话的人。"警察驾着小船，来到每一家门前，和蔼地向居民解释'每个人都要疏散'的命令。但是也有惹是生非的人，比如搬运工沙莱（Charlet），他竟然让警察走开，不要管闲事。"警察怀疑沙莱不愿意疏散是要留在后面抢劫邻居的借口，于是立马对他进行了搜查。市长积极组织救灾活动，但是变成了人们戏谑、嘲弄和发怒的对象。麦克尔先生（Monsieur Mécoeur）是个远途往返上班的小职员，他对市政府尤其是市长表示不满："什么政府啊！收我 158 法郎的税，警察竟然把我从家里赶出来！"

皮埃尔·哈姆普的小说反映了人们对于整个巴黎地区的状况越来越强烈的焦虑和恐惧，巴黎的报纸对这种情绪也进行了报道。有个不愿透露姓名的市民，他住在左岸的圣热尔曼社区，距塞纳河不远。他说，在一开始的几天里，还能在被洪水淹没的城市里感受到一些美感。但是，到了 1 月 28 日星期五，他告诉《辩论报》（*Journal des Débats*）："从睡梦中醒来是那样的痛苦……我们知道各处的洪灾都在加剧。我们看到洪水在上涨。一点一点地，我们在失去希望。"随着船只过来将居民从他们的家里疏散出去，这一地区变得愈加空旷、悲凉。"从窗户里或阳台上看不到一个人。只有越来越恐怖的呼救声。只要能离开，他们付多少钱都愿意。我不清楚现在的危险是否比前两天还要大。在恐惧面前，人们屈服了。"①在洪水淹没的地区，很多市民依然被困在自己家里，从窗户

---

① L. D. Les Inondations. *Journal des Debats*, 1910 – 02 – 01.

里呼喊着救命或讨要食物。劳伦斯·杰罗德对于 1 月 28 日越来越惊恐的氛围是这样描述的:"那天,我从皇家路(Rue Royale)走过来,第一次有了某种悲剧的感觉。我觉得这是每个巴黎人都会有的感觉……一种隐藏我们内心深处的恐惧情感,尽管我们不会说出来。但是,我们心里都很清楚,可能有不好的事情发生。"①

巴黎人一直在坚持着,但是到了 1 月 28 日,不知道以后情况会不会更糟,很多人几乎到了崩溃的边缘。"救助很不够,"那天的《日报》说,"尽管官员们恪尽职守,但是疲惫、困乏的他们面对如此艰巨的任务,无法提供足够的救援。救灾物资严重缺乏,洪灾中出现了混乱。"在这名作者的推测想象中,注视着塞纳河洪水的巴黎人"焦虑不安地来回走着,相互讲述着可怕的情形,尽管幸运的是,这些情形绝大多数都没有发生。嘈杂声和饶舌声使巴黎人的神经格外紧张"②。多数政府部门,包括巴黎公共救助局,都尽力分发所拥有的物资。这个单位正常情况下是扶贫的,因此骤然处理数千个受灾市民的请求是一项艰巨的任务。

有一位愤愤不平的受灾人员,给共产党的报纸《人道报》写了封信,声称在洪水最严重的时候,他和家人到了设在迈松阿尔福的灾民救助站,那里的法国妇女联合会代表竟然"关上了门,当面把我们拒之门外,还告诉我们说,我们没有权利接受迈松阿尔福的救助,因为我们是来自阿尔福维尔镇的"。一位来自比扬古(Billancourt)的灾民也致信《人道报》,说"市长在组织救灾方面极其无能、不力"。他在信中称,市政府雇用的船夫拒绝搭救 20 名灾民离开他们的家,理由是当时的洪水太过湍急。同时,据这位来信人说,那位船夫实际上在忙于抢救那个地区富人的兔子和鸡。换

---

① Jerrold. Paris after the flood: 285.
② La Journée d'hier. *Le Journal*, 1910 - 01 - 29.

句话说,他要么是试图讨好城里的有钱人,要么是以"抢救"的名义,抢劫富人的家禽,并据为己有。①

到了1月28日,很明显,巴黎人引以为豪的团结一致已消失,欺骗正在成为一个问题。就在这一天,第4区张贴了很多海报请求大家捐款。但是有些人警示说,要注意骗子,提醒身边的人要小心"那些扮作慈善组织的人,他们假冒为受灾募捐的名义为自己收集善款"②。市民被告知,真正的慈善捐款地点设在市政厅、报社以及政府部门。如果捐款,应该去那些地方,因为除非是骗子,没有人会到大街上进行救灾募捐。

根据巴黎各城镇传阅的一份备忘录,公共救助局的负责人痛陈,在有些地区,救援手段和救灾需求之间存在着很大差距。很多巴黎人直接把钱捐给了他们受灾的邻居,这就意味着,富裕地区的救助资金充足,而其他贫穷地区严重缺钱。政府部门的负责人敦促地方官员对捐款重新分配,避免出现"巨大的不平等"。"如果公众或媒体知道这一点,"这份备忘录说,"一定会引起很大的关注。"③

捐给巴黎的所有善款并不能立即消除灾民的疾苦。纪尧姆·阿波利奈尔在《无敌晚报》上撰写文章,描述了洪水给人带来的各种影响。"就在皇家桥(Pont Royal)附近,一个失去双腿的人似乎在沉思。"时不时地,"他就问过路的人,'洪水还在涨吗?'然后又陷入思考"。巴黎的波兰移民纷纷奔向北站(Gare du Nord)。"毫无疑问,他们是匆匆地赶往安特卫普(Antwerp)港,并从那儿搭乘德

① A Travers Paris. *L'Humanité*, 1910 - 02 - 05.
② Ville de Paris. Avis, 1910 - 01 - 28, Archives de Paris, D1 8Z 1.
③ *Recueil des arêtes, instructions, et circulaires réglementaires concernant l'administration générale de l'assisstance publique à Paris, année 1910.* Paris, 1910 - 02 - 07: 22 - 23. Archives de l'Assistance Publique-Hôpitaux de Paris, 1J13.

国的邮轮去美国。"阿波利奈尔说,在这些人中间,有一位年老的犹太人,他对巴黎市黑暗、可怕的气氛深感不安,大声地说出了心底的恐惧:"巴黎很快就要发生大灭绝了!"①

1月28日,太阳在洪水浸泡的大地上落下,昏沉沉的天空迎来寒冷的黄昏。依然住在波旁宫里的速记员罗伯特·凯贝尔这时走出大楼,呼吸着湿冷的空气。几天来,他一直待在被洪水浸泡的办公大楼里,现在他想回家,看看家里的东西,但是在他前面是长长的水路,需要穿过被洪水淹没的、漆黑一团的街道。回家之前,凯贝尔想着已经灌满混浊塞纳河水的国民议会大楼的命运。他不知道波旁宫会变成什么样子。"我爱它,尽管曾在这里长时间加班,也度过艰难的时光……但是,在过去的21年里,我是在这儿挣钱养家的。"②凯贝尔又回头看了一眼大楼,就和四个朋友一起冲进了雨夜里。

为了防止行人掉入塞纳河,警察沿着河边拴了绳子,将河岸上危险的路段隔开。这几个人就在黑暗中抓着这些绳子,沿着河岸前行。一直走到距奥赛站几个街区远的博讷路(Rue de Beaune),他们都没有看到未被洪水淹没的干地。与波旁宫比起来,奥赛站在塞纳河的上游。他们走上一个人行步道,这是用木头搭建的平台,离地大约有2米高,150米长,1米宽。虽然有乙炔灯照着,但依然视线模糊,甚至根本看不清。凯贝尔来到杜雷奥克斯克雷科斯街(Rue du Pré aux Clercs)上,他们五个人的脚都还没有湿,终于回到家了。凯贝尔的心放下了,这一天终于结束了。"我以前从来没有听人用这么庄重的语气说这么简单的话,'到家了'。能够'到

① Guillaume Apollinaire. *Oeuvres en prose compléte*. vol. 3. Paris:Gallimard,1993:414.
② Robert Capelle. *La Crue au Palais-Bourbon(janvier 1910):émotions d'un sténographe*. Paris:L'Emancipatrice,1910:11.

家',赢得这一挑战就像是一个很大的奖赏。"①

　　与凯贝尔一样,很多巴黎人希望尽可能维持他们正常的生活,以此来振奋自己的精神,即便是洪水最凶的时候也依然如此。1月28日晚上,美国驻法国大使罗伯特·培根和他的夫人决定举办晚宴,招待他们几周前邀请的客人。培根曾就职于工商界,在J. P. 摩根公司(J. P. Morgan)和美国钢铁公司(US Steel)工作,后来被西奥多·罗斯福(Theodore Roosevelt)总统任命为助理国务卿,1909年12月作为美国驻法国大使赴任巴黎。作为美国政府在巴黎的新代言人,他在洪涝期间密切关注并保护美国企业在法国的利益以及生活在巴黎的美国人,积极向美国政府汇报,尽可能地给法国提供救助。他还帮助协调分配美国援助法国的抗灾资金。一直到1月28日,位于香榭丽舍大街上的美国驻法大使馆相对来说还没有受到洪水的侵扰。但是由于洪水水位不断上涨,这将是培根大使在大使官邸的最后一个夜晚,第二天他就和家人搬到地势更高的地方去了。

　　1月28日,巴黎市的剧院还有几家继续演出,洪水暴发以来,这些剧院一直在演出。尽管人们的确需要在不断恶化的环境中转移注意力,但是冒着冬季湿冷的风去观看演出的人寥寥无几。法兰西喜剧院(Comédie Française)是法国最重要的国营剧院之一,在地下室被淹、电源被切断之后,演出大厅安装上乙炔灯,以保证演出继续举行。法国国家喜剧歌剧院(Opéra-Comique)以及左岸上奥迪安剧院(Odéon Theater)的技术人员随时做好准备,一旦停电,就启动自备的发电机,以保证演出继续进行。尽管剧院老板努力让剧场运营,但是很多人还是主张关门,因为洪涝使得工作条件

① Robert Capelle. *La Crue au Palais-Bourbon* (*janvier 1910*): *émotions d'un sténographe*. Paris: L'Emancipatrice, 1910: 12.

太过艰苦,剧场观众也屈指可数。莎拉·伯恩哈特剧院(Théâtre Sarah-Bernhardt)在洪水泛滥期间将演出班子带到布鲁塞尔(Brussels),以便演员能够继续工作。当在巴黎能够进行演出的时候,多数剧院都把演出收入捐出来,用于抗洪救灾。

尽管人们竭力保持城市的活力,但巴黎城现在看起来还是有点怪异可怕。有位美国记者在《洛杉矶时报》(Los Angeles Times)上发表文章,这样描述了1月28日夜里的异常景象:"今天夜里,巴黎城展现着怪异的景象,在篝火和火把的映照下,士兵、水手、消防队员以及警察急匆匆地垒砌临时性围墙,以抵御洪水的侵袭。由于煤气管道爆裂和电厂停工,城市里的很多地方一片黑暗,纠察队员在这些黑暗的地区来回巡逻。"[1]

1月28日,巴黎的洪水涨到高点,而下游的河水还在继续上涨。热讷维耶(Gennevilliers)在巴黎西面几公里远的地方,位于塞纳河其中的一个马蹄形转弯处,1910年有居民7500人左右。这个郊区城镇与首都及其污水有着特殊的关系,自1868年以来,巴黎市的污水径流一直汇聚在热讷维耶附近的农田里,成为免费的肥料,如果有人愿意要,可以自由取用。

在塞纳河水位上涨的压力下,沿着河岸的保护堤开始渗漏,于是警报响起,警告当地居民用不了几分钟,劫难就要到来。人们呼喊着:"逃命去吧!"很快,大约是1月28日午夜时分,热讷维耶的堤岸轰然溃决,震耳的水声响彻这一地区。刹那间,数千加仑的洪水倾泻到平原上,淹没了整个热讷维耶镇以及周边地势低洼的阿斯尼耶尔(Asnières)村和附近其他社区。

汹涌的洪水冲力巨大,在洪水的蹂躏下,房舍千疮百孔,很多

[1] Paris Floods Status Grows Worse Hourly. *Los Angeles Times*, 1910－01－28.

已成为瓦砾废墟。人们只顾在黑暗中逃命,可是没有人知道哪儿是安全的,哪儿可以去。而且想逃命的人并不是都能逃脱,有50个小女孩就被困在了寄宿学校的宿舍里,大声呼喊着救命。凌晨2点左右,附近的村镇组织木筏,来到这里救援那些被困在家里的灾民。拂晓时分,法国的士兵、水手和当地消防队员都过来抢救受灾人员,带来救济食品,几百名灾民被从危险中解救出来。当地官员对救灾物资进行严格的定额分配,以免很快用完。

这天夜里,横冲直撞的洪水摧毁了运行了五年的煤气工厂。这家工厂为周围80多个社区供热、供气,同时还提供了大约900个工作岗位。弗罗莱(Fleury)制药厂也被迫关门,减少了更多的就业岗位。从热讷维耶堤岸决口处流出的洪水很快就到了克利希附近的电厂,电厂关停后,那片地区就陷入了黑暗之中。

在热讷维耶,塞纳河的宽度在通常情况下甚至不到0.25英里,但是现在据说有3.75英里宽。第二天,代表热讷维耶的议员在国民议会上说,他的选区有80000人无家可归或没有食物,有的既无家可归,又没有食物。失业问题将会给很多人带来更大的伤害。[1]

虽然塞纳河的河堤在热讷维耶溃决,但是在1月29日凌晨,洪水已经不知不觉地开始回落了。巴黎地区的每一个人都精疲力竭,不过,多数人依旧在相互救助,挽救着他们的城市。社会组织结构几乎开始瓦解。经过一周的水中生活,所有人能做的就是屏住呼吸,耐心等待。

---

[1] A Gennevilliers, les digues se rompent. *L'Éclair*, 1910 – 01 – 29.

第三部分

洪水消退

第七章

满是淤泥秽物的城市

1月29日星期六,太阳升起来了,巴黎人抬头望向天空,立刻发现了头顶上的显著变化。天终于放晴了,太阳冲出了乌云。灰暗的穹盖变为湛蓝的晴空。就在巴黎人觉得再也承受不了一点洪水的时候,塞纳河的洪水达到了顶峰。现在,洪水开始消退,慢慢地,一点一点地,回到了塞纳河的河道里。河水水位一英寸一英寸地下降,岸墙上留下了一道黑黑的、沾满泥浆的痕迹,提醒着人们水位曾经有多高。几天来,巴黎人一直在寒冷和潮湿中坚守着。如果条件许可,他们就待在自己家里;如果没有条件,就去临时救助站。随着太阳的重现,被洪水淹没的房舍又打开了门和窗户,巴黎人走到了外面,有些人是近日来第一次走出家门。

由于不知道洪水噩梦是否真的已经结束,他们外出时脚步还有点迟疑。一旦认识到暴雨已经停歇,人们便成群结队地涌上街道,庆祝他们和他们的城市经过了劫难。他们笑啊,喊啊,鼓掌啊,簇拥在岸墙边上,相互分享着喜悦心情。据《人道报》报道,有些人裹着冬衣,聚集在大桥上,他们的"脸和眼睛不再有那种焦虑的神情"。他们指着塞纳河,互相说着:"洪水下去了,下去了。啊! 很快就没有了。"《晨报》描述了此时整个巴黎市一起欢庆的情形:"各色各样的男男女女,资产者、手工艺人、工薪阶层、体力劳动者、富人、穷人,每个人都加入到欢乐的人群中,表达着同样的兴奋心情,还有孩子,甚至是瘫痪、行走不便的人,也被汽车拉来了,简直难以想象。"巴黎周刊《生活画报》的描述更是简洁直白:"夜里,洪水不再涨了。白天,太阳出来了,阳光灿烂。希望重又回到人们心中。"[①]此时如果有外来游客去巴黎,可能会认为这座城市刚刚从战争的围困中解放出来。事实上,人们已经在街上跳起了舞。

1月29日,劳伦斯·杰罗德和巴黎市民一起观看了洪水退却。杰罗德在他的洪水回忆录里写道:"塞纳河当然令我们着迷,洪水喷涌的壮美难得一见,它的震怒也给我们带来了消遣娱乐。"不过,尽管有着这样的观点,随着洪水的退去,杰罗德劫后狂喜的心情也平静下来,因为他清楚地知道,如果洪水再发展下去,即便是像巴黎这样古老、美丽的城市,也会不复存在。他自嘲道:"我并不认为我们的恐惧有多么荒谬,我认为巴黎逃脱这一劫是'多么的侥幸'。"[②]

人们聚集在大桥上、岸墙边,看着洪水退落,在阳光下取暖,这一景象有时看起来就像是一场狂欢。卖食品的小贩支起了摊子,向人群吆喝着,兜售炒栗子、苹果馅酥饼、羊角面包、糖果、柠檬汁、啤酒等。[③] 不远处,驻守在桥上的士兵警惕地注视着这一切,手里握着步枪。工程师们依旧在忙着修理人行木道,沿着塞纳河,叮叮当当的锤子声不绝于耳。市政人员爬过桥的栏杆,奋力将挂在桥墩平台上的垃圾废物清除掉。的确,这是一场奇特的狂欢。

沿塞纳河边的人行道上,兜售明信片的小贩手里拿着一摞各种各样的风景照,在欢乐的人群中穿梭,让人们观看、购买。尽管

① La Baisse de la Seine a commencé. *L'Humanité*, 1910 - 01 - 30;Un peu de joie après le danger. *Le Matin*, 1910 - 01 - 31; Les Sept jours de la semaine. *La Vie Illustrée*, 1910 - 02 - 05.

② Laurence Jerrold. Paris After the Flood. *Contemporary Review*, 1910 - 03,97:285.

③ La Foule sur les quais. *Le Gaulois*, 1910 - 01 - 31.

经历了苦难，很多人依然想记住这场水灾，现在洪涝过去了，明信片是铭记洪水的廉价而又容易的方式。小贩们拿着的这些纪念明信片，要么是单张出售，要么是成册出售，成册的明信片边上打着孔，可以很容易地取下每张明信片。1 月 29 日，出版商 A. 诺耶（A. Noyer）在《晨报》上做了个广告，题目是"洪水淹没的巴黎"，出售 20 张一组的明信片，售价两法郎。

对于那些人们通常情况下熟悉的地点，明信片提供了人们所不熟悉的、好像是异国风情的画面，这些明信片既可以当作新奇的图景，也是洪涝影响的见证。明信片还讲述了巴黎人民如何应对洪涝的故事，里面有很多抗灾救援图片，显示巴黎人即使在灾难当中也表现出自己最好的一面。有一位记者这样写道："不久，洪水的痕迹就会荡然无存，只留下记忆……以及明信片。"[1]报社、红十字会以及其他慈善组织都印刷插满洪水图片的小册子，以几个法郎的价格售卖，收入用作救灾基金。买一本这样的小册子为法国人提供了另一种参加募捐、赈济灾民的方式。

1 月 29 日拂晓不久，邻居发现了工人乔治·胡桑（Georges Husson）的尸体，并报了警。前天夜里，胡桑最后一次走进寒冷的冬夜，他最后的时光无人知晓，也许他在自己家附近的勒德吕罗林大街（Avenue Ledru Rollin）上溜达，想看看一周前暴发的洪水现在是什么情况。虽然他住的小区洪水并不深，但是那天夜里空气非常湿冷。档案并没有记载他是怎么死的，但是似乎不可能是淹死的，因为他那个地区洪灾并不严重。不过，在那样的情况下，有很多因素可能导致死亡。就在那一天，警察将一位昏迷不醒的老人送到主宫医院（Hôtel-Dieu）。警察是在他家楼梯下面的衣橱里发

---

① A. D. La Grande crue de la Seine. *Construction Moderne*, 1910 - 02 - 12: 236.

现他的,但是他已经无法抢救了,医生宣布他死亡,认为这位老人是因为看到洪水后非常害怕,导致心脏病突发。一周来,报纸上报道了一些人死亡和几乎死亡的案例,使巴黎人深切地感受到近在眼前的危险。①

人们无从知道洪水中的确切死亡人数,但是有一点是清楚的:就死亡人数来说,巴黎不是地震后的墨西拿。根据 1910 年的《巴黎市统计年鉴》,在"意外溺亡"这一栏当中,一月份的死亡人数只有 6 人。至于二月份,塞纳河的水位比往常高,政府记录的意外溺亡人数是 7 人。《巴黎市统计年鉴》是政府官方文件,以表格的形式按年度公布数百个类别的数据统计。消防队记录他们在洪涝期间救援了 643 个灾民,只发现了 5 具尸体。

这些数据并不能说明洪灾造成的全部人员损失。郊区的死亡数字很可能比巴黎市多,因为这些地方不仅抵御洪水的能力弱,而且应对洪灾的准备也不充分。但是,这些郊区的洪灾死亡数并没有体现在《巴黎市统计年鉴》中。而且,这些数据只统计平民的死亡情况,并不包括士兵和水手的死亡记录。更为重要的是,溺亡数据还不包括那些因为洪涝而引发其他疾病从而导致死亡的案例,比如那个死在楼梯下面的老人,乔治·胡桑也可能没有被统计在内。潮湿加上寒冷最容易导致致命疾病发作。比如,有一位名叫蒂桑(Monsieur Disant)的机械工人在 1 月 27 日和 28 日连续夜以继日地工作,然后又在第三天正常上班。上班期间,他患了重感冒,在 29 日午夜时分,他感到呼吸急促,不得不在工友的搀扶下回家。他一到家就死去了。② 人们也无从知道还有多少人因为潮湿而致病死亡,或者因为缺少供暖、健康食物以及清洁的水而加速了

---

① La Seine diminue, mais l'eau monte sous Paris. *Le Journal*, 1910 – 01 – 30.
② Victime du devoir. *Journal des Piqueurs des Travaux de Paris*, 1910 – 02 – 15:II.

死亡。现有数据也没办法显示有多少人因为害怕塞纳河洪水泛滥而自杀了。

1月29日,洪水水位一开始下降,路易·雷平就命令城市工程师和路政人员用水泵抽水,水泵是蒸汽带动的,马达功率大,震耳欲聋。这些人员将长长的水管铺设到湿漉漉的街道上,将洪水从建筑物内抽出来,排到水位正在下降的塞纳河里去。亨利·莱弗丹在给《画报》撰写的文章中描述了他看到的一个水泵:"阿尔马大街上冒出来一个红色的铜制蒸汽泵,发出很大的声音。一辆马车戛然停了下来,上面坐着几个水泵操作人员。他们从马车上跳下来,那两匹高大、杂色的马虽然性子烈,不过很卖力,两匹马走到了洪水里,踩踏的洪水溅到了马具上。"[①]巴黎市区调用了很多水泵,甚至因而将有些街道堵塞了。H.沃尔纳·艾伦是伦敦《晨邮报》驻巴黎记者,他在文章里描述了巴黎街道上抽水的繁忙景象:"在蒙马特和塞纳河之间,几乎每一条街上都有很多水泵在突突地抽水。令人鼓舞的消息是塞纳河的水位正在回落,酒窖和地下室里的洪水有望排干。水泵各式各样,有大的、小的,有手压泵、电力泵、蒸汽泵,还有些抽水工具大得惊人,占了半条街,看起来好像是从废物堆里拣出来的一样,冒出的黑烟形成乌云,遮蔽了太阳。"[②]具有讽刺意味的是,这些水泵造成了新的危险。很多建筑在洪水中浸泡了好几天,其结构已经适应了水的压力。一旦进行抽水,工程师们担心建筑物会倒塌。因此,抽水人员在抽水时仔细地观察着,注意支撑着破损墙壁的洪水抽走后可能发生的建筑物坍塌迹象。

同时,所有人能做的只有忍耐。在郊区城镇科尔贝(Corbeil),

① Henri Lavedan. Courrier de Paris. *L'Illustration*, 1910-02-05: 90.
② H. Warner Allen. The Seine in Flood. *The Living Age* 1910-04—1910-06, 47: 37.

人们聚在油布棚遮盖的水泵周围,看着警察和士兵将洪水从面包店里抽出来,急切地盼望着面包店重新开张,好买到面包。人们的耐心也有绷不住的时候。比如 1 月 29 日,顾客指责一家巴黎店主提高蔬菜价格,于是,愤怒的人群将店主痛打了一顿。店主好不容易逃脱,爬到他家商铺的楼顶上,万般无奈之下朝天开了几枪,想把打他的人吓走。不幸的是,有颗子弹打到了人,人群中一位妇女受伤倒在地上。这一情势愈发激起了围住商铺的人们的怒气,他们冲进来,想把店主处死,但是警察很快赶过来制止了他们。①

1 月 30 日,数千名身心俱疲的巴黎市民沿着洪水退却的塞纳河边,从救助站艰难地走过依然泥泞的街道,回家了。有些人发现他们家里和商店里的东西被洪水冲到了河岸边上,和洪水中漂来的垃圾废物混在一起。曾经珍贵的家什现在堆在了人行道上。破损的床垫,已成烂泥的纸张,用来供暖的、现在已经湿透了的煤炭和木柴,腐臭的食物,污迹斑斑、破损不堪的衣物,沾满泥巴的玩具,所有这一切现在都变成了垃圾。有一幅阿尔福维尔村的照片,反映了这一洪水灾难的近景。照片上是一个家庭的东西,包括两张桌子、没有相框的女主人肖像、一只靴子,全都凌乱地丢在泥窝里,背景是令人恐怖的河水。

1 月 30 日,雷平向全体巴黎市民发布详细的城市清扫命令,各处迅速张贴了如何进行清扫的海报。在清洁消毒之前,所有的建筑物都不允许人进入。根据雷平的要求,巴黎市民需要将数吨的泥沙、淤泥和垃圾等尽可能地堆放在远离任何水源的地方,并在上面喷洒消毒剂。一旦工程检查人员确定了建筑物在结构上具有稳定性,居民就可以带着水泵进入地下室抽水。打扫任何一个地方

① Souvenez-vous marchands, de l' épicier saccage. *L'Éclair*, 1910 - 01 - 30.

的时候,清洁人员都要先将他们的扫帚和拖把在拌有生石灰的水里,或者在次氯酸钙与氯化钙混合液里浸泡一下。对于清洗过的地下室墙壁和地板,清洁人员还要撒上一层粉状硫酸铁和生石灰的混合物。根据雷平的命令,如果没有进行清洁处理,任何地方都禁止售卖食物,因此很多餐馆、食品店和面包坊好几个星期都不能开门营业,这进一步加剧了人们对于食品供应的担忧。在有些地方,人们将动物尸体拉到外面,用生石灰埋上。衣服完全浸泡在消毒液里,清洗后挂在晾衣绳或窗沿上晒干。雷平要求,如果衣服污损太严重,就必须烧掉。他还命令,所有受淹的建筑物都必须在壁炉或炉子里生火,以排出房子里的水汽。人们打开门窗持续通风几天,尽可能多地吸入新鲜空气。因为要取暖,冬天里烟雾的味道通常会增加,此时由于生火驱赶水汽,烟雾的味道更加浓烈,这座被水淹没的城市有时闻起来就像是着了火一般。

在第 15 区的公约街,妇女们开始了艰苦的清淤消毒工作①

---

① 来源:Charles Eggimann, ed. *Paris inondé*: *la crue de la Seine de janvier* 1910. Paris: Editions du Journal des Débats, 1910. 承蒙范德堡大学的让和亚历山大-赫德图书馆特刊部 W. T. 邦迪中心惠允使用。

1月30日，位于右岸皇宫附近的发电厂内有一堵墙倒了，致使污水渗透进来，淹了发电机。负责看护的三名工人连忙去恢复被中断的供电，差点儿送了命。

1月30日，巴黎红衣大主教里昂·阿道夫·阿麦特主持了两场弥撒，尽管巴黎圣母院地下室里的水还很深，第一场弥撒依然在那里举行。下午三点，他在落成不久的圣心教堂（Basilica of the Sacré-Coeur）举办了一场特殊的弥撒，这个教堂位于巴黎市北部蒙马特工人居住区。

圣心教堂呈纯白色，有穹顶，坐落于巴黎的制高点之一——蒙马特山的山顶，比巴黎的其他地区都高，没有任何受洪水侵袭的风险。在法国近代史上，这个教堂对于巴黎人来说有着双重的记忆。一方面，这是个国家忏悔罪行的地方，因为在1871年巴黎公社起义期间，法国军队以血腥残忍的方式攻占了巴黎城。另一方面，巴黎人民为了争取独立而具有强烈的反叛意识和顽强精神，以自由率性的生活方式而闻名，现在这个教堂却努力要巴黎恢复保守的传统道德秩序。基督圣心是最虔诚的天主教徒供奉的耶稣圣物，越来越受到教众的喜爱，这一形象的耶稣仁爱、仁慈，圣心教堂膜拜圣心，代表着人们在普法战争以后希望法国实现精神复兴的广泛诉求。圣心教堂很快就成为大多数虔诚基督徒的朝圣之地，因为在这里他们可以敬拜为救赎世人而献身的耶稣基督。通常情况下，耶稣基督被供奉在高高祭坛上巨大的金色圣体匣内。这个教堂是新世纪复兴天主教的地方。

1月30日，在这座具有重大政治和文化意义的教堂里，阿麦特为城市的获救感恩上帝，号召巴黎人扶助弱小。在圣心教堂熠熠发光的马赛克穹顶下，巨大的基督圣象张开双臂，阿麦特站在这里，对信徒们说："我们必须向洪水灾民提供物质和精神上的帮助。

我看到了洪水疯狂肆虐,一个个家园都被摧毁了,被洪水冲得一无所有,人们没有了栖身之所,没有了御寒之衣,没有了果腹之食。我教区里亲爱的教徒们,我向你们呼吁,奉献你们的爱心吧,不仅是今天,还有明天,以及未来的日子,因为这次灾难太可怕了,受灾的人数太多了。"①

他还谈到了悔罪以及遵从天命的必要性,即便是再来一场全国性的灾难,也还是要悔罪和遵从天命。阿麦特在讲道中谈到法国迫切的精神需求:"我们必须为洪涝的受难者向上帝祈祷,向上帝悔罪,虔诚地祷告上帝来解救受灾者。在这次洪灾中,有神的旨意,有天意,但是我们只能把它看作特别的情况。在上帝眼里,我们都是有罪的人,我们都必须承认我们的过错,向上帝祈祷,祈求他保佑我们的国家,保佑我们。"阿麦特利用这次机会,希望法国恢复对天主的信仰。作为巴黎天主教的领袖,他的这一做法引发了人们对历史的一些思考。

几个世纪以来,天主教在法国社会中享有一定的特权,规范着整个社会秩序,从人的出生到死亡,从摇篮到坟墓,在人生的每一时刻,都发挥着关键作用。自18世纪开始,一股强大的反教权思潮对教会在社会中的作用提出质疑。知名的启蒙哲学家比如伏尔泰(Voltaire),指责教会愚昧、迷信,缺乏宽容,对其大加抨击。法国大革命期间,那些想颠覆旧的政治和社会秩序的人,都会选择将矛头指向教会。教会举行敬奉活动的场所被摧毁,或者被改造成宣扬"自然宗教"的地方,很多革命者信仰"自然宗教",因为它更加理性。从此以后,教会就成为国家的附庸。

在拿破仑以及后来复辟的波旁王朝统治下,天主教会再次获

---

① 所有关于阿麦特讲道的引文都来自 La basisse s'accentue rapidement de tours cotes les secours affluent. *Le Soleil*, 1910 - 01 - 31.

得了强势地位,受到法律的保护,这种情况延续了好几十年。随着时间的推移,越来越多的法国人开始在日常生活中摆脱宗教,对宗教的批判成了强烈反对极权统治的重要部分。如何对待宗教成为不同党派政治取向的分水岭,保守派人士坚持教会的传统,自由派人士则要创建一个没有宗教束缚的自由社会。

19世纪下半叶,圣心教堂正在建设之中,世俗社会和宗教之间的冲突达到顶峰。天主教堂和第三共和国之间围绕谁更有权力影响法国的未来进行了艰苦的争斗,最终于1905年迎来政教在法律上的分离。天主教会放弃自己在社会中的特殊地位,不再资助任何宗教团体,承认宗教自由。政府接管了所有宗教建筑,将它们出租给教堂,并保留对这些建筑如何使用和维修的权利。

洪涝发生以后,巴黎红衣大主教里昂·阿道夫·阿麦特抓住机会,提醒巴黎人民历史上曾经存在的这种重大的分歧和冲突。洪水暴发时,法国政教分离才刚刚五个年头,在很多人心目中,两者之间的冲突依然没有解决,于是,阿麦特就将这个矛盾与水患联系了起来。成群的人聚集在巴黎的教堂里祈祷、忏悔,阿麦特在他的布道中忠告教徒:"上帝听到了那些祈祷,天空慢慢变得晴朗,洪水退去,人们开始洪水劫难后的清理工作。"不过,在致教区教民的一封信中,阿麦特的言辞更加激昂,提醒巴黎市民在上帝面前必须谦卑恭敬,因为"上帝常常用他的自然之力,惩罚人类的罪恶"。他宣称:"大自然的主宰"是上帝,而不是人类,"上帝主宰所有的科学和进步"。[1] 尽管他没有非常直白地说出来,但他的潜台词是:这次洪水可能就是对于法国政教分离的惩罚,法国将天主教从具有历

---

[1] Archevêché de Paris. Lettre de Monseigneur l'Archevêque de Paris au clergé et aux fidèles de son diocèse au sujet des récentes inondations et à l'occasion des prochaines élections législatives. no. 26 (4). Archives of the Archdiocese of Paris.

史影响的地位上清除掉，引起了上帝的不满。

1月30日，就在最高的洪峰刚刚过去，一个不知姓名的男人进入了巴黎郊区伊夫里镇一所被冲毁的房子里，他不是去救灾，而是去偷窃的。被偷的是一个工人家庭，小偷慌忙地拉开抽屉，打开衣橱，将东西塞进他的衣兜和布袋里。然后，可能是为了避免被发现，他从窗户里爬出去，去了另一家，继续偷窃，接着再到下一家，就这样在这个城镇偷了很多东西。

尽管这个小偷行事非常隐蔽，但他从一户人家出入时还是被发现了，于是，事情就败露了。目击者告知了其他人，很快过来了一大帮周围的邻居，他们非常愤怒，将小偷围在他最后偷东西的那户人家里。小偷一露面，愤怒的人群中就有人去抓他，继而数十个拳头向小偷身上砸去，并搜查他偷的东西。小偷试图挣脱人群逃跑，但是如何逃得了？群情激昂的人们把他团团围住，将他拉到桥上，踢他，怒斥他。有人找到一根绳子，正好够绑他的。人们一边呼喊着惩恶扬善，一边将绳子的一头紧紧地拴住小偷的脖子，另一头系在桥上。紧接着，小偷就从桥的栏杆上跳了下去。小偷死命地抓着系得紧紧的绳子，拼命地想要呼吸，两只脚不停地挣扎着。

突然，绳子被猛地拉上来，一股向上的力改变了重力的下坠，小偷又回到了桥上，滚落在围观群众的脚下。原来，警察及时赶到，否则他的小命就呜呼了。虽然逃脱了死命，但活罪难逃，他进了监狱。[①]

1月30日，类似的偷窃情况一再发生，特别是在郊区。随着洪水水位的升高，犯罪也增多了，这些不法行为有时就由治安维持会

---

① 这段叙述参考了1910年1月31日《伦敦时报》刊发的文章《法国的洪水》。参考时，我增加了部分细节，主要是想反映当时很多媒体报道的巴黎市民与犯罪分子斗争的愤慨和急迫心情。

处理了。塞纳河水位降落以后,犯罪分子发现了新的机会,他们可以在被洪水冲毁的房舍里进出,而不再担心很深的洪水了。《伦敦时报》报道说,1 月 30 日,小偷"被施以严惩,对于那些试图抢劫被淹房屋的不法分子,警察将给予最严厉的打击"①。

各家报纸都在显要位置刊登那些发生在巴黎城区以及水灾严重的郊区里耸人听闻的犯罪故事。报道讲述了数十个地方出现的警匪追击、枪战以及围捕。有一位目击者说,路易·雷平乘坐汽艇,在犯罪分子猖獗的地区往返穿梭,指挥作战,将收容的难民安置在蒙马特圣皮埃尔公墓(Cemetery of St-Pierre)的一个避难所里。② 《纽约时报》也报道了警察与劫匪的故事:

> 士兵被派到各个偏远的地区,制止不断发生的大规模抢劫。今夜,巡逻艇在布洛涅苏塞纳(Boulogne-sur-Seine)遭遇了一帮抢劫别墅的流氓阿飞,之后发生了激烈的追逐,双方展开了射击,一名步兵中士用桨打沉了劫匪的船。两名匪徒被打死,其他人被捕。昨天夜里,一帮抢劫犯在阿尔福维尔抢掠家中无人的房舍,被发现,几名劫匪被击毙,还有四男四女差一点被处于私刑。这些劫匪自己扎了木筏,潜入仍被围困在洪水中的居民家里。③

在巴黎东南的郊区城镇伊夫里,警察拘捕了十一名抢劫犯,八男三女,这些人正在抢劫房舍,房舍的主人因洪水被迫离家,住在附近的宾馆里。警察将劫匪带出来后,愤怒的居民对他们拳打脚

---

① 这段叙述参考了 1910 年 1 月 31 日《伦敦时报》刊发的文章《法国的洪水》。参考时,我增加了部分细节,主要是想反映当时很多媒体报道的巴黎市民与犯罪分子斗争的愤慨和急迫心情。
② Archives Nationales, F7 12649.
③ Paris Is Resuming Its Normal Aspect. *New York Times*, 1910-02-02.

踢,甚至想把他们淹死。

1 月 30 日,《巴黎回声报》(*L'Echo de Paris*)刊登了一长串的案件目录,向读者展示了焦虑、恐惧的巴黎人民私自治小偷的罪。① 伊夫里的居民把一名劫匪扔进水里,然后再把他捞出来,送到公安局。其他人则将一个无赖恶棍吊在树上,不过警察急忙赶来后,就把他放了下来。在巴黎东南的郊区城镇维特里,警察骑马捉住了两名罪犯,并带着他们从城镇中穿过,愤怒的人群立即将小偷围起来,想用私刑处罚他们。在阿尔福维尔,士兵与船上的一队流氓阿飞遭遇,双方发生枪战,两名罪犯落水淹死,一名逃脱。目睹这一切的当地居民将未逃脱的一名抢劫犯绑在电线杆上。在沙朗东,一帮劫匪占领了市政厅,但最后被击退了。这次大洪水为市民提供了一个逾越他们通常行为方式的特殊环境,允许他们对很长时间以来一直恐惧的违法分子进行报复。

有一张明信片将新闻报纸上描述的情形形象化了。明信片上面描绘的是发生在伊夫里的一个真实故事,一名劫匪被愤怒的居民处以私刑。这幅照片很明显是有意摆拍的,主要是为了更好的照相效果。照片上一个男人戴着礼帽,将一名罪犯绑到电线杆子上,另一个男人用枪瞄准这名劫匪。但是,在持枪男人的后面,另一名小偷似乎是要攻击持枪男人。摄影师没有在照片中显示实际发生的暴力情形,也没有说明后来的情况,只是模拟了暴力"发生前"的画面。这幅照片没有给人提供劫匪抢劫和私刑处置的场面,只是表明这两种行为都是在洪涝中真实发生的。即使是一幅摆拍的照片,也一定让看过的人不寒而栗,使人想到洪涝发生前、发生期间以及发生后,在全城各地潜伏着的危险暴徒。

---

① La Chasse aux pillards. *L'Echo de Paris*, 1910-01-31.

PARIS. — LA GRANDE CRUE DE LA SEINE (Janvier 1910)
182 Dans la Banlieue de Paris. — Des habitants-ayant surpris un pillard-devaliseur de maisons inondées, l'attachent à un poteau et se disposent à le lyncher.

ND Phot.

抢劫犯威胁着人民的生命和财产安全,特别是在那些洪灾严重地区,有些巴黎市民以私刑处置抢劫犯①

　　1月31日,路易·雷平在警察日志里记录下一个案件,显示出很多偷盗案件是多么危险和复杂:住在狄德罗大街(Boulevard Diderot)的一名居民被几名歹徒袭击,请求警察帮助。警官贾斯汀·弗鲁里特(Justin Fleuriet)前往救助,逮捕了两个人。在回警察局的路上,另外五六个歹徒袭击了弗鲁里特警官,用钝器砸他,打断了他的手指,打伤了他的左膝。尽管弗鲁里特警官侥幸逃脱,但是那帮家伙一直追他到沙朗东路(Rue Charenton)的一家商店,并要把弗鲁里特警官逼进去。雷平是这样描述当时的情形的,"商店老板说:'警官,我不希望无赖进来,请你出去。'顾客将弗鲁里特警官推出来。我们无法抓捕商店老板和顾客,但已经进行调查"②。对此案件,雷平没有更多的评述,但是这个案件关乎他的手下,一定使他颇为恼火,也一定让他疑惑:巴黎市民在这个被洪水淹没的城市中经历了一周多的焦虑不安后,是否开始放弃参与制止社会

---

① 来源:作者个人收藏。
② Rapport du 31 janvier 1910. Archives Nationales, F7 12559.

犯罪？面对这一残酷的犯罪,商店老板和里面的顾客听之任之,宁可让凶犯逍遥法外,也不愿介入到这个案件之中。

1月31日,巴黎市民继续搜寻、查找自己家里所剩的物品,将被洪水浸泡的零碎杂物从家里和地下室里拖出来,放在外边人行道上的垃圾堆里。商店和仓库里拉出了几吨的废物,大街上的垃圾堆积如山,堵塞了很多社区的交通。警察打着手势,吹着哨子,疏通垃圾堆周围的通行车辆。路易·雷平发布紧急命令,要求警察清除河岸沿线越来越多的垃圾,但是垃圾焚烧炉依然被洪水淹没着,运出去的垃圾也没有地方堆放,唯一可行的办法是将垃圾倾倒进塞纳河。不过,这样做又使巴黎郊区塞纳河下游城镇面临更多的灾难,但是这些城镇除了无效的抗议之外也没有其他办法。警察局后来张贴告示,宣布如果有人捡到木桶和其他商品并交给失主,将给予一定的奖励。这种寻找丢失财物的办法促进了城市的清洁,帮助了城市商业的恢复,但是依然只能解决一小部分问题。

在整个洪泛区,清除垃圾的任务非常艰巨。男人带着铲子和其他工具从公园、政府大楼、教堂、学校和其他公共场所装了一车又一车的垃圾。医生对受淹的房屋进行检查,尤其仔细检查那些发生了严重疾病的地区,看有没有传染病或其他疾病的征兆。肉制品和食品检疫检验人员也在各处巡视,检查肉店、海鲜店以及其他出售食品的商铺,一旦发现被污染的食品,一律没收并销毁。检察官教面包店的工人如何对烤炉和揉面机器进行消毒。建筑行业工会准备了大量的熟石膏,建筑师和建筑工程检查员来到大街小巷,检查楼房等建筑物的受损情况,并对受损程度进行分级评定。

洪水对很多街道的路面造成了破坏,铺路石或木块扭曲变形,不少地方出现了松动和滑落,部分原因是洪水从地下涌出,部分原因是这些材料长时间被洪水浸泡损坏了。到了 1 月 31 日,这些铺路石和木块散落得到处都是,由于缺少覆盖,路下的污泥裸露了出来。洪水退去后,街道上出现很大的深沟或洼地,有些街道出现了长长的裂缝,就像张开的伤口。从这些洞口可以看到地下积满的洪水,就像小型的地下湖泊。由于部分街道被洪水冲垮,很多建筑物的地基暴露出来。在巴黎市民的脚下,看起来坚固无比的地面实际上已经松软。由于树根周围的土壤被洪水冲走了,大树倒在地上。工程师们担心,洪水退去的沉降力会造成地下出现真空,导致更多已经受损的街道坍塌。

三天前,罗伯特·凯贝尔回到自己的家中。短暂逗留后,1 月 31 日星期一,他又回到了波旁宫。他说,那天的天气是"西伯利亚寒流"。不过,洪水正在退却,他的焦虑也在减少:"白天,我们能感受到每个人的情绪都在好转,我们更加镇定,没有人像上周四、周五那样,再嘀咕什么死亡的事了。"①他和他的同事甚至想到要举办一个晚会庆贺。

洪水中断了巴黎市正常的邮政服务,因为铁路线被洪水冲垮了,所有法国别处的邮件都运不进来。在巴黎郊区,邮件投递已经停止好几天了。尽管在没有洪灾的地方一直有邮政服务,但是邮件投递非常困难,甚至不无危险。很多邮政员也是洪灾受害者,只好待在家里照顾家人。尽管如此,到了 1 月 31 日,巴黎很多地区尽可能快地恢复了邮政服务。即使在被洪水淹没的地区,邮递员也常常驾着小船投递邮件,在穿过被淹街道的时候,有时还会向旁边小筏子上的人打声招呼。

1 月 31 日,市议会再次开会,距第一次召开关于洪水的会议已

---

① Robert Capelle. *La Crue au Palais-Bourbon (janvier 1910): émotions d'un sténographe*. Paris: L'Emancipatrice, 1910: 16.

经过去五天,这次会议的气氛比上次轻松多了。议长厄内斯特·卡隆站在议员们面前,称赞抗洪取得的胜利。他说:"在这次抗洪救灾中,每个人都发挥了应有的作用。每个市民,每个协会,每个团体,每个政府工作人员,不管是平民还是军人,都表现出了热情和勇气。为了帮助那些在洪涝中忍受寒冷、饥饿的人们,社会分歧和政治分歧被抛在一边,各方力量团结一致,众志成城。"市议会大厅内,议员们众声赞同:"确实如此! 确实如此!"①

卡隆在这个激动的时刻扫视了一下会场,呼吁要特别感谢法国红十字会和其他慈善组织中妇女团体所作出的贡献。他继续说道:"先生们,在每个城镇,各级政府,各位代表,各位市民,都尽职尽责,但我必须要对妇女们表达特别的感谢。她们有着不同的背景,有的来自巴黎市,有的来自巴黎郊区。在这次洪灾中,她们成为裁缝、护士、洗衣工、厨师、服务员、保姆,她们用自己的友爱、善心和辛苦的工作,让婴儿发出笑声,让男人感到安慰,让母亲喜极而泣。"

市议会议员轮流宣读来自全国各地的慰问支持信,会议对全国的团结一致大加称颂。位于地中海的罗纳河口省(Bouches-du-Rhône)政府发来了这样的慰问电:"巴黎人民遭受的巨大痛苦,攫住了每一位公民的心。看到受灾人民坚定不移的抗洪决心,我们深感自豪,也致以崇高的敬意。塞纳河洪水泛滥以来,巴黎人民表现出来的非凡勇气、奉献精神和团结一心,鼓舞着每一个人,拨动了全国每一个人的心弦。"很多城镇表达了与巴黎人民团结在一起的情感。市议会高度赞扬的士兵和水手,多数并不是来自巴黎,而是来自各个省。但是,在巴黎处于危难的时刻,几乎每个法国人都

---

① 关于 1910 年 1 月 31 日市议会的引述,来自 *Bulletin Municipal Officiel*, 1910 - 02 - 07: pp. 579, 581, 584, 596, 599.

成了巴黎市民。

市议会大厅里响彻着美好的祝愿声,市议会议员激动地对城市的劫后重生相互庆贺、道谢,但是路易·雷平心里想得更多的是将要进行的工作。雷平起身讲话,他提醒市议会,洪水遗留下来的问题越来越多,他和在座的每一个人还需要开动脑筋,努力工作,寻找解决问题的方案。"不管出现的是什么问题,我们都必须制定方案,想办法解决它们。最重要的是,我们的行动必须要快。"

的确,行动必须迅速。一位议员心情沉重地指出,在沙朗东,有 2000 到 3000 磅的肉制品受到污染,正在腐烂变质。另一位心情沮丧的议员告诉市议会,很多人家里依然积满洪水,那些水不是来自塞纳河,而是来自下水道。他说:"布维尔河附近的房屋就存在这样的问题,那些积水停滞不流,满是屎尿,散发着恶臭。"

巴黎郊区属于塞纳省和警察局的管辖范围,德·赛尔弗和雷平两人数日来在尽快恢复巴黎正常生活的同时,一直在组织人力物力对这些地区进行救灾救援。巴黎依然安置着数千名来自郊区村镇的灾民,首都和郊区一样遭受了水患危机,也要一同开始恢复重建。

不过,这种精诚团结并不是没有问题。在 1 月 31 日召开的市议会会议上,所有的人都认为郊区受到的洪涝灾害更严重,而在有些情况下,一些严重的后果是巴黎的基础设施造成的。当议员特雷泽尔(Trézel)提出巴黎的下水道应该为塞纳河下游城镇受淹负责任的时候,市议会大厅里响起一阵喧嚣。一些议员呼喊着,要他闭嘴,请他记住,首都和郊区遭受了同样的磨难。现在,更加实际的问题是,郊区城镇的垃圾废物是由他们自己清理还是要统筹解决。换句话说,就是主要由巴黎市负责。一直以来,巴黎市都受惠于郊区,现在郊区却为巴黎增加了负担。

后来在会议上，一位叫亨利·杜洛特（Henry Turot）的议员扭转了会议气氛。在他发言之前，议员们议论的主要是将巴黎人与郊区人分开的政策，他的发言再一次将重点拉回到更大的团结主题上来，特别是全国的团结。对杜洛特来说，国家性的危机需要全国性的解决方案。"当下的洪涝就像一场战争。它不仅造成了死亡，而且造成了同等程度的灾难。洪水就像一个残酷、野蛮的入侵者，在侵略的过程中摧毁一切，掠夺一切。"这位议员的意思是：不管是敌军还是汹涌的洪水对法国任何地区的攻击，都是对整个法国的攻击。在这样的背景下，争论谁遭受的损失更大，不仅毫无意义，而且小肚鸡肠，甚至是缺乏爱国主义精神。他接着说："哦，好！1870 年以后，法国为了国家的解放，支付了 50 亿法郎，今天我们能够而且必须作出同样的努力。"然后，杜洛特呼吁不同地区之间、不同阶层之间要精诚团结。"如果法国的一个地区被摧毁了，其他所有的地区也会遭受损失。我再重申一遍，农民、工匠、小制造商尽快修复被可怕的洪水造成的损害，工厂尽快恢复运转，被洪水淹没的地区尽快恢复正常的生活，这是所有法国人的利益诉求。"换句话说，杜洛特宣称，所有的人都在同一条船上。

即便是在市议会议员们开会争吵的时候，民政部门的官员仍在紧张地忙碌着，咨询旅馆是否有空床位，为洪涝中失去家园的灾民寻找暂时的栖身之所。洪涝危机发生后的几天里，他们为灾民找到了 5000 个房间，而且还在联系更多的房间。不过，在 1 月 31 日的市议会会议上，民政局局长抱怨在资产者居住的第 16 区，有些旅馆的老板不怎么配合他们的工作。他告诉市议会："在那里，有些旅馆老板索要高价，或者拒绝接受我们想要帮助的难民。"①此

---

① *Bulletin Municipal Officiel*, 1910 - 02 - 06: 565.

后不久,民政局递交抗议文件,旅馆业主协会同意配合工作。

不过,在市议会的外面,一些巴黎市民正在质疑巴黎市领导们能够达成什么样的一致意见,所谓的国家团结能达到什么样的程度。一旦洪水刚退却时的兴奋心情过去,巴黎市民便认识到,随着使整个城市顺畅运行的基础设施失灵,他们现在正面临着城市骚乱的威胁,而几十年来,他们努力奋斗的目标之一正是避免城市骚乱。堆积如山的垃圾、坍塌的人行道、淤塞的下水道、散乱的铺路石让整个城市一下子倒回奥斯曼城市改造以前的时代。

地下管道喷涌到地上的水显示出现代城市生活被毁灭的速度有多快。塞纳河水向城市的渗透以及随之带来的污染使巴黎人反思应该如何对城市进行设计才能让市民不受侵害。[①] 记者亨利·莱弗丹在《画报》上发表的文章指出,洪灾期间,即便是城市里的狗,也不知道该到哪里去找安身之处。很多狗无家可归,在街上流浪。莱弗丹把这些狗描绘成"可怜的动物,在灾难造成的混乱中已经被人遗忘,孤身游荡,在洪涝之后的巴黎市中心,在污水、淤泥、泥沙、汽车、水泊、裂缝、坑洞、马车等废墟中,执着地找寻自己的家"[②]。

[①] 几个世纪以来,一代又一代巴黎市民对于城市的混乱忧心忡忡,尤其担心社会骚乱。奥斯曼和贝尔格朗改造下水道以前,犯罪分子和革命者都在下水道里召开秘密会议,因此,很多人把脏乱差和社会动荡联系在一起。下水道改造完成以后,这里成了一个旅游景点,穿着考究的巴黎市民乘着船,在下水道中游览,感受科学技术对这个长期被视为庞大、危险空间的改变。见 William Cohen and Ryan Johnson, eds. *Filth: Dirt, Disgust, and Modern Life*. Minneapolis: University of Minnesota Prss, 2005; Alain Corbin. *The Foul and the Fragrant: Odor and the French Social Imagination*. Cambridge: Harvard University Press, 1986; Donald Reid. *Paris Sewers and Sewermen: Realities and Representations*. Cambridge: Harvard University Press, 1991; Louis Chevalier. *Laboring Classes and Dangerous Classes in Paris During the First Half of the Nineteen Century*. New York: Howard Fertig, 1973 (1958); David Jordan. *Transforming Paris: The Life and Labors of Baron Haussmann*. New York: Free Press, 1995; David S. Barnes. *The Great Stink of Paris and the Nineteen Century Struggle Against Filth and Germs*. Baltimore: Johns Hopkins University Press, 2006; David L. Pike. *Subterranean Cities: The World Beneath Paris and London, 1800—1945*. Ithaca: Cornell University Press, 2005; Matthew Gandy. The Paris Sewers and the Rationalization of Urban Space. *Transactions of the Institute of British Geographers* 1999,24: 23 – 44.

[②] Lavedan. Courrier de Paris: 90.

对有些人来说,城市基础设施被毁坏带来了更大的问题,引发了对科学、技术和工程的更深层的信任危机。巴黎的《晨报》在1月31日刊发社论指出:"我们受的教育是要相信科学,我们知道科学中有慈善、道德与和平……但是今天,每一个人都在问这样一个问题:魅力无穷的科学为什么会被亘古就有的洪水打败? 科学为什么不能保护我们最美丽的城市不受变幻莫测的河流的伤害?"很多巴黎市民和官员都相信,未来总是要比过去好,但是现在他们感到这种信仰背叛了他们。这次洪水挑战了当时那个时代的很多基本认知,比如认为进步的力量不可遏止。铁路、电报、蒸汽机、电、下水道以及数百项发明,都预示着更加美好的生活,那也是人们在1900年世博会上所看到的未来。仅仅一周的时间,大洪水就将这一切变为泡影,人们对于光明未来的信仰看起来是如此地不堪一击。《晨报》的编辑直言不讳地把1910年称作"工程师的1870年",这是又一个令人感到羞辱的失败,只不过这一次是法国技术上的失败,上一次是法国军队的溃败;这一次是受大自然的嘲弄,上一次是被普鲁士人侮辱。①

另一份报纸《高卢人报》也刊发了文章《没有上帝的科学》,进一步从哲学和道德的维度对技术提出了批评。这家报纸持保守观点的记者亚瑟·梅耶(Arthur Meyer)认为,人类把自己的目标定得太高,"在科学达到顶峰的时候,在我们已经成功地驯服海洋、奴役大地又控制天空的时候,一次气象活动就可以令那些受教育的人蒙羞,让他们感到努力奋斗的虚幻,向他们证明虽然多数人否认但依然有一个更强大的力量,这个力量就在几天前击碎了他们的自傲,一下子毁灭了他们所有的成就"②。梅耶是个皈依了天主教的犹太人,他相信

① Maintance, l'Avenir. *Le Matin*, 1910 – 01 – 31.
② Arthur Meyer. La Science sans Dieu. *Le Gaulois*, 1910 – 01 – 29.

德雷福斯犯了叛国罪。在他看来，人们一直相信人类和人类的发明要比上帝更强大有力，这次大洪水就证明了这一观点的愚蠢。梅耶猜测，也许这次大洪水就是一次洗礼，给人们提供自省反思的契机，对相信科学能够替代信仰上帝这一问题进行思考。

莫罕达斯·甘地（Mohandas Gandhi）在地球的另一边了解到这次水患的情况，他在某些方面认同梅耶的观点。甘地一直批评人们太过快速地用现代技术来解决更加困难也更具道义的问题，他似乎把这次大洪水看作是西方世界道德崩塌的一个例证。甘地在《印度舆论》（Indian Opinion）上发表文章，认为巴黎人把科学信仰作为城市建设的基础，他对此进行了评论："大自然已经发出了警告，甚至于整个巴黎都可能被毁灭……只有那些忘记上帝的人，才会被卷到这场灾难之中。"①

试图将自然灾害道德化的做法总是很危险的，特别是在灾难还没有结束的时候，因为此时人们的反应会不理智，所谓的指责也难以公允。不过，很多人都认识到，这次水患不仅仅是工程技术的失败，还是整个价值体系衰败的反映，这种认识说明了巴黎人当然也是世界上某些人的焦虑，他们在感受到现代生活带来的福利的同时，更感受到现代生活所支付的成本。②

---

① Mohandas Gandhi. Paris Havoc. *Indian Opinion*, 1910 - 02 - 05 // *The Collected Works of Mahatma Gandhi*. vol. 10. New Delhi: Government of India, 1969: 409; David Hardiman. *Gandhi in His Time and Ours: The Global Legacy of His Ideas*. New York: Columbia University Press, 2004: 75.

② 事实上，在 20 世纪最初的几年里，动摇巴黎人对未来技术信仰的事件并不只有大洪水。1903 年，新建成的地铁发生大火，震惊了整个巴黎，令全城人民感到害怕。电力短路引发地铁车厢着火，烧死 80 多名乘客。着火后，浓烟很快积满昏暗的地铁通道，很少有人幸免。由于缺乏通风装置和应急通道，地铁很快就成为一个死亡陷阱。批评家把地铁称为"死亡列车"。新的工程技术不断地进入人们的生活，这次的地铁事故加深了很多人对工程技术的恐惧，让他们反思，像地铁这样的技术发明是否真的代表了他们所期待的社会进步。洪灾发生以后，人们对工程技术的矛盾心态在被地铁大火强化以后，再次被洪水所强化。Peter Soppelsa. Métro-Nécro: The 1903 Métro Accident and Its Impact on Infrastructure and Practice, 1903—1914. Society for French Historical Studies Conference. New Brunswick, NJ, 2008 - 03; Peter Soppelsa. The Fragility of Modernity: Infrastructure and Everyday Life in Paris, 1870—1914. Ph. D. diss. Univ. of Michigan, 2009; Pike. *Subterranean Cities*. 其他关于技术影响的讨论参见 Anson Rabinbach. *The Human Motor: Energy, Fatigue, and the Origins of Modernity*. New York: Basic Books, 1990.

截至 1 月 31 日,洪水对街道和建筑物造成的损害只是城市的严重问题之一。同样棘手紧迫的问题还有消毒,这项任务突然明确地落到了警察局长路易·雷平的肩上。公共卫生和健康是他职责范围的重要部分,雷平宣布,如果不进行清扫,任何房子都不能居住。

关于下水管道爆裂的传言甚嚣尘上,巴黎人对于由此造成的污染和疾病极为担心。在正常情况下,多数人都相信下水道能够减少城市的污染和疾病。但是,在洪水暴发的时候,很多人担心,本来让城市更加清洁的下水道,现在会加剧业已存在的风险。埃米尔·昂里奥(Emile Henriot)博士是医生,也是法国医学科学院院士。他认为塞纳河沿线的所有下水管道都已破裂,将人的排泄物冲到供水管道中和房屋的地下室里,因此公开预测将有伤寒爆发。①《晨报》把塞纳河称作"一条邪恶的河流,它的激流中奔涌的是昏黄、满是泥沙的洪水,携带着可怕的伤寒热危险"②。这份报纸警告说,不仅水可能有毒,而且与被污染的水接触的食物也会有毒。巴黎有一家公司,名叫萨尼塔斯臭氧消毒公司(Sanitas Ozone),出于为城市提供服务同时也为了赚钱的目的,提出用臭氧为城市用水进行消毒,从而清除供水中携带的危险病原体。还有很多其他公司也愿意提供服务,用它们的化学制剂对城市用水进行过滤或消毒。

巴黎市被污染的消息传过了大西洋。纽约著名律师约翰·奎恩(John Quinn)是一位重要的艺术收藏家,同时也是詹姆斯·乔伊斯(James Joyce)和 T. S. 艾略特(T. S. Eliot)等现代作家的拥趸。奎恩是第二代爱尔兰裔美国人,他对爱尔兰的迷恋使他结识

① The Floods in Paris. *London Times*, 1910 - 01 - 27.
② Voici venire la crue de la misère. *Le Matin*. 1910 - 02 - 03.

了爱尔兰活动家、演员茅德·冈（Maud Gonne）以及诗人威廉·巴特勒·叶芝（William Butler Yeats）。洪涝期间，茅德·冈正在巴黎，奎恩在1月31日给他的这位至交写了封信，表达了对她的安全的担忧："可怜的巴黎！如果我们听到的都是真的话，请让我敦促您，别在巴黎待几个月了，疾病随后一定会发生的。我认为不应该冒险，巴黎的下水道以及被下水道里的水淹没的街道，一定会滋生大量的细菌，导致爆发伤寒、疟疾或其他传染性疾病。"①

　　尽管有这么多的担忧，但是在现代历史上，塞纳河的洪水还从来没有引起过伤寒，这次同样也没有发生。巴黎市的地下以及地上的洪水非常大，从而冲淡稀释了可能的疾病传染源。巴黎市负责卫生健康的官员进行的检测表明，致病细菌的数量远远低于人们所害怕的程度。尤为重要的是，从整体上来看，巴黎的下水道系统并没有像很多人所认为的那样，不仅没有爆裂，而且还保存得相对较为完整。换句话说，尽管人们很是担心，但是溢流的下水道实际上成功地清除了传染病暴发的可能。由于工程建筑的原因或下水管道周围地面的坍塌，有几处下水管道的确出现了裂缝，但即便是发生大面积的破裂，也不会造成洪水泛滥。不过，如果下水管道爆裂严重，致病细菌的数量可能要大得多。

　　不过，很多下水管道的确是漏水的。巴黎将近750英里长的下水管道只用来排放废水。可是，随着城市的发展，下水道的内墙已经成为安置饮用水管道以及电线、电话线、煤气管道和压缩空气管道的近便地方。这些服务线路和管道在进出下水道系统和建筑大楼地下室的地方会留下小孔，水因而会流进来。下水道是不防水的。

---

① Janis, Richard Londraville, eds. *Too Long a Sacrifice*: *The Letters of Maud Gonne and John Quinn*. Selingsgrove, Pa.: Susquehanna University Press, 1999: 54.

有一篇刊登在《纯科学和应用科学综合杂志》(*La Revue génerale des sciences pures et appliquées*)上的文章评价了洪涝期间所发生的情况,其作者是负责饮用水供应维护的 F. 狄奈特(F. Dienert),他认为这些管道裂缝是意外原因造成的。他解释道:"如果河水或地下水的水位超过下水道里的水位,那么,外来的水就会通过这些裂隙流进下水道,进而灌满排水器。"在这种情况下,下水道就会发挥自己的功能,把多余的水排走。如果下水道的水位上涨得比其他地方快,那么就会发生灾难,下水道的水就会进入地下水系统或流到街道上。狄奈特指出,很多照看公寓大楼的传达室人员无意中会使情况变得更糟,因为当他们看到地下室里有水的时候,第一个合乎逻辑的反应就是将排水开关打开,将水排出去。但是,在洪水紧急的情况下,打开排水开关实际上是允许更多的水从溢流的下水道里涌上来,进入建筑物。①

下水道不可能将所有的洪水都排放掉,因为洪水的水量太大了。出现这种结果的部分原因是巴黎相信工程的力量可以解决这个问题。工程师宣称,可以将一切东西都通过下水道排放,包括街道径流和家用废水。这样做给下水道系统造成了很大的压力,在发生洪水危机的时候尤其如此。②

---

① F. Dienert. Les Egouts de Paris pendant l'inondation de 1910. *Revue générale des sciences pures et appliqués*,1910‑01‑15:935. 政府洪涝委员会后来也得出了同样的结论。
② 尽管当权者采取了坚决的行动,但是到了 1 月底,巴黎的官员还是对他们的权限进行了争论。1902 年实施的一项法律建立了公共卫生标准,授权塞纳省省长可以根据实际情况,宣布公共卫生进入紧急状态,采取他认为必要的应对措施。不过,洪涝灾害期间是否可以认定达到了公共卫生应急状态的标准,就很难说清楚了,特别是在没有出现疾病迹象的情况下。但如果当时的领导人不采取行动,可能会发生严重的后果,这种担忧会促使他作出决定。尽管有人提醒要保持谨慎,并发出质疑之声,但塞纳省省长还是在 1 月底发布应急令,使城市清扫工作成为法定要求。巴黎市民就不得不出钱出力,清扫洪涝后的城市。很多争议集中在如何对待郊区的清扫工作上。这个应急令要求每一个人都要参加清扫工作,但这一命令只适用于巴黎,位于郊区的城镇在很大程度上要自己决定。市议会的很多议员提出,尽管相邻的城镇愿意提供帮助,但是大多数郊区城镇还是没有钱购买清扫设备。在很多人看来,巴黎有责任对此提供帮助。

第八章

洪水消退之后

2月的第一周,巴黎全城分发了消毒剂,清扫工作井然有序地开展起来。每个巴黎市民负责对自己的家进行消毒,市检查人员负责检查落实。如果房主没有进行消毒,市政工作人员将代为消毒,并要房主支付账单。消毒清扫工作极其繁重,很多房主苦不堪言。有些人已经为工作的事愁眉不展,或者是被洪水搞得疲惫不堪,根本完不成消毒清扫这项艰巨的任务。有些地下室里的水还没有排出去,仍然有几英尺深,无法进行消毒,因此房主和城市检查人员不得不等待,很多居民只能待在救助站里。更加糟糕的是,房间里的水继续向墙壁渗透,并且往墙面上洇。房子潮湿、发霉,弥漫着难闻的气味,使那些住在楼上的人感到难以忍受。

卫生检查员手里拿着笔记本第一次来到被洪水浸泡的建筑物时,会进行彻底的检查,看看是否有河水或下水道里的水流进来过。然后,他会记下来建筑物里是否仍然有水,是否已经开始消毒。写下房主的名字和地址后,检查员还要查看建筑物内是否有供暖设施,是否能帮助烘干建筑里的水分。如果这个建筑物是个售卖食品的地方,那么他还要特别注明,因为这类建筑物需要进行特别检查。最后,卫生检查员交给房主一份由塞纳省省长签发的清扫行政令以及卫生消毒指南。①

在这次大洪水中,政府领导积极走到抗洪第一线安慰和救助巴黎市民。图为警察局长路易·雷平用他的手杖指给阿尔芒·法利埃总统看洪涝造成的损害②

　　不过,清洁消毒工作开展得并不顺利。2 月 2 日,一位城市卫生检查员到第 5 区植物园附近的社区检查,检查后他在报告里写道:"很多市民对于如何申请和怎样使用消毒剂一无所知或置若罔闻。"③他向上司建议,应该立即在该地区张贴告示,让每一位市民都明确地知道他们应该干什么。有些市民已经搬回到没有经过正常清洁消毒的家里,可能是因为他们没有别的地方可去。

　　法国作家埃米尔·沙尔捷的笔名是阿兰,他看到巴黎遭受的巨大破坏后在日记里写道:"家里的东西都被毁了。衣服、家具上满是泥污,房子里面现在都是淤泥、垃圾……"不过,他相信,一个新的城市会从这些废墟中站立起来。2 月 6 日,他在日记中说:"被

---

① 此处关于清扫程序以及卫生检查的描述参考了巴黎档案馆的大量文件。

② 来源:Charles Eggimann, ed. *Paris inondé: la crue de la Seine de janvier* 1910. Paris: Editions du Journal des Débats, 1910. 承蒙范德堡大学的让和亚历山大-赫德图书馆特刊部 W. T. 邦迪中心惠允使用。

③ Rapport de l'Architecte - Voyer adjoint (5th arrondissement), 1910 - 02 - 02. Archives de Paris, D3 S4 29.

洪水浸泡、被肥料滋养的大地会给我们带来丰硕的收获。如果这个地球上发生的糟糕的事情得不到上天的补偿,那么就不会有动物和人类了。我还看到,人类制造的东西被从一个地方运送到另一个地方,经过修整、重塑,再建造另一幢房子,置办更多的家具,一个新家又出现了……所以啊,不幸的人们,磨快你的刨子和镰刀,开始干吧,掸掉你胳膊和腿上的泥土,建造自己的家园吧。"①

尽管不乏对生活的期望,但是城市里已开始出现欺骗行为。2 月初的一份民政部门备忘录里这样写道:"在某些行政区,我们果断地采取了措施。在第 7 区,有两个人填写虚假的租金申请表,希望得到政府的补助。这两个骗子被当场揭穿,法庭判处他们六个月徒刑。我认为这样做很有必要。"一位巴黎市民在写给市民政部门的信中说,他所认识的一些人向他透露,他们给政府开了一个大大的玩笑,因为他们虚报损失,然后从政府救灾资金里领取补偿款。② 为了将欺骗降到最低限度,政府官员审慎地采取措施,不发放现金,而是发放衣物、床单、食品或其他日用品。

整个 2 月,有很多商人给政府写信,说他们有各种各样的物品和资源,受淹的巴黎可能用得上,当然需要付钱,这些人也不一定就是骗子。有卖船的,卖清洗剂的,卖蒸汽泵、马达和机械零件以及其他设备的,卖水泥和石灰的,甚至还有卖用来做沙袋的粗麻布的,他们都给政府官员递送宣传单或者写信,希望能从抗灾中获利。就像战争一样,灾难也是做生意的好机会。

到了 2 月第一周的周末,塞纳河的水位已经大大回落,基本上回到了洪涝前的正常水位,也就是说,水位在轻步兵雕像脚踝的位

---

① Alain (Emile Chartier). *Les Propos d'un Normand de 1910*. Paris:Institut Alain, 1995:51.

② *Recueil des arrêtes, instructions, et circulaires réglementaires concernant l'administration générale de l'assistance publique à Paris, année 1910 (Paris, 1910)*, 1910 – 02 – 02:18, Archives de l'Assistance Publique-Hôpitaux de Paris, 1J13;letter dated 1910 – 04 – 04, Archives de Paris, D3 S4 28.

置。2 月 8 日星期二是狂欢节（Mardi Gras），巴黎有着狂欢庆祝的传统。很多人希望在经历几周的极度紧张和疲惫后，特别是在洪水持续快速退去的情势下，举办一场全市范围的晚会，以此来振奋一下精神。不过，这些愿望被路易·雷平泼了一瓢冷水，他禁止任何人向大街上扔彩色纸屑，以防止已经壅塞的排水管道和超负荷的下水道被进一步堵塞。

更为糟糕的是，就在大斋节（Lent）前一天，也就是 2 月 8 日，天又下起了雨，塞纳河水再一次快速上涨。虽然这次河水没有上涨到以前的高度，但是依然在岸墙上升高了好几英尺，令很多人在心里嘀咕是否可怕的洪灾又要第二次到来。在有些地方，河水又流进刚刚排干水的房舍和大楼里。这让很多巴黎人感到十分沮丧，绝望的情绪越来越浓，人们不知道他们的劫难何时才能结束。

亨利·蒂耶里（Henry Thierry）是塞纳省技术服务局负责人，他每天都要检查清扫消毒工作，确保供应清洁的饮用水。[1] 清洁消毒的任务十分艰巨，而资源又捉襟见肘，工作还必须干，因此蒂耶里不得不临时征调人员。他争取到一些士兵来帮助清扫消毒，但是大多数士兵没有受过公共卫生专业方面的培训，他担心达不到应急安全的要求。2 月初，蒂耶里把很多巴黎市政人员调入他临时扩充的服务队伍，队伍里有路政人员、拉维莱特禽肉市场的清洁工、公共卫生服务人员，因为他相信这些人具有清扫城市的基本技能。他要求手下人员对这些人进行速成培训，尽快投入到工作中去。

他们的工作受到市民的欢迎。在整个 19 世纪，人们对公共卫生越来越关注，到了 20 世纪初，巴黎市民希望他们的市政府和中

---

① The Public Health and the Paris Floods. *The Lancet*, 1910－03－12：754－756.

央政府保证他们的安全,使其不受传染病的侵扰。巴黎早在19世纪初就成立了公共卫生委员会,他们专门聘请医生进行咨询,帮助确定城市是否会暴发疾病,寻找救治措施。几十年来,医学知识的发展以及城市人口的增加使得政府官员越来越重视公共卫生工作,巴黎在1889年就建立了常规性的消毒服务机构,由警察局监管。① 服务人员赶着装满化学消毒剂的马车,走街串巷,特别是送给那些感染了伤寒、天花或麻疹的病人。他们按照科学的方法在各处进行清洁消毒,在墙壁、家具、天花板、地毯上以及壁画的后面、床的里面喷洒消毒剂。在1910年2月的第一周,根据雷平的指令,蒂耶里具体负责落实相关事宜,在所有受灾地区都进行了这样的清洁消毒,这让巴黎市民大大松了一口气。②

蒂耶里将他新组建的清洁消毒队分成三个小分队。第一小分

① David S. Barnes. *The Great Stink of Paris and the Nineteenth Century Struggle against Filth and Germs*. Baltimore: John Hopkins University Press, 2006: 144. 我对巴黎公共卫生历史以及清扫消毒处理的描写,主要是依据巴恩斯精彩的讲述。人们对公共卫生的重视是因为对"文明"这一重要观念的认识,也就是说,一个越来越理性、有组织、安全、有序的社会,有能力掌握自己的命运,而不是任由外部力量摆布,不能使自己的命运失去控制。以此为出发点,奥斯曼致力于重建巴黎的基础设施,努力使这座城市更加文明、更加现代化。巴黎市公共卫生官员也是这样,他们走出去寻找致病源,并竭力消灭它们。法国人相信,他们扩大帝国版图的目的是将文明带到非洲和亚洲所谓未开化的人那里。与此同理,医生们希望通过清除疾病的威胁来促进法国的文明进程。
② 正如巴恩斯所言,他们在19世纪末第一次走进社区的时候,巴黎市很不习惯,因为他们穿着奇形怪状的衣服,侵入居民家里,还带着居民不认识的化学物质。商铺老板害怕这样的做法会毁了他们的生意。很多市民干脆拒绝合作,因为他们相信用水清洗就可以防止疾病发生。公共教育活动、学校开设的卫生课程、消毒人员定期到街道上消毒,这一切都让巴黎市民看到,这些措施产生了实际的效果。到了19世纪90年代末,巴黎市的清洁消毒队伍又增加了36人,因为越来越多的巴黎市民开始请求给他们的家进行消毒。在1900年世博会上,公共卫生官员骄傲地向人们展示便携的化学消毒箱,高调宣传他们的现代技术,向每一个人宣称,巴黎是世界上最干净的城市之一。路易·雷平是城市公共卫生政策的改革者,作为警察局长,他还负责其他领域的工作,在洪涝期间,为城市的清扫和消毒建立了新的程序,使通过医学来控制传染病的做法形成了制度。以前的警察局长相信瘴气说,在洪水发生后主张采取通风和光照的措施。雷平要求广泛应用当时已经普遍接受的细菌理论,建议使用化学消毒剂。关于通过清洁消毒来防止传染病事宜,雷平在1897年发送给各城镇市长的通知中指出:"对于清除威胁人们公共健康的瘴气",光照和通风依然很重要。雷平还指出:"硫酸铁和生石灰都是非常廉价的东西,我相信你们都同意我的观点,购买一些这类产品,对于城市的清洁和健康将会非常有用。"为了使他的观点更有说服力,他又说,在其他使用这些技术的地方,"没有发生过一次传染病事件"。(Louis Lépine. Epidémies. Circulaire no. 1, 1897-02-23. Archives de la Préfecture de Police, DB 159.)在之后的几十年里,瘴气说与细菌说的理论解释相互混杂,但是到了1910年,在理解致病原因方面,细菌说很明显更胜一筹。

队作为一支快速反应的队伍,在 2 月的第一周里,迅速地在全市行动,一旦洪水从街道上消退,就立刻赶到那儿。他们的重点是各个社区最脏的建筑,特别是那些下水道和化粪池发生溢流的地方。第二小分队是问题处理队伍,在受淹地区行动,一旦接到现场警察和工程师的呼叫,立马应急赶到。第三小分队在全市范围内进行系统的清扫消毒和检查,通常要确保房主在清扫消毒过程中遵循工作指南。如果有人家没有钱清扫自己的房子,这些人就给予帮助,甚至有时完全是他们干,确保达到雷平所要求的清洁卫生标准。

在 1910 年洪水发生的时候,城市卫生消毒已经成为一个规范的、为人们熟悉的程序。因此,即便蒂耶里的小分队到了以后经常会对市民家里的物品造成新的损坏,巴黎市民依然欢迎他们。英国医学杂志《柳叶刀》(*The Lancet*)对 2 月初的消毒工作做了这样的描述:"湿透的被褥、破损的家具以及任何价值不大、不值得进行消毒的东西,都被扔到街道上销毁。最为紧迫的是销毁商店和餐馆里被污染的食品。"多数市民都很配合,当然有时也有人提出法律上的质疑:即便是出于公共卫生的原因,谁有这个权利来销毁私有财产?该杂志指出:"这些商人一般来说是谨小慎微、锱铢必较的,但是在如此大的灾难面前,他们大度地放下了对于自己财产被销毁的沮丧心情,愉快地把他们的一切都交给小分队进行销毁,因为他们知道,这样做可能会有助于防止洪涝过后的传染病暴发。"①当然,在大多数情况下,被销毁的物品都是损坏严重、难以修复或不能使用的,所以消毒小分队只是完成了洪水一开始所做的事情,把那些物品全销毁掉。

---

① The Public Health and the Paris Floods: 754 – 756.

蒂耶里说,在 2 月的前两周里,他个人观察了大约 5000 个家庭,亲眼看到巴黎市民的配合,他们愿意销毁自己受到污染的食品以及储存在地下室里被淹的个人物品。根据《柳叶刀》上的文章,这种销毁可能还有积极的一面:"这些垃圾有的已经累积了半个多世纪,巴黎市民对于现在将它们清除出去感到很高兴。事实上,巴黎市民自己也承认,巴黎从来没有如此干净过,尽管为如此干净付出的代价也是惊人的。"①

尽管在 2 月的前两周进行了清理消毒,可是巴黎的很多地方还是开始散发出难闻的气味,其中有化学消毒剂挥发的味道,有垃圾腐烂后的恶臭,有烧火的浓烟呛鼻的气味。在寒冷的冬天,人们在家里生火既是为了御寒取暖,也是为了去除洪涝过后家里的潮湿气。巴黎的老房子有些还使用化粪池,一般位于楼梯的下面。当洪水进入地下室并升高到一定程度的时候,化粪池就会溢出来,发酵的排泄物的臭味因此散发到空气中。有个住在车站滨河路 53 号的居民,在 2 月 16 日代表他自己和他的邻居,给雷平写了封信,说他小区的地下室和附近下水道里的洪水有将近十英尺深,"我们呼吸的空气充满了恶臭,根本无法向您形容"②。

随着 2 月清扫消毒工作的进行,雷平对那些没有尽快修复的化粪池越来越感到担心,因为它们不仅是藏污纳垢和散发恶臭的重要来源,而且对公共卫生构成了很大威胁。在给巴黎各市(区)和周边地区市长的备忘录中,雷平要求他们确保这些城市基础设施的关键部分得到快速修复。③ 巴黎郊区的城镇都张贴了告示,严格要求修复破裂的化粪池,并就如何清洁消毒给居民提供指导。

---

① The Public Health and the Paris Floods: 755.
② Letter to Monsieur le Préfet de Police Paris, 1910 – 02 – 16. Archives de Paris, D3 S4 29.
③ *Mésures d'assainissement dans les communes inondées du départment de la Seine*, no. 2, 1910 – 02—1910 – 04: 3.

在巴黎市恢复重建的过程中,巴黎市民希望得到公共卫生官员的帮助,强化政府在紧急状态下要承担责任的理念,进一步来说,政府有责任为市民提供最基本的保护。事实上,政府对洪灾的反应也顺应了这一长远趋势,即建立一个更加积极的公共卫生系统。第三共和国坚持实施现代的、理性的、改革者的民主,希望人民过上更好的生活,这与加强公共卫生的目标是一致的。这一理念认为,科学能够拯救处于危险状态的市民和社区,而宗教却不能。人们期望他们的政府对城市进行清洁消毒,来保证他们的安全,免于疾病的侵袭,这一点如果不能完全说明,至少也充分说明了人们对于政府能力的信任,相信政府能够为全体市民的利益考虑。[①]

最为重要的是,洪水退去后的几周里,现代消毒措施迅速获得了有目共睹的成功,强有力地证明了这些做法是多么必要,每一个人都从中受惠,这也证明了必须高度重视公共卫生问题。洪涝后的清洁工作第一次在全市范围内验证了巴黎的消毒系统及其所依据的科学原则。洪涝的暴发曾让人们对科学产生质疑,但是巴黎消毒系统的有效性增强了人们的信念,相信科学的力量至少可以控制一部分混乱无序的城市空间。

伊西勒布林诺这样的郊区城镇所遇到的挑战在很多方面要比巴黎大得多。这些地区在洪涝期间遭受了同样的甚至更大的破坏,但是其可用于清洁消毒和重建的资源却很少。对于伊西的洪峰,摄影师兼出版商 J. 胡伯特是这样描述的:"洪水进入了地下室和一楼,携带着肮脏不堪的污泥,夹带着传染力最厉害的细菌,还有各种垃圾以及被淹死的牲畜尸体。"化粪池溢流了,下水道反涌了,到处是腐烂的垃圾,洪水退去之后,城镇的中心形成了一个"毒

---

① 参见 Barnes. *The Great Stink*.

害之湖"。① 为了防止疾病流行,这个城镇在 2 月初就禁止当地居民返回,除非他们家里的一切都用化学消毒剂消毒了。城镇里的药店甚至给灾民免费发放药品,目的就是在消毒期间避免出现任何疾病。

郊区的清洁消毒工作并不能完全按照计划顺利进行,还有很多工作需要几周才能完成。有一名记者描述了新城(Villeneuve)的一所学校,这所学校在难以置信的污秽和混乱状态下于 2 月开学了。他在文章中写道:"一切都没有进行清理,也没有进行清洗和消毒。"②地面上有很大的坑洞,书本沾满了污泥,散乱在各处,教室依旧肮脏不堪,校园里摆放着学校所有的家具,由于长时间风吹雨淋,这些家具都朽烂了。灾民拿到了救济金,但是救济金发完以后,就没有学校的了。郊区城镇没有钱购买清洁设备,没有工具进行清扫消毒,没有设施处理垃圾废物,所以受垃圾污秽侵害的时间要比城里人长。

亨利先生(Monsieur Henry)是郊区吕埃尔(Rueil)镇的居民,他在 2 月 10 日致信公共事业部部长,说他那里的洪水水位仍然很高,地下室里依然积满了水。他悲哀地写道:"蜡烛只能点燃一半,一辆旧马车半淹在水里,吕埃尔站(Gare du Rueil)附近一名园丁的所有工具都被洪水淹没了,一件也拿不到。"除了当地市长,没有别的官员来检查了解一下情况,包括健康和卫生情况。负责那个地区的工程服务部门给公共事业部部长写了份报告,说已经进行了检查,亨利对他那里的情况有夸大其词之嫌。不管工程部门如何解释,亨利依然认为政府对他不闻不问。③

洪水造成的巨大损害就呈现在人们眼前,因此人们对于救灾

---

① J. Hubert. *L'Inondation d'Issy-les-Moulineaux*. Paris: J. Hubert, 1910: 13.
② Lucien Descaves. Comment on a secouru les victimes de l'inondation. press clipping (possibly *Le Figaro* or *Le Journal*). Archives de Paris, D3 S4 24.
③ Letter from M. Henry to M. le Ministre, 1910 - 02 - 10. Archives Nationales, F14 16584.

的捐助很是慷慨,捐助力度到 2 月初还在持续扩大。戏院是巴黎市民生活中不可或缺的一部分,很自然地成为募集善款、救济灾民的理想之地。2 月 6 日,公共事业部部长亚历山大·米勒兰主持举办了一次音乐和戏剧演出。在很多巴黎市民看来,如果戏院重新开张、恢复演出,那就意味着城市要回归正常的生活,尽管有灾难,巴黎仍将继续成为艺术文化中心。

对很多巴黎市民而言,有一部戏剧的首演尤其标志着人们心理上的转折。2 月 6 日是星期天,众多商贾名流和热心观众在圣马丁之门剧院(Théâtre Porte Saint-Martin)参加了艾德蒙·罗斯丹(Edmond Rostand)的新剧《香特可蕾》(Chantecler)的彩排。这部戏曾延迟数年都没有上演,因此备受期待。第二天,这部戏向大众公演。此前,这部戏曾推迟过好几次,因为剧作家总在最后的时刻修改,他对于剧本的质量精益求精。洪水暴发以后,演出再度推迟。这部戏是用韵文写的,背景设在一个晒谷场上,剧中的人物都是由动物装扮的。大公鸡香特可蕾爱上了一只母鸡,而且因为爱,杀死了情敌。这只公鸡自认为每天清晨的太阳升起,都是自己的啼叫唤起来的,后来发现不是,就对自己失去了信心。剧中的角色虽然是动物,但极其抒情地反映了生活与爱情,在法国产生了非常大的反响,因为那个公鸡就是法国的象征。至于社会上对这部戏的评论,最乐观的估计也是褒贬不一。不过,这部戏的公演说明了巴黎向正常生活的回归,因为剧院的开张是当时重要的文化事件,也是对城市从洪灾中恢复元气的礼赞。罗斯丹的《大鼻子情圣》(Cyrano de Bergerac)曾深受广大观众的喜爱,他提出,当晚《香特可蕾》首场演出的收入将捐给洪水灾民。[①]

体育活动是巴黎日常生活中另外一个重要的方面,因为洪水,体育活动也中断了。很多人担心这次洪灾将推迟自行车冬赛馆

---

① Floods Are Still Growing. *New York Times*, 1910 - 01 - 26.

（Vélodrome d'Hiver）的启用，那是新的室内自行车赛道和体育比赛场馆，可以容纳1.7万名观众，按计划将于2月13日投入使用。冬赛馆紧靠着塞纳河，位于第15区的格勒奈尔大道上，是左岸受淹最严重的地区之一。尽管受到严重的洪灾，原定的自行车比赛还是按计划在新落成的冬赛馆如期举行了。自行车赛手在椭圆形的赛道上疾驰，数千名到场的观众高声欢呼，为选手们加油助威，这对他们自己来说也是一次难忘的经历。巴黎对正常生活的回归，不仅包括基础设施和商业的恢复，而且还包括精力、创造力以及娱乐精神的恢复，这些都是巴黎广为人知的特征。

在1910年，多数汽车为富人所拥有，但是在救灾形势下，这些汽车成为每个人都可以使用的宝贵资源。法国汽车俱乐部（Automobile Club of France）是汽车所有者的全国性协会，总部设在巴黎。警察与该协会的当地会员联系，要求用他们的车辆救灾。除了马达受淹发动不起来的汽车，这些富人的汽车很快就行驶在泥泞的巴黎街道上，运送着人和物品。汽车俱乐部联合会（Federation of Automobile Club）要求其富有的会员资助设立一个基金，帮助那些由于工厂被淹而失业的汽车制造业的工人。到了2月，基金数额达到了1万法郎。

洪涝期间，很多人恪尽职守，努力工作，在保卫巴黎方面发挥了重要作用。为了奖励和感谢他们，市政府专门制作了一枚奖章。这枚奖章颁给了士兵、水手、警察、消防队员和市民，上面刻着巴黎的座右铭："她在洪峰中摇荡，但并没有沉没。"这句话还镌刻在市政府的大印上，并配了一艘船漂浮在波涛汹涌的水面上的图案。如果追溯到中世纪，这些象征符号标志着巴黎这座城市对塞纳河的长久依赖。第三共和国继承了这枚大印的图案，它说明，尽管诞生于战火和叛乱之中，受到敌人和批评者的围攻，但是国家这艘巨船将会度过暗流涌动的政治波浪。洪灾过去后颁发的这枚奖章进一步强化了这种信念,这就是:在危难当中,博大的团结友爱将每一个人都凝聚起来。有人甚至建议向洪灾中的英雄授予法国荣誉军团勋章。雷平告诉一名记者:"巴黎人民应该永远感谢警察。"①

作为巴黎洪灾救援工作的主要协调者和领导者,路易·雷平在城市救援过程中所发挥的作用比多数人都要大。2 月 12 日,法国道德和政治科学研究院向雷平颁发了奥德弗雷奖章(Prix Audiffred),奖励 1.5 万法郎。这个荣誉主要是奖励那些恪尽职守、甘于自我牺牲的人。这一荣誉的授奖词高度称赞了雷平在几周前抗灾中作出的贡献:"我们在受灾各处都看到了他的身影,他总是马不停蹄,日夜坚守在岗位上,每时每刻都在指挥抗洪救灾,不论有多么危险,他都义无反顾,毫不惧怕,鼓舞士气。"②法国道德和政治科学研究院认为,几乎在每一项抗洪救灾工作中,都有雷平的贡献。比如搭建人行木道、从远方的港口调集船只、扑灭伊夫里镇的大火、抢救疏散布西科医院的病人等。雷平一直想成为被每一个人热爱的警察局长,在这一天,他做到了。

整个 2 月,巴黎市各处都是灾后恢复的景象。洪水退去没几天,多数电报电话线路都已接通,重新运转起来。市政府的维修队伍日夜不停地巡视着岸墙,就和洪水发生前一样。但是现在他们要查找那些破损严重、需要重建的地方,这项工作要花几个月的时间才能完成。下水道工人用灯光照着,沿着地下通道寻找并补上裂缝。燃气公司的工作人员将气球塞进破损的管线里,然后在破损点上充气,以暂时堵上漏缝。待洪水彻底退去,他们再从地下挖掘,替换那些破裂的管线,这项工作必须谨慎小心,防止爆炸。尽管这时已是数九寒冬,但是截至 2 月 22 日,多数燃气供应都已恢复,不过有些要到 3 月初才能完成。洪水退去后,电力工作者安装

① M. Lépine glorifies les sauveteurs. *L'Eclair*, 1910 - 01 - 30.
② Jacques Porot, *Louis Lépine*: *préfet de Police*, *témoin de son temps* (*1846—1933*). Paris: Editions Frison-Roche 1994: 390.

了新的电线和断路器，但是巴黎仍然时明时暗，没有完全亮起来，因为有些地方的电力修复工作较为容易，而有些地方则需要几周的时间。香榭丽舍大街上的电力供应直到 3 月中旬才全部恢复，很多地方恢复通电甚至需要更长的时间。国有电话公司奋战三个月，更换了交换器和电话线，让巴黎的电话服务恢复了正常。路政人员新铺设了数万块石板，以替换那些被洪水冲走的铺路石。铁路公司派遣数百名工人检查和修复巴黎市内和周围的铁路线，里程难以计数。[①]

对视觉艺术家来说，大洪水让他们处于两难境地。一方面，巴黎的风景在洪水的冲击下发生了巨大变化，给他们提供了以新的视角研究自己所熟悉的城市的机会。著名的法国国家艺术研究院国立美术学院（Ecole des Beaux-Arts）在这次洪灾中遭受严重损失，但还是充分利用这次机会，在当年的艺术大赛中把水淹巴黎作为比赛的主题。艺术系的学生们坐在水边，或在街道上立起他们的画架，描绘和勾勒他们所看到的一切。同时，艺术家们也知道，这次洪灾给巴黎带来了很大的伤害，他们自己的家和工作室很多都被洪水冲毁，被损毁的还有他们的个人艺术藏品。圣日尔曼德普雷街区的艺术画廊也被损坏了。位于美术学院附近伏尔泰滨河路（Quay Voltaire）上的申内利尔（Sennelier）艺术材料商店自制的手工颜料非常有名，在这次不断上涨的洪水中，一定也遭受了重创。

很多艺术家展出他们与洪灾有关的艺术品，售卖以后的收入用于慈善。3 月 19 日和 20 日，位于皇家路上的查尔斯·布鲁纳（Charles Brunner）画廊举办艺术展，展出了一百多幅描写巴黎大

---

① 参见 Commission des Inondations. *Rapports et documents divers*. Paris：Imprimerie Nationale，1910.

洪水的油画、水彩画、素描和蜡笔画等艺术作品，所得收入用来资助灾民。这些艺术作品呈现的是印象主义画派的早期风格，色彩斑斓，而不是那个时期流行的毕加索（Picasso）和布拉克（Braque）所开创的更加前卫的艺术风格，这些作品极其真切地捕捉到了洪灾现场的怪诞和诡谲之美。展出的油画上有洪水、树木、桥梁的景象和带有人行步道、马车的街景，其焦点是城市，而不是人，作品中描绘的人多数都是远景的，看不清脸部。① 尽管如此，在这次募捐艺术展中，艺术家与他们同城居民之间的联系还是显而易见的。几周之后，国立美术学院以抽彩的方式售卖艺术品，所得用于资助洪水灾民。

随着城市的恢复，巴黎人渐渐了解到这次洪灾造成了多大的损失或损坏，但是巴黎及其周边地区所遭受的物质损失，最终是没有办法列表算清楚的。毫无疑问，洪涝过后不得不丢弃的物品数量十分惊人。床、桌子、椅子、衣橱、床垫、衣服、食品等，几乎一切和洪水接触的东西现在都成了垃圾，尤其是人们仍然害怕细菌可能传染疾病，更是将这些东西全都扔掉了。

个人财物遭受的损失和损害大部分都没有报告，或者报告得不多。人们已经好几个星期没法上班，正常的生活秩序被打乱了。虽然完全被摧毁的家庭不多，但是洪水造成的有些损害要几个星期或几个月才会被发现。郊区居民的小菜园是很多居民的生计，也为他们提供日常所需。被洪水冲走以后，这方面的损失不好计算在官方的损失数据里。建筑原材料比如木材，本来可以用来建筑楼房，现在被洪水浸泡坏了，因此必须更换新的材料。很多商铺店主所有的存货都损失了。旅馆、餐馆、咖啡馆当然也在这次洪灾

① Albert Vuaflart. Les Peintres de l'inondation janvier 1910. *Societe d'Iconographie Parisienne*, 1911: 81-84.

中损失了数千法郎的收入，特别是随着旅游业的下滑，损失将更大。

塞纳河在巴黎财富的创造中发挥着核心作用，现在则对这个城市的经济造成了极大的破坏。2月初，一家媒体报道说，在失业人数中，农业劳动力达1.5万人，河道工人1.2万人，金属贸易领域1.1万人，铁路、电车、汽船等行业1万人，在数百个其他行业中，失业的人还有很多，而且这些数据还只是最初的、大致的估算。[1]

洪水开始上涨后的最初几天，市政府和中央政府的领导开始制订立法草案，确定拨款救助洪水灾民。截至2月底，市政府通过了2000万法郎的预算，由设在各个行政区或郊区各城镇的委员会负责管理。委员会受理并评估灾民的申请，然后将那笔钱以贷款的形式对灾民进行援助。除了公众捐款和债务免除，中央政府还拿出1亿法郎，也是以贷款的形式帮助灾民，其中3/4的资金用于帮助企业，不管是大企业还是小企业。还有一些私人基金对个人和家庭予以资助，巴黎商会和商业联合会对小企业给予更多的资助。2月，巴黎各地都张贴出告示，说明贷款申请的程序，需要哪些材料，以及在哪里贷款等。当地委员会对每份申请都认真审查，根据项目优劣进行资助。在当时的情势下，对于政府采取的这些措施，大众一般认为还是可圈可点的，当然，也有人并不那么认为。

1910年以前，法国已经建立起了复杂的国家福利系统，旨在调节工业资本主义内生的残忍一面。根据法国社会哲学家的社会连带主义原则，人们不仅要保护自己的个人自由，还要承担很大的社会责任。因此法国在19世纪扩大了福利体系，将失业保险、贫困救济、家庭补助、退休养老金、义务教育、意外事故保险以及工作时

---

[1] The Floods in Paris. *London Times*, 1910 - 02 - 05.

间的规定等都囊括进来。社会连带主义者希望,通过实行这些措施,政府可以实现法国大革命所承诺的自由和平等之间的微妙平衡,虽然自由和平等两者之间总是存在着冲突。他们相信,如果将劳工组织起来,争取更好的工作和生活条件;如果革命者推翻政府,在共产主义原则的基础上建立一个人人平等的社会,那么就能达到社会和平。洪涝期间,政府贷款和应急救济将这个已经很宽的安全网进一步扩大,尽可能多地赢得人心和支持。当然,还是有很多人得不到政府的帮助和救济。

到了 2 月底和 3 月,失业的工人开始填写救济申请。受洪水影响最大的是河道工人。巴黎游船公司(Bâteaux Parisiens)是一家船务公司,在塞纳河上为游客提供观光游览服务,这家公司在 1 月 20 日就关闭了,其员工已经失业了好几个星期,有些员工最后填写的失业救济时间长达 50 多天。船主靠在塞纳河上运送物资来维持生活,现在也陷入了极度窘迫之中。

玛格蒂特·德尔赫姆(Marguetitte Delhomme)拥有一艘船,名字叫"世纪号"(Le Centenaire),这是她赖以为生的工具,也是她的工作所系。她是个单亲妈妈,有五个孩子,其中一个还生着病。洪水暴发以后,她就没有了营生,于是便填写了失业救济申请。德尔赫姆在申请中说,她的全部工资损失是 510 法郎,再加上她的船只的损失,一共申请 3700 法郎的救济资助,但是政府只给了她 100 法郎,外加 50 法郎的紧急救助。一位驳船业主致信政府官员说,他驾着他的小船在街上救助第 16 区的灾民,突然有个物体残骸损坏了他的小船,而保险公司拒绝赔付。因而,他只有希望政府能支付给他 2000 法郎的修理费。①

---

① Bâteaux Parisiens umemployment claims. Archives de Paris, D3 S4 28.

　　布洛涅-比扬古（Boulogne-Billancourt）紧挨着巴黎市，那儿有雷诺（Renault）汽车公司的工厂，由于洪水，工厂也停产了一段时间，工厂的员工也填写了失业救助申请。弗朗索瓦·博比斯（François Bourbis）是雷诺汽车制造厂的机械师，他给所居住地区旺沃（Vanves）市的市长写信，信中说："我是一家之主（有三个未成年的孩子，妻子没有工作），鉴于这种情况，请允许我向您申请政府给予失业人员的救助。"尽管他失业了 12 天，工资损失约 160 法郎，但民政局只给了他 10 法郎，还收了他 1.2 法郎的失业证办理费。保罗·帕勒伊（Paul Pareuil）也是一名机械师，他在给塞纳省省长的信中说："由于所在的工厂受淹，我失业了，现在处于非常危急的状况。"他的雇主不管他，"作为一家之主"，他请求政府给予他救助。[①]

　　还有数千名工薪阶层的雇员失去了工作。里昂·纳（Leon Né）和让·尼克（Jean Nicco）是冶金工人，在圣拉扎尔站附近帕斯基耶尔街（Rue Pasquier）上的一家工厂上班。洪水来了以后，他们失业了 10 天，这使他们两个人的家庭面临困难。里昂·纳是三个孩子的父亲，尼克唯一的孩子住在科钦医院（Hôpital Cochin）里。玛丽·卢尔丹（Marie Lourdin）离婚后带着 13 岁的女儿生活，辗转巴黎郊区的市场，兜售小饰品和明信片，勉强糊口度日。但是洪水来了以后，这些市场都关门了，她的小生意也就没有了。她得到了 10 法郎的紧急救助。在她的救济申请表底端，是一个官员的处理意见，上面写着："不予受理。"[②]

　　各个行业都有关门的，比如伊西勒布林诺的一家面包店、巴黎的一家汽车车身修理厂、伊西的一家墨水生产厂、比扬古的一个雕

---

① Letter from François Bourbis to M. le Maire, 1910–04–15; letter from Paul Pereuil to M. le Maire, 1910–04–13. Archives de Paris, VD6 2101.
② Archives de Paris, VD 6 2101.

塑工作室和一家珐琅制作室、伊夫里的一家工业皮革厂、勒瓦卢瓦-佩雷（Levallois-Perret）的一家挖掘公司、巴黎的一家土石工程公司、库尔布瓦（Courbevoie）的一家研磨机厂等。左岸的书贩（沿塞纳河在木板搭建的小摊上售卖书籍、杂志以及明信片的小贩）请求将他们的书籍和海报暂时挪到右岸受灾较轻的地方，以便能够继续维持他们的生意。接着，第 5 区的书贩向政府申请特别救济金。那些的确需要救助的人，除了从他们的工会得到援助以外，还从市政府获得了 10 法郎的救济。一家雇用聋哑人的工厂生产金属盒子，该工厂的老板致信政府官员，说他的工厂因为燃气供应中断而关闭，他的工人暂时失业了，请求给予救助。考虑到他的员工的情况，他提出："除了其他方面以外，还有道义上的原因。"①

　　1909 年 12 月 4 日，离洪水暴发不到两个月，一对姓达旺（Davan）的新人结婚了。洪水一退去，达旺夫人就代表她和她的丈夫致信政府，申请救济，因为夫妻俩都失业了。她在信中说："您看，我们夫妻的生活开端就这么糟糕！"一位绝望的妇女在 2 月初写信给总统的妻子法利埃夫人，请求她的帮助："我有五个年幼的孩子，最小的才八个月。"洪水来了后，她的丈夫就失业了，因为她丈夫的老板"没有水泥或沙子"阻止洪水进入建筑物内。她这样来祈求法兰西第一夫人："如果总统夫人您给我一点儿帮助，对我来说将是莫大的恩惠。"②

　　多数救济申请者得到的救助都非常微薄，只有 20、30、50 法郎，多的有 100 法郎，或是作为失业救济，或是作为紧急救助发放。失

① 从申请政府救助的信件中可以看出这次洪灾对商业的影响程度，参见 Archives de Paris, VD 6 2101；A Travers Paris. *Le Figaro*, 1910 - 01 - 31；letter from P. Williame et Cie. To M. le Préfet de la Seine, 1910 - 02 - 01. Archives de Paris, D3 S4 22.
② Letter from Léonie（?）and Gaston Davan to M. le Maire, 1910 - 04 - 07；letter from Mme. Jacques to Mme. Fallières, 1910 - 02 - 09. Archives de Paris, VD6 2101.

业时间长的人得到的救助多一些,因为官员们通常是根据失业天数来计算救济金额的。政府的救助向企业倾斜,资助其更多经费,特别是通过低息贷款帮助其重建企业、恢复经营,或者更新生产设备。不过,这些救助对于完全恢复他们的工厂来说还是远远不够的。

小企业业主特别呼吁请求得到政府的帮助,他们向政府官员提交了无数的申请,表达他们的担心。这些申请显示了一些人在洪水中失去财产后滑向社会底层的潜在趋势。一位妇女在她的信里说,她的丈夫是艺术家,因为长期患病在不久前去世了,她不得不变卖他的艺术作品来还债。但是,洪水暴发以后,她无法再变卖,已经无钱度日了。阿尔福维尔镇有个男人,洪水一来,他的小生意就关张了。他从政府那里得到 2000 法郎的贷款,但还是不足以维持他的生活。雪上加霜的是,他和他的老婆还在闹离婚。皇家路上的一名摄影师给市政府写信,希望得到资助,因为他的 2.8 万张左右的相片底版存在地下室里,被洪水泡坏了,这彻底毁了他的生活。一位理发店香水供应商将所有的积蓄都投了进去,洪水来的时候,他的生意才做了 15 个月。他在信中写道,他做这个买卖,本来是要赚钱给住院的孩子治病的,现在洪水将他的一切都毁了,他的员工也没了工作。还有一位心力交瘁的药剂师写信说他得不到应该得到的救济金:“我真是搞不懂了!”不过,政府官员有时也感到很头痛。有个人给市政府的官员写信,说如果“还不太晚”,希望得到救助。受理的政府官员用他的粗蓝铅笔在信的底部龙飞凤舞地写道:“是的,太晚了。信件是 1910 年 8 月 11 日收到的!!!”①申请救济的截止日期是 3 月。

---

① Archives de Paris, D3 S4 24 and D3 S4 27; letter from L. Lingrande to l'Adjunt de la Maire du VIII arrondissement, 1910–05–07. Archives de Paris, D3 S4 27; letter from M. Bouillot to M. le Maire du 16éme arrondissement, n. d. Archives de Paris, D3 S4 28.

　　政府部门有一个接受洪灾救济人员职业的列表，有理发师、食品杂货商、面包商、酒商、布商、洗衣女工、餐馆老板、水果贩、送煤工、雕塑师、奶牛场主以及很多其他的职业，从这个列表中可以窥见洪水对巴黎的破坏程度，曾经喧嚣繁华的城镇现在一片寂静。由于担心自己小区的命运，住在第 16 区菲利希安·大卫路、大时钟街和食品街上的商人联合给市长写信，要求派委员会到他们的小区进行调查，评估所遭受的损失，以便他们能尽快填写资助申请。[①]

　　这次大洪水并没从根本上改变法国的社会福利制度，主要是因为每个市民都认为这次洪灾是百年不遇的事件。尽管如此，这次洪涝显示出了法国福利体系的优点和不足。受灾人员得到的救济数额很小。有些市民甚至不知道该到哪里去申请，当然也就什么都没得到。还有一些灾民在复杂的官僚体系里很难找到申请的渠道或程序，因而错过了申请期限。很多人没有得到他们认为应该得到的救济，因此就感觉受到了欺骗。受灾损失评估人员效率不高，意味着很多人要好几个星期才能拿到补偿。尽管这一福利制度存在着缺陷和不足，但是政府愿意扩大救济面，还是得到了公众的广泛支持，因为从总体上说，这一福利制度还是维护大众利益的。这次洪水暴发以后，法国人民就希望政府救助灾民，因为在一个民主的社会里，政府是唯一能救助全体人民的机构。在正常情况下，法国的社会福利制度几乎总是能够帮助那些无法独立生存的人。在洪涝期间，需要帮助的人占全部人口的比例增加了很多。受灾的人们可能没有得到所期望的救济数额，但他们还是得到了救济，这就从某种程度上减轻

---

① Letter from Les Habitants de la rue Félicien-David et des Pâture to Monsieur le Maire, 1910 - 02 - 17. Archives de Paris, D3 S4 28.

了洪涝的影响。

尽管如此,对于政府救济金的发放情况,依然有很多人表达了他们的愤怒。有一位画家很是不满,他叫博特里(Bertris),来自巴黎附近的勒瓦卢瓦-佩雷。他给市议会议员路易·杜赛写了封信,极度愤怒地表达他的观点。尽管路易·杜赛早些时候有些出格的言论,但是他现在负责领导巴黎灾民救济委员会。这位画家说,洪水淹没了他设在地下室的工作室长达两个多星期,洪水不仅中断了他的工作,而且还淹毁了他的绘画颜料及大量画布。他已经给财政部写了信,但是他的申请依然悬在那儿。尤其令他失望的是,官方对他的财产损失评估远低于他的预期。他声称:"对于我洪涝前财产的恶意评估,完全是错误的。"他对信中重要的词汇做了强调,以突出他的观点。[1] 他只得到1000法郎的救济,而他认为他的财产值10000法郎,应该得到10000法郎的救济。除此以外,他的理由还有,他的妻子最近刚生了他们的第三个孩子。

洪水发生后的几周和几个月里,像博特里这样心怀怨气的巴黎市民有很多,他们纷纷致信政客和政府官员,有时是不断地写信,表达他们没有得到他们认为应该得到的救济的苦恼。奥斯曼大街的一部分受淹的时候,一位名叫勒费夫尔(Lefèvre)的雕刻师损失了他大部分的生意。他的妻子、兄弟以及孩子都往阿尔福维尔逃,但是他留了下来。尽管他递交了救济申请,但直到4月中旬都杳无音信。无奈之下,他再次写信,认为有些官员冷漠无情。他在信中说:"我提出的批评是极其严肃的,我要求你们补偿我所有的损失。"格林(Guérin)、德拉哈勒(Delahalle)等商铺是卖狩猎工

---

[1] Letter from M. Bertris to Louis Dausset, 1910 – 11 – 30. Archives de Paris, D3 S4 24.

具和枪支的,这些商铺的老板写信说,他们还在等着洪灾委员会的人前去评估他们的财产损失,而他们的邻居早就得到了补偿。他们相信,"一定是出了什么差错"。[①] 至于在哪里才能得到救助,也存在着一定的混乱。有一个灾民神情沮丧,他是个雕塑家,在巴黎城郊布洛涅工作。他和他的同事一样填写了救济申请,但是布洛涅的市长告知他,因为他是巴黎市民,所以应该回到巴黎他自己的社区申请救助。

还有一些人与其说是愤怒,不如说是恐惧。一位名叫普鲁东(Prudon)的牛奶经营商给政府写信说,尽管他得到了 1000 法郎的救济,可以让他上架一些货品,但是他所得到的救济还远远不够,像他这样的小商铺"生存极其困难"。"对于我们中的很多人来说,已经在与实力雄厚的大公司的竞争中失败了。"[②]他在信中对政府官员说,像他这样的小商铺如何能够与麦琪(Maggi)这样的外国公司竞争?麦琪公司是一家瑞士大型食品企业,仅在巴黎和周边地区就有 1200 多个售卖点,而且还在附近不断地增设商铺,降低价格,从而一步一步地击退当地竞争者。最后,他不无荒谬地将这种经济大趋势归结为犹太人控制牛奶价格的阴谋。不论造成他困难的真实原因是什么,现在是洪水毁了他的生意,他对失去生活来源的恐惧比以往任何时候都要强烈,而政府没有给他提供他所需要的帮助。

整个 2 月,塞纳河的水位依然很高,而且还不断地起伏,每天都有上下几英寸的波动,这进一步增加了人们的焦虑,人们不知道下一步会发生什么。直到 3 月初,巴黎都一直是被洪水淹没的状

---

① Letter from M. Lefèvre to M. le Maire, 1910 - 04 - 16. Archives de Paris, D3 S4 27; letter from M. Delahalle to M. le Maire, 1910 - 05 - 04. Archives de Paris, D3 S4 27.

② Letter from M. Prudon to Louis Dausset, 1910 - 11 - 29. Archives de Paris, D3 S4 24.

态，此后，洪水才开始真正意义上的消退。在 3 月 27 日复活节，巴黎市民感恩他们被救，但是这个节日的庆祝笼罩于大斋节（Lenten）里艰难、反思、哭泣的氛围中。到了 4 月，塞纳河的水位才回归到正常水平。

第九章

关于洪水的思考

路易·雷平领导巴黎市民度过洪灾以后,自然就成为处理下一个急迫任务的重要人选,也就是弄清楚为什么会发生这次大洪水。可是,领导这个任务的重担却落到了另一个人肩上。

早在 2 月初塞纳河水位还没有完全回归正常之前,阿里斯蒂德·白里安总理就找到了阿尔弗雷德·皮卡尔,希望他领导一个由知名政治家、著名科学家和首席工程师组成的权威小组,对这次洪水的成因和产生的后果进行调研。皮卡尔在法国享有盛誉,备受政府信任。他是法国政府内阁成员,是科学院院士,不久前被任命为海军部长。不过,总理选择他来领导这次调研,多少有点讽刺意味,因为就在 10 年前,皮卡尔曾担任 1900 年世博会的总代表,那次的世博会面向新世纪,当时的法国政府要求皮卡尔向全世界展示巴黎电气化城市的未来前景。而现在,皮卡尔的任务却截然不同,他得弄清楚这同一个城市为什么会在洪水面前不堪一击。尽管巴黎尽了最大努力来预防洪水,但是还不够。白里安总理在给皮卡尔的信中就这个调研小组的任务写道:"可是,政府认为,仅仅做好现在的恢复工作还不够,我们必须要预测未来。"[1]皮卡尔的任务至少部分是往前看,为灾

---

[1] Commission des Inondations. *Rapports et documents divers*. Paris: Imprimerie Nationale, 1910: v.

后的巴黎提出一个新的、更好的发展道路。

　　到了 1910 年 6 月,皮卡尔领导的调研小组就起草撰写了大量的文件、报告,绘出了完备的地图,对城市的基础设施被毁背后的技术原因进行分析,还提出了今后防止洪灾的详细规划。在调研报告的简介部分,皮卡尔特别提出了洪灾过程中公众团结一致的意识,正是这种意识将人们凝聚在一起。他高度赞扬"镇静而坚忍的人民","我们英勇的士兵,我们勇敢的水兵,我们满腔热情、不屈不挠、无所畏惧的政府工作人员"以及很多其他人,正是这些人将巴黎及其郊区从前所未有的灾难中拯救了出来。"这次团结意识的空前高涨,已经超越了法国国境,展示了人类的众志成城,这一点是最令人感动的,我们一定不能忘记。"①皮卡尔领导的小组所起草的调研报告笔墨非常简洁,基本没有写巴黎市民的内容。调研报告的起草者对于巴黎遭受的破坏仅从技术层面进行了描述,报告中根本没有提到经历洪水灾难的巴黎市民,因为这份报告主要着眼于未来,即工程师应该如何修复巴黎遭受的破坏,以及如何预防下一次洪灾。

　　在洪灾过后的几个星期甚至几个月里,巴黎人努力恢复到以前的正常生活。政府积极发放商业贷款,商会积极组织企业救助,促进经济的复苏,使人们回到工作岗位上。但是这项任务非常艰巨。根据警察局的官方统计,巴黎及其周边沿塞纳河两岸有 2.4万多个家庭受淹,造成近 1.4 万人流离失所,受伤住院人数达 5.5万。还有数千人由于恐惧逃离了家园。在好几周的时间里都没有电,没有铁路交通,没有基本的生活服务,人们有好几个月没有工作。洪灾造成的损失按 1910 年的物价大约为 4 亿法郎(相当于现

---

① Commission des Inondations. *Rapports et documents divers*. Paris: Imprimerie Nationale, 1910: xiv.

在的 20 亿美元），社会投入救济和援助资金 5000 多万法郎。[1] 而且这些损失数字还不包括不可替代的个人财物、错失的商机、失去的旅游收入，更不用提对自己的家园和城市安全感的丧失，这种安全意识的丧失是无法衡量的。

尽管巴黎逐渐恢复到正常状态，但是依然有很多问题，尤其是对于那些到法国官僚机构申请救济金的人来说，问题更多。塞纳河畔的维特里（Vitry-sur-Seine）位于巴黎南郊，那里的公寓大楼被洪水淹没了好几个星期，当地居民在 3 月初给公共事业部部长写信，告诉部长他们计划挖一条排水沟，将积存在大楼周围的洪水引到排水沟里去。他们所有的人都在信上签了名，以显示他们意见一致。[2]

然而，受灾人员的诉求得不到满足，焦虑困顿之下，他们于1910 年 8 月授权一个组织，代表巴黎及其郊区城镇的灾民，动员人们来到大街上，进行大规模的抗议。抗议人员的呼喊声引起了路易·雷平的注意，于是他就在司法宫的警察局接待了一小部分抗议人员代表，倾听他们的诉求。抗议人员要求政府重新考虑对洪灾人员的免税措施，重新考虑贷款条件，向他们提供接受洪灾资助人员的名单，从而证明政府官员确实是按照他们承诺的去做了。雷平听了他们汇报，同意为他们提供咨询。但是，塞纳省的省长贾斯丁·德·赛尔弗的电话没有打通，于是抗议人员变得异常愤怒，公开威胁要再回到大街上抗议。对此，雷平非常不耐烦，怒斥道："你们来和我协商，现在你们威胁我？……你们要通过法律手段得

[1] Statiscs from Conseil Municipal de Paris. *Rapport général au nom de la commission municipale et départementale des inondations*. Paris：Conseil Municipal, 1910：8；Marc Ambroise-Rendu. *1910 Paris inondé*. Paris：Hervas, 1997：6.
[2] Letter to Monsieur le Minitre, 1910 – 03 – 03. Archives Nationales, F14 16578.

到你们想要的公正,而不是通过革命手段。"[1]最终,受灾人员得到了他们所需要的救助。

几个月以后,在 1910 年 11 月的前三个星期塞纳河水又上涨了,这虽然是塞纳河每到冬季就上涨的正常情况,但又引发了人们的担忧,人们害怕再发生一次洪涝灾害。塞纳河洪水在 2 月退去后,工程师就在岸墙的石壁上刻下了标记,显示洪峰曾经达到的位置。巴黎市民现在聚集到新桥(Pont Neuf)上新立的水位测量刻度计旁边,观看塞纳河水位的情况。水位刻度计顶端的记号就是刚刚过去几个月的大洪水的刻度,下面是巴黎发生的其他洪水水位记录,远在这次洪水刻度之下。巴黎市民很是紧张,担心洪水再次达到对城市破坏的程度。11 月 20 日,塞纳河的水位升到最高,又一次到了轻步兵雕像脚踝的位置。但是,水位没有继续升高,巴黎市民长出了一口气。不过,他们的生活中又有了新的担忧——塞纳河能够给他们带来灾难,塞纳河不容易被驯服。

塞纳河水 11 月上涨的时候,工程师们关于皮卡尔小组报告的争论才刚刚开始。这份研究报告为城市回归正常状态提供了指南,也让人们看到了未来的希望。不过,要实施这份报告的建议,还需要一定的时间,而且不是每个人都同意这份报告的结论。工程师、记者以及对调研报告持批评意见的巴黎市民,通过专业学会、新闻媒体和散发的小册子提出了各种各样的建议,供人们讨论,希望人们同意他们的计划。这些计划包罗万象,包括开挖新的运河、进一步抬高岸墙、完善预警系统等。很多人担心下水道的状况,呼吁重新考虑城市的结构以及它们与塞纳河连通的地方,重新考虑是否可以改造大桥,以避免高水位时流通不畅的问题。

---

[1] La Protestation des inondés. *Le Petit Journal*, 1910 - 08 - 26.

　　尽管新闻媒体不停地批评巴黎市在防治新的洪涝方面行动不迅速，但是市政府确实已经开始防护其关键的基础设施，特别是通过加固岸墙、增加新的保护罩，为燃气和电厂以及电报电话线路提供保障。一些年份久的大桥建有很大的立柱平台，容易挂住河里的垃圾废物，影响河水的顺畅流动。对此，工程师开始进行改造，以缓解这一问题。1910 年 11 月的洪峰以及 1911 年 2 月的又一次水位升高虽然都是冬天里常见的情形，但是也给工程师增加了危机感，因为对于 1910 年的大洪水，每个人都记忆犹新。

　　1910 年大洪水的重要意义不在于巴黎没有阻止塞纳河的溢流，而在于巴黎市民意识到，他们不可能完全控制住塞纳河。阿尔弗雷德·皮卡尔在调研报告的前言里说："各行各业的人们毫无异议地推崇法国的传统美德。我想不出还有什么比这更强大，只有这种美德才能抚慰我们对未来的信念，增强我们对未来的信心。"[1]巴黎市民对于自己的未来非常清楚，因此很快地就忘掉了所经历的洪灾苦难，将洪灾经历化为团结和进步的神话。皮卡尔调研委员会的报告也从官方的角度强化这一认识：洪灾已经过去，教训正在汲取。这份报告反映了政府的愿望，主要是强调国家领导人和人民如何有效地应对危机，城市和国家如何为了共同的事业而同舟共济。皮卡尔和他的同事，包括路易·雷平，都在利用大洪水这个案例来论证如何改进城市的工程建设，如何增强国家的自豪感。但是他们并没有深入地从人性角度进行探讨，只是以一种浪漫化的理想方式，很浅显地触及人在洪水中的表现。

　　皮卡尔的调查报告谈到国家团结，强调巴黎市民团结一致的地方还有很多。尽管有着这样那样的恐惧、寒冷、潮湿、不便以及

---

① Commission. *Rapports et documents*：xiv.

疾病或死亡的威胁,但是众多的巴黎市民和外国观察家都赞赏巴黎人民充满活力的团结精神。在经受洪水考验最艰难的日子里,这种团结精神鼓舞激励着巴黎的每一个人。在洪水水位最高的时候,《辩论报》刊发的文章也颂扬了这一点:"巴黎市民保持着镇静和克制,因为在难以避免的灾难面前,这是最好的做法。"而且,这篇文章强调,这种镇静和克制并不是简单地屈服于环境形势,恰恰相反,它意味着团结起来,众志成城,共度水患。每个巴黎人都"不发孩子脾气,而是应对着与日俱增的磨难。他们每天都尽可能地过着正常的生活"。文章还说,巴黎市民探索了新的办法来应对洪灾。"由于不能用正常的交通方式,他们就发挥各自的聪明才智来抵达他们的目的地……每个人都尽可能地表现出愉悦的一面,将内心的紧张化为双倍的努力,以求对别人更有帮助,更加友好。"①

其他国家的人也支持法国人的这种精神。美国游记作家李·赫特(Lee Holt)听到两个巴黎男女在洪涝期间哀叹奥斯曼大街的坍塌,他在回忆录《暗影笼罩下的巴黎》(Paris in Shadow)中做了记述。男人焦虑地说:"如果可怕的洪水再这样泛滥下去,可能整个小区都会像这个街道一样消失了。"女人则喊道,如果是那样,她就离开巴黎。男人马上忘掉他的焦虑,连忙安慰说:"哦,小姐,看你说什么呢?你得与洪水共进退。"赫特根据自己的理解,写道:"这段话当然是很法国式的,非常具有法国人的特点,以敏锐的眼光和积极的态度来看待所遇到的每一个不幸。"②

在所有报刊、书籍等塑造的团结形象中,最为突出的是1910年2月13日巴黎《小报》画刊的封面。这份报纸深受喜爱,而且定价不高。该期画刊出版的时候,洪涝最严重的时候已经过去,全城市民正

① L'Attitude du public. *Le Journal des débats politiques et littéraires*,1910 – 01 – 29.
② Lee Holt. *Paris in Shadow*. London:John Lane,1920:75.

忙于清洁消毒。这幅图画是由一位未署名的艺术家创作的,对于灾难中巴黎市的精诚团结进行了最引人注目的描绘,而且将这种团结一致的信念扩展到全法国。

　　在这幅图画中,一位传说中的女性俯视着一片废墟。虽然有点神秘,但毫无疑问,她的外貌综合了两位十分有威望的象征人物。对于这两位人物,巴黎人是非常熟悉的。一位是玛丽安娜,她是法兰西共和国及其自由、平等、博爱的革命理想的象征;另一位是圣女热纳维耶芙,她是巴黎历史上的保护神,保护巴黎不受洪水的侵害。这幅画像上的人物慈爱、自信,目光投向被困在屋顶的洪

《小报》画刊的封面①

------

① 这个封面展示了两个催人奋进的寓言故事的融合,这幅画中既有法国的象征玛丽安娜,也有巴黎的保护神圣女热纳维耶芙,以显示灾难期间巴黎市和全国的精诚团结。来源:作者个人收藏。

涝灾民。① 有一个人挂在了房顶上，非常危险，她看起来像是及时赶到，拉了他一把。巴黎市政府的大印上面有一个船形图案，象征着巴黎与塞纳河的关系，这个大印的图案就悬浮在被淹的房子上面。巴黎的大印外边裹着半透明的黑色绸纱，昭示着市政府对于洪灾中遇难者的哀悼。巴黎的座右铭是"她在洪峰中摇荡，但并没有沉没"，这行字写在女神头顶的上方。来自各行各业、有着不同社会背景的男男女女，环绕着这位象征着法国及其首都精神的女神，他们都来拯救这座城市。画面的近景是水手们驾着船来到了。图画的背景是红十字会的会标，会标下面是衣着考究的资产阶级妇女和戴着礼帽的富有的男人，他们正递给图画另一边的受灾人员一个袋子，里面可能是救济金。玛丽安娜/圣女热纳维耶芙的右胳膊往后伸向救援人员，左胳膊往前伸向受灾人员，象征着通过她自己的身体，将这两部分人团结在了一起。这样一幅图画发出了一个强烈的信号，这就是：巴黎和法国为了共同的事业和所有人都坚定持有的信念，团结起来了。②

这幅图画将玛丽安娜关联起来，也是有意识地扩大共同体的

---

① 从图画中的描绘来看，这些房屋很可能是巴黎郊区的。
② 这幅描述玛丽安娜/圣女热纳维耶芙在洪水中救人的图画与欧内斯特·巴里亚（Ernest Barrias）创作的题为《保卫巴黎》（*Defense of Paris*，1883）的铜雕像很相似。那幅铜像旨在歌颂巴黎军民在普法战争中抵抗入侵的普鲁士军队的英勇行为，受到市政府的资助，是一次竞赛中的优胜者。雕像被放置在库尔布瓦（Courbevoie）市广场上，就在巴黎市的西面（这个地区现在属于拉德芳斯［La Défense］），面对着普鲁士军队以前的兵营，替代了原来放置在那里的拿破仑雕像。巴里亚将巴黎塑造成一个女性形象，笔直地站立着，勇敢地抵御外来侵略。她穿着国民卫队的军服，走向正要发射的大炮，一名士兵正在地上装子弹。她的右手拿着一把剑，那是武士的象征。这个拟人化的巴黎是令人自豪的，也是英勇无畏的，愿意保护她的市民，直至最后一息。她的身后有一个小女孩，脸朝后，看着巴黎，伏在她的背上，捂着自己的头。市政府想通过这幅雕像，提醒市民们不要忘记，巴黎在1870年保卫了自己，在敌人的入侵面前保持了团结。这幅雕像让人们忘记了1871年巴黎公社期间这种团结曾被打破。见 Hollis Clayson. *Paris In Despair: Art and Everyday Life under Siege, 1870—71*. Chicago: University of Chicago Press, 2002: ch. 14. 在1909—1910年冬天，国民议会曾围绕是否制作一枚奖章来纪念参加普法战争的士兵而进行过争论。这些争论再次显示出，在洪涝发生的时刻，人民对于那场战争的记忆分歧有多么大。有些争论发生在2月初，当时巴黎的洪水水位还很高。见 Karine Varley. Under the Shadow of Defeat: The State and the Commemoration of the Franco-Prussian War, 1871—1914. *French History*, 2002, 16: 323 – 344.

内涵,将整个法国都包括进去。这幅图画很像是新版的《自由引导人民》(*Liberty Leading the People*,1830),《自由引导人民》是欧仁·德拉克罗瓦(Eugène Delacroix)的名画,描述了 1830 年的七月革命,波旁王朝最终被推翻,另一个皇室成员登上王位,体现了一定的民主色彩。在这幅画上,七月革命之后,玛丽安娜带领着来自不同阶层的巴黎市民,跨过燃烧的废墟,迈过革命同志的尸体,走向更加光明的未来。简而言之,就是建设一个为了共同事业而奋斗的团结、统一的国家。在 1910 年的那幅图画里,玛丽安娜被塑造成一个全身穿着衣服的女性拯救者形象,而不是德拉克罗瓦画笔下半裸体的解放者形象,这两个形象要达到的目的是相似的,不过战斗的武器已经发生了变化。对德拉克罗瓦来说,玛丽安娜是在战场上,因此她和她的支持者拿着手枪、步枪和刀剑等武器。而在1910 年,玛丽安娜面临的战斗是为了争取资金、船只、红十字会救援以及建造坚固的防洪工程,这一切都需要富有的资产阶级的支持。这幅图画将玛丽安娜和整个法国联系起来,由于和凯旋门上弗朗索瓦·吕德(François Rude)的著名雕塑《1792 年志愿军出征》(*Departure of the Volunteers of* 1792,1833—1836)有一定的相似性,因此,玛丽安娜和法国国家之间的联系得到了强化。在弗朗索瓦·吕德的那座雕塑上,玛丽安娜是一个更加英武的形象,在法国革命最艰难的时刻,她带领人民冲向敌人。就像皮卡尔的调查报告一样,这座雕像讲述了一个战胜灾难、不断前进的故事。

还有一幅画和《小报》画刊的封面很相似,作者是著名的蒙马特艺术家和左翼政治活动家阿道夫·威利特(Aldophe Willette),只是这幅画将描述的焦点转向了巴黎传统的天主教保护神以及她与洪水的关系。这幅画印在一个宣传册的封面上,由巴黎一家报社印刷,所得收入用来资助这次洪水的受害者。威利特给这幅画加了标题——《为了洪灾受害者》(*For the Flood Victims*),画面上是一个魁梧的巴黎男工,他举着圣女热纳维耶芙画像,圣女头戴皇冠,手里拿着剑,走向一只小船,船上还有三个男人在等候。这幅画的远景是巴黎圣母院,圣女满怀期待地望向天空。很显然,这是一个救赎者形象,也真实地反映了洪水中许许多多的营救故事,男人背着女人穿过被洪水淹没的地区,到达安全地带。只不过,在这幅图画上,角色反转了,圣女热纳维耶芙为人称颂的是保护巴黎不受敌人侵犯,不被洪水淹没。但在威利特更加平民主义的观点看来,圣女热纳维耶芙是被动、漠然的,她能给予的可能只是祈祷,所有的艰苦工作都是巴黎市民自己完成的,既不是他们的保护神圣女做的,也不是共和国做的。[1]

尽管我们谈到巴黎市民在 1910 年的洪灾中精诚团结,但是在团结的表象之下,情况还是相当复杂的。仍是这份《小报》画刊,在封面刊登玛丽安娜/圣女热纳维耶芙画像的同一期封底上,还刊登了另一幅画,名为《洪灾过后》(*After the Disaster*)。画面上,一对夫妇回来后发现,自己的家已经成为一片废墟。这对夫妇推开家门后,无法走进去,因为洪水将他们的东西都冲到了一起,床、被褥、衣橱、椅子、桌子、台灯等东西堆成了一大堆,堵在离大门几英尺的地方。妻子用一个手帕掩住鼻子,阻挡难闻的气味;同时拉起裙摆,以免被洪水浸湿。她的丈夫,脸隐在暗影里,挽起裤腿,也是为了避免被洪水浸湿。这个男人忧郁憔悴,沉默不语,站在门外,两只手在胸前搓着。这幅图画提醒读者,尽管从总体来说,巴黎和法国在某种意义上赢得了抗洪的胜利,但是数千名市民遭受了巨大的个人损失,而这些损失不能轻易被弥补。在这幅画的背景中,另

---

[1] *Paris Inondé* 1910. Paris: Défense de Paris, 1910. 参见 Bibliothèque Nationale, 8^0 Z LE SENNE 5621.

一位巴黎市民肩上扛着工具，从他们的家门前走过。这幅画充满了悲伤的情绪，读者只能以灾后复苏已经开始聊作安慰。

其他巴黎市民也面临着重重的困难。漫画家昂里奥（Henriot）创作了系列漫画，题目叫《我们亲密的朋友》（*Nos Intimes*），在2月19日出版的那一期《画报》上刊出，辛辣地讽刺了所谓全市人民精诚团结的信念。他的漫画讲述了这样一个小故事：一个男人和他的妻子发现他们的好朋友处于危险之中。昂里奥漫画里的主角说："我撑着我的船，不顾自己的危险，来到杜布里斯卡（Dubriscard）的家中。"他将他的朋友从屋顶上救下，带到自己家里。人之常情，他的朋友很高兴，"杜布里斯卡夫人还不时地亲吻我一下"。但是，随着日子一天天过去，这位漫画的主角，也就是故事的叙述者，越来越不安，他的公寓不大，朋友一家来了就更显拥挤。他的客人不光是睡在他的家里，而且还抱怨伙食不好，不合胃口。"杜布里斯卡翻我的桌子，拿我的衣服，穿我的拖鞋。"杜布里斯卡拿走了主人的报纸，甚至还说服主人将《香特可蕾》的戏票给了他。漫画的最后一幅反映了漫画主角对自己行为的深深懊悔，"我宁可捐献10000法郎，也不愿救杜布里斯卡，真该让他们待在屋顶上"[1]。昂里奥的讽刺似乎既指向不知感恩的洪水受灾者，他们利用主人的慷慨得寸进尺；也指向主人自己，他们在灾难中才了解到所谓友谊、团结的局限性。

这么多关于洪灾的故事揭示出在那些黑暗、难熬的日子里，人们的生活画面是非常复杂的，这些记忆是神话制造者有时刻意忘却的。D系统喻指法国和巴黎人民克服困难境遇的信念，这一系统所取得的成功，以及报纸报道、政治家宣传的友爱都是真实的。

---

① Henriot. Nos Intimes. *L'Illustration*, 1910-02-19.

然而,一次前所未有的经历所带来的重压和紧张也是真实的。尽管有这样那样的重压和紧张,巴黎依然挺了过来,这一事实本身就说明,巴黎的社会关系是相当坚固的。不过,在危急关头,质疑这些社会关系能坚挺到何种程度而不断裂,也是可以理解的。

在洪灾中,巴黎的社会关系有时候受到了很大挑战,但在多数情况下,还是没有完全断裂。很多人担心立法选举会在洪灾后中断,但选举还是如期举行了。立法选举共有两轮,分别定在 1910 年 4 月 24 日和 5 月 8 日。执政的激进党(Radical Party)拥有多数选票,阿里斯蒂德·白里安总理依然是政府首脑。就像前些年巧妙地处理了极具争议的政教分离问题一样,白里安总理在洪涝期间已经证明自己是一名卓越的政治家。在洪水泛滥的日子里,白里安、法利埃总统和路易·雷平都非常活跃,积极慰问灾民,让整个巴黎地区的人民看到了他们的工作,感受到这是个好政府。新闻媒体广泛报道他们的行动,既用文字宣传他们去贝尔西、贾维尔、格勒奈尔、圣丹尼斯、奥特尔等工人阶级社区的访问,又用图片宣传他们乘船在街道上穿梭以及在洪水淤泥中摸爬滚打的画面。最后,洪水对政治选举没有造成很大影响。在后来的岁月里,白里安又先后九次组阁。他在《洛迦诺公约》(Treaty of Locarno)签署中表现了杰出的外交智慧,作出了突出的贡献,为此,他在 1926 年被授予诺贝尔和平奖。由于《洛迦诺公约》的签署,《凡尔赛和约》签署后一战各交战国之间的紧张关系得到了缓解。

洪灾以后,法国政坛没有发生重大的政治丑闻,这本身就反映出一个事实:尽管有诸多困难,法国的政治体制基本上还是运转良好。共和国实现了它作出的多数承诺。从总体上说,法国人民相信他们的政府在危机期间还是能代表他们的利益而有所作为的。当然,对于政府如何监管铁路公司以及如何快捷地实施抗灾救援,依然有很多尖锐的问题。共和国政府的政敌就利用这次大洪水来发泄其长久的不满。尽管法国社会在世纪之交经历了政治和文化动荡,但是多数巴黎市民依然希望团结在一起。至少在洪灾期间,巴黎克服了大多数的分歧。[①]

将巴黎凝聚在一起的力量,部分来自多数巴黎市民共同的生活维度,这些生活维度涉及的面很宽,是现代城市生活的组成部分。比如,尽管有着阶级和政治分歧,但巴黎人在这个快节奏的城市里要走同一条街道,都要通过大众新闻媒体了解巴黎每天的新闻,都一样观看巴黎都市中闪烁在大楼高墙和立柱上的霓虹灯广告。在这座城市里,几乎每一个人都与其他人共处在一个文化空间。这种同看一幅景象、同听一个声音的经历,让巴黎市民对自己有一个更新、更民主的身份认同,使巴黎市民把自己看作整个巴黎的一部分。巴黎市民都在参与这个城市新的、更具包容性的历史体验。[②]

这种团结意识与城市生活批评家所认为的团结意识是极不相同的。很多思想家对于社会关系的脆弱性非常担心,因为他们害怕,工业发展、更大范围的人口流动以及城市扩张会将人一个一个割裂开来。法国社会学家埃米尔·涂尔干(Emile Durkheim)描述了现代生活的混乱状态,这种相互疏离和个人生活的无目标,将带

---

① 巴黎是法国的首都,也是法国很多历史活动的舞台,是法国最现代化的城市。"团结"一直被强调为巴黎的身份认同。奥斯曼的城市改造以后,巴黎经历了最严重的破坏,第三共和国就是在这样的废墟上成立的。由于普鲁士军队的围困和随后国家军队与巴黎公社起义军的血战,巴黎的大部分建筑都被摧毁了。巴黎公社起义人员拒绝让法国军队重新占领巴黎,就把很多建筑烧毁了,其中包括市政厅,有无数的照片记录了这些破坏。事实上,共和国政府利用这些照片进行宣传,让人们了解激进的巴黎公社是多么的可怕,而共和国是多么的安全、有秩序。在这次大规模的城市破坏以后,第三共和国的任务之一就是重建巴黎,而且要证明在第三共和国的领导下,巴黎会更加强大,能够应对任何外来的侵略和街巷里发生的内战。到了1910年,第三共和国再次试图证明这一点。

② Vanessa R. Schwartz. *Spectacular Realities: Early Mass Culture in Fin de Siècle Paris*. Berkeley: University of California Press, 1998; Gregory Shaya. The Flâneur, the Badaud, and the Making of a Mass Public in France, circa 1860—1910. *American Historical Review* 2004-02, 109: 41—77.

来共同价值观的沦丧和社会共同体的消失。在他看来,社会关系的松散会导致困惑、疏远以及自杀增多。有些思想家认为,即便是内在的心理世界,也会被这样的城市生活所改变,而且这种改变是根本性的。①

与此相反,1910 年的巴黎已被证明是一个可行的社会网络,这个网络中的所有人在灾难发生时都愿意并能够伸出援助之手,甚至是跨越阶级界线的相互帮助。这样的团结的确有点出人意料,因为奥斯曼的城市改造加深了富人和穷人之间的鸿沟,比以往任何时候都更加牢固地将人按阶层固定在城市不同的地理位置上。不过,洪涝期间,在第 8 区等富人区张贴的告示上,明白无误地要求人们承担责任,城市的不同区域之间要加强团结,而不是按照社会阶层进行划分。红十字会和政府掌握的救灾资源是在全市范围内发放的,而不是局限于某个特别的区域。尽管巴黎的不同社区都有各自明显的社会和文化认同,但这些差别在洪灾期间已变得微不足道。洪灾造成的灾害不是人为的,与奥斯曼的城市改造不同,它所造成的破坏不会因为出身或阶级的不同而有所照顾或有所歧视,当然富人要比穷人更能抵御灾难的袭击。但是,这次大洪水造成的破坏似乎带来了更高程度的团结,这种团结不仅是物理空间上的,还是社会和文化空间上的,尽管这种团结只是暂时性的。

一般来说,多数城市在灾难过后都会重建,很少有完全从地图上

---

① 德国社会学家格奥尔格·齐美尔(Georg Simmel)1903 年在其著名的论文《都市和精神生活》("The Metropolis and Mental Life")中,描述了他周围的城里人与其他人的严重疏离,他与这些人建立不起任何有意义的联系。尽管不停地有人聚在他的周围,但是齐美尔宣称:"没有任何一个地方像都市那样让他觉得如此孤独和无助。"见 Georg Simmel. *The Sociology of Georg Simmel*, trans. Kurt H. Woolf. Glencoe, Ill. Free Press, 1950: 418. 为了应对城市生活的压力和紧张,城市居民采取了超然、厌世的生活态度,虽然自己安全了,但最终是孤寂的。齐美尔相信,城市里的人际关系只剩下钱了,人们在日常生活中没有什么有意义的交流。与此相似,美国心理学家乔治·比尔德(George Beard)对现代都市生活的状态进行了描述,包括快节奏、强大的技术、准时和守时、噪音、无休止的忙碌,他认为城市居民时常生活在神经崩溃、精力耗尽的边缘。

消失的案例。不过,当城市从灾难中恢复过来后,有的繁荣昌盛,而有的则在数年甚至数十年后依然蹒跚难行。很明显,巴黎没有遭遇后者的命运,恰恰相反,被洪水肆虐的地区得到了清洁和重建,城市对塞纳河的管理最终也得到了改善。遭受灾难的城市居民会按照自己的目的进行重建,将悲剧变成发展机遇,重新规划未来发展的方案。与其他承受困境能力强的城市居民一样,巴黎人民把洪灾看作他们继续推进城市现代化的一次机遇,在很多方面扩大了奥斯曼在 19 世纪 60 年代就启动的建设工程,而不是把洪灾视为难以逾越的挫折。①

也许这是皮卡尔和其他人对洪灾进行的官方总结报告为什么如此有吸引力的另一个原因。人们的这一认识是如此执着、坚定,以至于巴黎市民在重建过程中抹掉了很多洪水的印记。在灾后重建中,巴黎人继续讲述着关于工程力量战胜自然、巴黎人民的精神力量战胜灾难的故事。

一个城市如何讲述其面对灾难的故事,通常对于城市恢复具有关键作用。比如,就在巴黎洪水发生的前几年,旧金山的市领导对 1906 年的大地震进行讨论,一致认为城市所遭受的破坏大都是由火灾引起的,而不是由灾难性的地震事件导致的。火灾很容易避免,如果承认他们的城市坐落在一个活跃的地震断裂带上,那就可能毁了这座城市,因为没有人会愿意继续重建或投资建设。因此,地震发生后,旧金山所讲述的故事已经成为大城市从灰烬中重新崛起的范例,而如果说这个城市在未来的岁月里将不断面临崩塌的危险,那结果将很难设想。②

这样一种乐观主义的认识——部分是否认,部分是合作机制,

---

① 参见 Lawrence J. Vale and Thomas J. Campanella, eds. *The Resilient City*. New York:Oxford University Press, 2005. 我对巴黎灾后重建的讨论很多都参照了这部出色的论文集中的论文。

② Ted Steinberg. *Acts of God*:*The Unnatural History of Natural Disaster in America*. New York:Oxford University Press, 2000;Kevin Rozario. Making Progress:Disaster Narratives and the Art of Optimism in Modern America // Vale and Campanella. *The Resilient City*.

部分是希望,毫无疑问地体现在巴黎市民所讲述的洪灾故事中,当然也就容易形成乐观主义的心态,从而有助于将巴黎市民团结起来。即便有人承认要看喜怒无常的塞纳河的脸色,即便他们有时也对政府或现代技术是否能够保护他们而犹疑不定,巴黎市民从总体上还是相信他们可以彼此信赖。①

1914 年,法国将在另一个更加令人震惊的悲剧面前团结起来,这个悲剧的挑战性在很多方面都大于 1910 年的大洪水。第一次世界大战的爆发迫使法国人民捐弃前嫌,团结起来保卫国家。国

---

① 关于当代旧金山的情况,亦参见 David L. Ulin. *The Myth of Solid Ground:Earthquakes,Prediction, and the Fault Line Between Reason and Faith*. New York:Viking, 2004. 2005 年,在卡特里娜飓风期间,新奥尔良因为电视直播人类所遭受的苦难而遭人诟病。但是新奥尔良还有一些更不被人所知的故事,包括人们用别具一格的方式相互救助,特别是在政府部门没有能力或不愿快速行动的时候。在宾馆、医院里以及社区层面上,新奥尔良的居民创新了救助方法。比如,所谓自助性的"罗宾汉抢劫"(Robin Hood Looters)小组,小组大约由 12 个朋友组成,他们会救援那些处于困境中的灾民,在被飓风吹倒的房子里寻找食物和其他东西,将其送给灾民。他们的"抢劫"不是自私的,而是出于为社区服务的目的,是为了让灾民活下去。在住宅区,居民们聚集在一所学校里,相互关照,直至救援灾民,同时还赶走了一批要破坏公共财物、从自动售货机上偷盗的窃贼。当地的教堂和清真寺也帮助受灾的市民。有一个互联网域名服务商建立了免费的基于网络的短信服务系统,以便人们能保持联系。社会学家哈维丹·罗德里格兹(Havidàn Rodríguez)、约瑟夫·特雷纳(Joseph Trainor)和恩里克·夸兰特利(Enrico L. Quarantelli)对卡特里娜飓风期间这些自发的救助行为进行研究,认为"各种社会制度以及处于这些制度中的人,面临灾难都会挺身而出,应对灾难的挑战"。同样,新奥尔良的记者杰德·霍恩(Jed Horne)在他的风暴记述中记录了很多"临时的、非官方的救援"故事。在整个路易斯安那州南部,"有船的人将船放在他们汽车的拖斗里或绑在车顶上,然后开车到受灾地区,也就是开往新奥尔良……在新奥尔良地区,卡特里娜飓风发生后,有 300 只这样的小船自发地参与了救援行动"。在城市就要坍塌的时刻,在政府不能给予强大支持的时候,人民自己联合起来。这些社会关系的力量非常强大,特别是在城市里。社会学家艾里克·克里南伯格(Eric Klinenberg)在《热浪》(*Heat Wave*)上发表文章,对 1995 年夏天芝加哥的市民死亡情况进行研究,这成为他重要的研究成果。他的研究显示,社区中人与人之间如果有着密切的关系,就能渡过危机。在那些暴力多、刑事案件多、遗弃房屋多、空房多的城区,死于热浪的人就多得多。这些社区的芝加哥人在需要帮助的时候,害怕找他们的邻居,不敢去其他人家或商店,也不敢向陌生人求助。与此形成鲜明对比的是,在那些邻里关系好、人口稠密、家庭成员和朋友多的社区,在热浪中幸存下来的人就多得多。克里南伯格的研究表明:一个人的生存能力一定程度上是由他与社区中其他人的亲疏关系所决定的,这与他对种族和贫穷的研究相一致。如果 1910 年的巴黎是一个由于种族和阶级而高度分化、居住分散、联系松弛的社会,就像洛杉矶或新奥尔良那样,那么经历大洪水的巴黎将会有怎样不同的历史,还真是个未知数。这座城市能恢复吗?或者说今天的巴黎还能存在吗?参见 Havidán Rodríguez, Joseph Trainor, Enrico L. Quarantelli. Rising to the Challenges of a Catastrophe:The Emergent and Prosocial Behavior Following Hurricane Katrina. *Annals of the American Academy of Political and Social Science* 2006 - 03, 604:99; Jed Horne. *Breach of Faith:Hurricane Katrina and the Near Death of a Great American City*. New York:Random House, 2006:66. 补参见 Douglas Brinkley. *The Great Deluge:Hurricane Katrina, New Orleans, and the Mississippi Gulf Coast*. New York:William Morrow, 2006; Eric Klinenberg. *Heat Wave:A Social Autopsy of Disaster in Chicago*. Chicago:University of Chicago Press, 2002.

家、民族的生死存亡再一次要求法国人民精诚团结。实际上，这种团结精神在法国应对其他国际事件中就已经开始显现出来。围绕殖民地的权益，法国与其他国家发生了冲突。1898 年，为争夺苏丹的法绍达（Fashoda），法国几乎与英国兵戎相见，这次事件已经将法国人民团结在自己的国旗之下。另外，很多法国人心里依然燃烧着收回普法战争中割让出去的阿尔萨斯省和洛林省的热望，希望通过收回领土对德国人进行回击。尽管法国依然存在着政治分歧和社会分歧，但是到了 1914 年，很多法国公民态度坚决，积极要求发动战争。随着冲突的发生和德国对法国的入侵，法国全国性的团结似乎达到空前的程度，几乎是同仇敌忾。①

　　基于这些因素，我们不能说将巴黎市民团结起来并积极参加第一次世界大战的原因只是 1910 年爆发的大洪水。当然，大洪水的影响很大，也很重要，但是它本身并不能改变历史的进程。洪水所能提供的只是一个契机，通常情况下由于阶级和政治分歧而属于不同阵营的巴黎市民在这个时候相互之间形成了一种截然不同的关系。洪涝期间出于需要而凝成的精诚团结，在第一次世界大战期间再一次被证明是有效的。

　　洪涝还为战争提供了一次"彩排"，红十字会的管理人员在组织和协调救灾过程中获得了新的经验。尽管法国军方在巴黎公社起义和德雷福斯事件中的表现让巴黎市民耿耿于怀，但他们在洪灾中的表现依然让很多巴黎人看到，法国的军队确实是他们的保护者。这次洪水还激发了巴黎市民对于 1870 年全城精诚团结的记忆（当然要忘记 1871 年巴黎公社的分歧），它帮助巴黎市民克服了认识上的分歧，否则德军 1914 年入侵时，就会导致战争后方的动荡。这次洪水还教会新一代巴黎市民如何才能经受住这么大的

---

① 战争爆发时，法国人谈到要达成神圣同盟（Union Sacrée），加强国内团结。战争真正检验了是否有这种同盟。参见 Jean Jacques Becker. *The Great War and the French People*. New York：St Martin's Press，1986.

磨难,从而在几年后再次遭受这样的磨难时能够勇敢面对。同时,这次洪水还为第三共和国提供了一次机会,在急迫的形势下进行有效的管理,从而在抗洪救灾过程中证明自己的执政能力。令人不可思议的是,抗洪救灾的经历甚至可能催生了发动战争的欲望让巴黎市民感觉到他们是一个大国的一部分,他们之间的共同之处远大于分歧,这是他们以前所没有意识到的。事实上,为了一个共同的事业,他们可以肩并肩地作战。①

1914 年第一次世界大战爆发的时候,巴黎发生的变化与 1910 年惊人的相像。焦虑的巴黎市民走到城市的边缘,观看士兵加固战壕以抵御德国的进攻。当德军兵临城下的时候,法军的这些防御措施非常关键。政府要求在巴黎各地的著名纪念碑周围堆上沙袋和木架,防止被毁坏。在接下来的几个月里,巴黎的大街小巷没有了往日的繁忙,车辆不准通行,正常的通道被关闭,巴黎市民只有蛰伏在家里,等待着敌军的攻击。由于担心城市的灯光会给德国的齐柏林飞艇提供轰炸平民的目标,这座灯光之城在战争的大部分时间里,到了晚上十点左右就熄灯,变得漆黑一团。

就像在洪涝中一样,巴黎市民又看到很多士兵在首都的大街上走动,但是这一次这些士兵是走向战场。战场上有收集垃圾的民工,随着垃圾在巴黎各处的堆积和腐烂,这座城市开始散发恶臭。城市里到处都出售宣扬爱国精神的明信片,上面的图画振奋人心,激发人们的斗志,那些战争期间的照片具有很强的冲击力,令人想起洪灾中最艰难的日子。照片上有行进中的战士、满是伤员和逃难者的医院以及避难所、德国炸弹留下的坑洞、敌人攻击后被破坏或摧毁的房屋、被战争征用的汽车、访问居民并鼓舞士气的政治家等。

---

① 洪水将法国人民紧紧地团结在一起,强化了本尼迪克特·安德森(Benedict Anderson)在其《想象的共同体》(*Imagined Communities: Reflections on the Origin and Spread of Nationalism*. London: Verso, 1991)中所描述的那种国家理想。

　　第一次世界大战期间,所有的巴黎市民都以新的社会姿态团结在一起,就像 1910 年那样,共同实现求生存的目标。巴黎人让娜·米修(Jane Michaux)在其战争回忆录中描述了人们乘坐电车时的对话:"你会认为这就是一个大家庭,面对前线进行的恶战,他们同仇敌忾。"[①]随着战争的进行,尽管这种团结受到了严峻的考验,有时甚至是毋庸置疑的挑战,但是巴黎人总体上来说还是坚强地凝聚在一起。人们聚集在城市各处张贴的地图前,比划着哪里的战斗打赢了,哪里的战斗失败了,并寄予最美好的希望。法国象征主义诗人、批评家和作家雷米·德·古尔蒙(Rémy de Gourmont)在他的战争初期回忆录的最后一章,用洪水的比喻作为标题,这可能也不是偶然的。这一章的标题是"河水涨了",开篇是这样写的:"河水涨了,河里到处都是鲜血⋯⋯"[②]

　　1910 年的大洪水既是对巴黎在困境之下的力量和团结的检验,也将它与法国 1870 年所遭受的磨难以及 1914 年德国再一次对法国的威胁联系起来。1910 年冬天,巴黎市民经历了洪水肆虐的日子,正是那些日子使得共和国进一步强化了国家团结的理念,从而在几年后可以应对第一次世界大战。其实,就当时的社会现实而言,法国比其他任何时期都更加动荡,更加分崩离析。

　　美国记者赫伯特·亚当·吉本斯(Herbert Adams Gibbons)为好几份杂志和报纸撰稿。1915 年,第一次世界大战战火正炽,他出版了回忆录,书中回忆了他与一名年轻法国妇女的对话,两人讨论了巴黎在防御德军进攻方面所作的准备,两人都提起了 1910 年的

[①] 正如历史学家艾曼纽·克罗尼尔(Emmanuelle Cronier)所描述的:"在日常生活中,如果有极端的情况发生,人们就会聚集在一起,了解最近发生的事件或相互议论,对以前属于个人隐私的事情公开发表意见,表达好恶之情。" Emmanuelle Cronier. The Street // Jay Winter and Jean-Louis Robert, eds. *Capital Cities at War: Paris, London, Berlin, 1914—1919, vol. 2: A Cultural History*. Cambridge, UK: Cambridge University Press, 2007: 73 – 74.

[②] Rémy de Gourmont. *Pendant l'orage*. Paris: Champion 1915: 123.

大洪水,并把它作为一个对比点。"我们都想到了五年前那次可怕的洪水,与 1914 年的德国入侵比起来,那次洪水在某些方面对巴黎来说是一场更大的灾难。面对灾难,巴黎表现出如此豪迈的英雄主义,世间没有任何力量能够阻挡!"①

吉本斯的妻子是美国作家海伦·达文波特·吉本斯,她目睹了巴黎的大洪水,并在她的回忆录《巴黎的风景》(*Paris Vistas*)中进行了描述。这本书出版于 1919 年,正值第一次世界大战结束。海伦只能从外部来观察了解法国,但是很明显她是一个充满激情的、热爱法国的人。不过,她不是一个普通的观察者,她在法国生活多年,与朋友和邻居住在一起,在抗洪救灾中与红十字会并肩战斗。她亲身经历了大洪水和第一次世界大战,目睹了这两个事件给巴黎带来的危机。围绕这一主题,海伦这样回应她丈夫关于洪水和战争的比较:

> 但是在抗洪救灾的黑暗一周里,我们看到,与我们生活在一起的人表现出真正的高尚品质,这出乎我们的预料。我们当时更是连做梦都没有想到,大洪水危机中所表现的可贵品质在未来的岁月里再一次展现。1914 年,我们看到历经磨难的巴黎人民表现出勇敢、坚韧、毫不松懈和众志成城的品质,对于这些品质,我们一点也不陌生。当我回顾这段历史的时候,我认为大洪水对巴黎造成的破坏要比德国的炸弹还要严重。与德国人比起来,大洪水是更可怕的敌人。②

---

① Herbert Adams Gibbons. *Paris Reborn*. New York: Century, 1915: 348.
② Helen Davenport Gibbons. *Paris Vistas*. New York: Century Company, 1919: 165.

尾 声

　　1993 年和 1994 年,欧洲出现大范围的极端天气,导致塞纳河及其支流以及法国其他河流水位上涨。法新社在 1993 年 12 月 29 日的报道中说:"随着暴涨的河水流向首都的东部和北部,塞纳河及其支流马恩河、瓦兹河的水位不断升高,很多家庭被疏散。作为预防措施,电力和燃气供应都被切断了。"[1]警察在街道上巡逻,防止发生偷盗抢劫事件,在流经巴黎的塞纳河下游地区,已经疏散了大约 5000 人,还有更多的人要疏散。

　　在 2002 年和 2003 年,随着塞纳河水位又一次上涨,政府工作人员将大约 10 万件艺术品从奥赛博物馆(1910 年是个火车站,被洪水淹没)、卢浮宫、国立美术学院、蓬皮杜中心(Centre Georges Pompidou)、现代艺术博物馆(Musée de l'Art Moderne)以及其他机构中搬出来,以保护它们免受洪水浸泡。在 1910 年,这些博物馆有的还没有建成,其他的机构则从那以后开始将艺术品储藏在地下室里,使得现在所面临的威胁远远大于 100 年前。卢浮宫的地下室现在保存着重要的检测设备和档案。法国文化部长让-雅克·阿亚贡(Jean-Jacques Aillagon)2003 年在卢浮宫重新安置艺术名作时对《纽

---

[1] Agence France Presse. Flood *Waters Rise in Paris*. 1993 - 12 - 29.

约时报》说:"像1910年那么大规模的洪水逐渐从我们的集体记忆中淡去了,但是,我们不能忽视今年冬天或未来发生这种危险的可能性。"①的确,如果忘掉对过去的记忆,未来的危险就可能增加。

如果将1910年的大洪水和最近发生的一些灾难相比较,就会发现,这个特别的历史事件,从更大范围上看实际上反映了社会应对自然灾害的模式。处于困境中的人走向一起,共同抵御外来的敌人,不管那个敌人是大自然还是人类。从很多方面看,巴黎人民团结抗灾的故事并不是独一无二的。

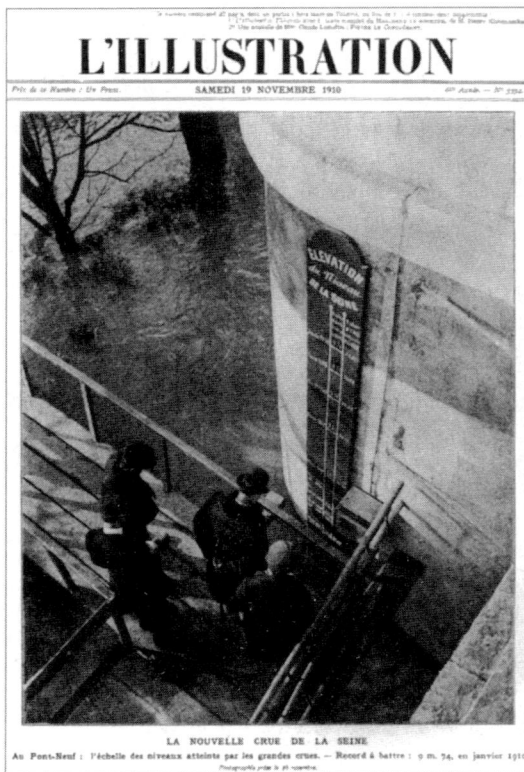

塞纳河再次上涨,巴黎市民观看水位刻度②

---

① Alan Riding. Fearing a Big Flood, Paris Moves Art. *New York Times*, 2003 – 02 – 19.
② 来源:*L'Illustration*, 1910 – 11 – 19. 作者个人收藏。

　　很多研究灾害的学者常常谈到，在令人震惊的事件发生以后，马上会出现一种令人兴奋的乌托邦精神。受灾人员虽然沮丧，但没有被击垮，他们团结起来，向别人也向自己展示他们是什么品质的人。1917 年，一艘轮船在哈利法克斯港口（Halifax harbor）发生爆炸，船上的人凝聚在一起，被学者称为"同志之城"。1937 年，肯塔基州（Kentucky）路易斯维尔（Louisville）市发生大洪水，一位社会学家描述说出现了一种"灾难中的民主"。有一份报告对 1953 年发生在密西西比州（Mississippi）维克斯堡市（Vicksburg）的龙卷风所造成的影响进行了研究，认为"这场风暴密切了人与人之间的关系，增强了人们的团结，这成为灾后人们性格的特点。灾后相当长的一个时期，似乎每一个人都愿意伸出援助之手，与人分享自己的资源和经历"①。1997 年，北达科他州（North Dakota）大福克斯市（Grand Forks）的红河（Red River）发生大洪水。一位特约撰稿人在给当地一家报纸撰写的回顾文章中写道："洪水还将我们的力量、感情、决心和关爱提升到新的水平，没有这次洪水，我们可能都不知道我们的品质能达到那样的高度。就这样，洪水永远改变了我们，改变了我们的城市。"② 在 2008 年密西西比河（Mississippi River）发生的洪水中，艾奥瓦大学（University of Iowa）的师生员工在图书馆的楼梯井前排成一排，抢救一楼的珍贵图书和手稿。在所有这些案例中，普通大众的行为都践行着"凝聚"的理念，灾害研究者通常用这个术语来描述一种社会趋势，在最需要的关头，人们以无私、利他的精神，把人力、物力等资源汇集在一起，减轻受害者

① Kai T. Erikson. *Everything in Its Path*: *Destruction of Community in the Buffalo Creek Flood.* New York: Touchstone, 1976: 202 – 203.
② Come Hell and High Water. *Grand Forks Herald* and Knight-Ridder Newspaper. Grand Forks, ND: Grand Forks Herald, 1997: 6.

的苦难。[1]

但是,不是所有的灾难都有这样的效果。凯·T. 埃里克森(Kai T. Erikson)对 1972 年发生在西弗吉尼亚州(West Virginia)水牛湾(Buffalo Creek)的洪水进行了典型研究,撰写了《一切都在路上》(*Everything in Its Path*)。他的研究显示,如果一个社区受到严重破坏,就不可能恢复。通常情况下,灾难中的人们会联合起来,前提是没受灾的人比受灾的人多。在灾难的重创下,受灾人员无暇自顾,更不用说去救助他人了。不过,如果受灾不严重的人联合起来,积极救援,就会在灾难的混乱中营造一种团结互助的氛围。埃里克森说,在水牛湾的洪灾中,没有出现这种社会互助团结的行为,原因是"受灾的人数远远大于没受灾的人数,以至于整个灾区的人都被看作是受灾人员"[2]。

在巴黎,尽管受灾人员数以千计,但是还有更多没有受灾的巴黎市民以及法国各地的人前来救援。在 1910 年的巴黎大洪水中,还有很多的人没有遭受洪灾,他们对受伤人员进行抚慰,并在灾后帮助重建。

1910 年的大洪水还引发了环境问题,因为从某个方面来说,它是由人们控制自然界的欲望所加剧的。有些法国人认为,这次洪灾是环境退化的结果。他们认为,在巴黎东部的塞纳河上游地区,森林过度砍伐导致土壤的持水能力下降,从而导致了河水径流的

[1] 参见 Tricia Wachtendorf and James M. Kendra. *Considering Convergence, Coordination, and Social Capital in Disasters*. Preliminary Paper # 342a. University of Delaware Disaster Research Center, 2004; J. M. Kendra and T. Wachtendorf. *Reconsidering Convergence and Converger Legitimacy in Response to the World Trade Center Disaster*// Lee Clarke, ed. *Terrorism and Disaster: New Threats, New Ideas*. Amsterdam: Elsevier, 2003; Kathleen J. Tierney. *Strength of a City: A Disaster Research Perspective on the World Trade Center Attack*. Preliminary Paper # 310. University of Delaware Disaster Research Center, 2001; E. L. Quarantelli. *Disaster Related Social Behavior: Summary of 50 Years of Research Findings*. Preliminary Paper # 280. University of Delaware Disaster Research Center, 1999.
[2] Erikson. *Everything in Its Path*: 202.

增加。《辩论报》（*Le Journal des débats*）刊发的文章称："洪涝灾害顷刻之间给大部分巴黎地区带来了破坏，不无残酷地提醒我们恢复森林的必要性，因为森林覆盖着我们的山峦，是水系最大的调控者。"《农场和城堡》（*Fermes et les Châteaux*）是一份聚焦农村问题的杂志，它认为，毫无疑问，"森林保护山坡不受雨水的冲击，由于有复杂的根系，森林能够帮助土壤涵养水分，就像海绵一样，让雨水慢慢流淌，而不是形成急流"[1]。但是，在1910年，将洪灾的原因归结于环境还没有达成共识。恰恰相反，多数法国人认为洪灾是一个意外事件，只是人们没有控制住，下一次一定能控制住。他们不愿意承认是他们自己造成了这场灾难，也不愿考虑这种可能性。

法国人在对待环境问题以及提出绿色解决方案方面具有矛盾的心理，而且这种矛盾心理根深蒂固。一方面，法国人秉承很多环境主义的价值观念，但是另一方面，他们又坚定地认为人类具有控制自然的能力。[2] 在法国，人们希望利用科学技术来保护自然，而不愿意首先放弃危害自然的那种城市工业社会。多数欧洲人和美国人也有这样的思想认识。

尽管我们不能说1910年的大洪水一下子使巴黎更加重视自然生态，但它的确凸显了这样一个问题：如果人们的生态意识有所增强，就会重视城市和环境的关系。进入20世纪，法国以及欧美的环境保护主义运动开始重新规划资源管理。在加速工业发展的同时，人们愈加欣赏大自然的美景，对大自然进行审美想象，从而

[1] La lutte contre les inondations. *Journal des Debates politiques et litteraire*, 1910 - 01 - 27；Paul Messier. Les Inondations, leurs causes, leurs effets. *Fermes et les Châteaux*, 1910 - 03 - 01：175 - 176.
[2] Michael D. Bess. *The Light Green Society：Ecology and Technological Modernity in France, 1960—2000*. Chicago：University of Chicago Press, 2003：4.

创建了国家公园、自然保护区以及某些物种保护区。①

　　最近几年,巴黎在很多方面都变得更加绿色环保,城市居民努力在大自然和城市生活需求之间寻求更好的平衡。2001 年,巴黎实施了绿色社区计划,包括更好地进行交通管理,在全市各地种植蔬菜,设立更多的绿色空间,鼓励采用骑自行车、步行以及轮滑等"柔性"出行方式。巴黎最近实施的自行车租赁计划(Vélib)获得成功,说明更加绿色的城市生活不仅是可行的,而且是可以普及的。2007 年,巴黎市议会通过了一项"气候行动计划",对建筑物进行改造,使它们更为节能,实现温室气体排放比 2004 年减少 75%的目标。最近,巴黎的市政官员宣布实施开发可持续办公大楼计划,通过使用太阳能电池板、高科技的隔离措施以及自然通风设备等,使其生产的能量除自身使用外还有剩余。这座办公大楼将位于 1910 年巴黎受淹最严重的地区之一热讷维耶。有几个社团组织甚至建议在城市的部分地段恢复布维尔河,并沿着这条古老的河流设立新的公园、自行车道和娱乐场所。当年,由于工业污染造成了很多危险,因此巴黎将布维尔河填埋了,但是也许不久,这条河流会再次成为巴黎市的一个自然休憩场所。

　　毫无疑问,不管拥有怎样复杂的工程技术,不管大自然与城市空间如何融为一体,城市在保护其居民不受大自然侵害方面总是受限制的。与 1910 年巴黎大洪水相似的例子比比皆是,一些城市受到洪水、飓风、地震等自然灾害的袭击,而城市的建筑不仅不能保护居民,实际上甚至会加剧危险的程度。1989 年旧金山发生洛马·普雷塔大地震(Loma Prieta)时,一座州际大桥坍塌,造成数十人死亡。在新奥尔良,卡特里娜飓风过后,造成财产损坏和人员伤

---

① Michael D. Bess. *The Light Green Society: Ecology and Technological Modernity in France, 1960—2000*. Chicago: University of Chicago Press, 2003: 66.

亡的主要原因不是飓风,而是一座人造堤坝的溃决。人们修筑这座堤坝,本来是希望堵住来自运河以及庞恰特雷恩湖(Lake Pontchartrain)泛滥的洪水。在 1910 年巴黎的大洪水中,地铁通道以及下水道为洪水的泛滥提供了通道,否则,洪水自己不会流那么远。无限制地信任城市工程技术有时会带来一种安全的假象,认为我们的能力可以抵御任何自然灾难。

在这些危机当中,如果人们不能依靠城市的物理设施,那就只有依靠自己,就像巴黎人民 1910 年那样。但随之而来的问题是:人的自救能力到底有多强?虽然在卡特里娜飓风事件中有相互救助和邻里团结的案例,但是新奥尔良的种族和阶层差异非常严重,大大增加了灾难的破坏性。1995 年的芝加哥热浪中,在暴力和刑事案件频发的地区,人的死亡率要比别的地区高很多,因为那里的居民不敢向他们的邻居求救。洛杉矶的批评家认为,洛杉矶在阶层和种族界限方面已经无可救药了,这些阶层和种族差异已经深深地嵌入到城市的法律、经济发展和房地产当中,如果发生什么灾难,那么这种社会的疏离分化就会非常明显。[①] 很多美国人,特别是那些不是生活在人口稠密的、现代化的都市中的人,已经放弃了很多面对面交往的社会体验,而且倾向于只和他们那样的人进行社会交往。数百年来,不同背景的人进行面对面的社会交往,从而使得城市更加生机勃勃,成为思想和文化的中心。街道是一个人遇到另一个他不熟悉但又是城市和社会组成部分的人的地方。多数人际关系密切的城市环境很难在大的生活空间里找到,但是经常出现于更加亲近、更加仁爱的社区,在这样的社区里,人们更加

① Eric Klinenberg. *Heat Wave: A Social Autopsy of Disaster in Chicago*. Chicago: University of Chicago Press, 2002; Mike Davis. *City of Quartz: Excavating the Future in Loss Angeles*. New York: Vintage, 1992.

容易应对灾难。①

如果再次发生灾难，巴黎自然有着自己的优势。巴黎的社区紧紧相连，拥有共同的商场和公园，这就促进了社区里人与人之间的交往，这种亲密的交往关系在紧急事件来临的时候会被激发出来。1910 年的大洪水使巴黎制定了详尽的人员疏散计划，充分发挥高度发达的铁路系统的功用，在灾难发生的时候提供食物和水，保持畅通的通信网络，确保城市人口的健康和安全。

但是，就像 1910 年一样，巴黎这座灯光之城依然在自己黑暗的一面中挣扎，特别是由于有明显的种族和阶级鸿沟，导致产生了充斥着暴力和贫困的地区。这一过程始于 19 世纪，特别是从奥斯曼重新对巴黎进行城市规划开始。今天，在巴黎自己的家门口依然有一个贫民窟。

最近，巴黎的移民以及他们在巴黎出生的后代发出了愤怒的呼声，因为他们在社会上没有自己相应的地位，这一现象显示大巴黎地区的城市社区关系已经变得有些紧张。随着人与人之间物理的、文化的距离越来越大，巴黎基本的社会结构就会因过度延展而变得非常脆弱，缺乏抵御风险的能力。相当一批巴黎人认为自己是法国人，是新的法国公民，虽然他们在出生、语言和受教育方面与其他法国人没有什么差别，但是他们肤色不同，生活方式和习惯也与别人不一样。巴黎的郊区曾经是激进的政治团体策源地，也一直

---

① 的确，有些研究认为，这样的社区正是人们在灾难来临时所需要的。为了撰写《不可想象：灾难降临时谁会生存下来以及为什么》(The Unthinkable: Who Survives When Disaster Strikes and Why)，阿曼达·雷普利(Amanda Ripley)采访了灾难中幸存下来的人，包括在洪灾、地震、人质以及 911 等事件中幸存的人。她发现，那些人在灾难中不仅把相互帮助作为一种生存技巧，而且在灾难中焕发出一种同志般的情感。对于如何在灾难中幸存下来，她提供的一个重要建议是："认识你的邻居，他们可能是你生存下来的关键。你的社区越是亲密强大，你从灾难中生存下来的机会就越多。"Jen Philips interview with Amanda Ripley. Five Ways to Survive Any Disaster. Mother Jones, 2008 - 06 - 09. http:// www. motherjones. com/ interview/ 2008/ 06 / five-ways-survive-any-disaster. html; Amanda Ripley. The Unthinkable: Who Survives When Disaster Strikes and Why. New York: Crown, 2008.

在 19 世纪的大部分时间里投票支持共产党。法国的很多有色人种就被隔离居住在这些地区,感觉好像被监禁一般。在 21 世纪,这些地区有的已经成为地痞流氓和积极向西方开战的宗教原教旨主义者的温床。这些人由于被排除在法国社会之外,就会寻求其他的保护。

今天,法国再一次努力地了解自己,而这一次,这个国家的身份认同必须扩大到包括祖籍在世界其他地方的有色人种。如果不这样做,当巴黎地区再次经历像 1910 年那样的灾难时,当时的社会团结和众志成城可能就不复存在了,或者也可能社会分化极为严重,各个阶层不仅自扫门前雪,而且还会损人自肥。那种情况可能会比卡特里娜飓风后的新奥尔良有过之而无不及。

近年来发生的一些灾难已经在检验巴黎社会的抗险能力和极限。2003 年,欧洲各地遭遇灾难性的热浪,但是巴黎遭受的打击尤其严重,死亡近 1.5 万人。热浪通常是沉默的杀手,因为与洪涝等引人注目的灾难比起来,高温对人的影响较慢,也更不可预期。在这样的情况下,社会中最孱弱、最孤独的人可能会深受热浪的侵害而又没有人注意到。2003 年的危机凸显了社会网络和医保制度中的问题,特别是养老问题。尽管法国努力创建全国性的免费养老和医疗系统,但最终还是失败了。

1910 年的巴黎当然不是一个理想的社会。在洪涝发生前,巴黎就有着政治、宗教和阶级的分歧。尽管巴黎在洪水面前团结一致,但依然有不和谐之音。洪灾期间,尽管出现了无数的救助和慈善行为,坚定着全市人民生存下去的决心,但抢劫犯、不配合的旅店老板、官僚化的公共救助系统、趁着洪灾提高物价的小贩等都在考验着巴黎社会关系的牢固程度。不过,巴黎的社会系统运转得还是很好的,它使巴黎和巴黎人民度过了难熬的日子。也许,巴黎洪水可以作为一个开端,让人们思考一下城市居民如何才能重新团结在一起。人们不可能知道大自然什么时候会突如其来地向人类挑战,更不可能知道什么时候依靠自己的邻居就可以在灾难中幸存下来。

洪水大事记

1909 年夏	法国北部的降雨量比往常大得多,土地含水量完全饱和,特别是整个塞纳河流域 4.8 万平方英里的区域
1909 年 11 月底— 12 月初	塞纳河开始正常的冬季水位上涨
1910 年 1 月 1 日	不寻常的温暖天气让巴黎市民在新年这一天聚集到大街上,但温暖的天气也造成了不稳定的大气状况。在大西洋海岸,低气压开始向东部移动,最终停留在法国北部,给整个法国带来了强降雨
1910 年 1 月 1 日— 1 月 15 日	法国中部山区高于往常的气温造成积雪和冰川融化,进一步增加了塞纳河支流的水量。随着注入的河水越来越多,塞纳河的水位慢慢升高
1910 年 1 月 21 日	在巴黎东部,塞纳河上游开始溢流,淹没了城镇。在巴黎,塞纳河的水位虽然很高,但仍在正常洪水范围之内。晚上 10∶53,洪水淹没了压缩空气系统,巴黎市的很多钟表停止了摆动
1910 年 1 月 22 日	一夜之间,塞纳河水从下水道、地下通道以及饱和的土壤中翻涌上来,进入了地下室。巴黎市民一觉醒来,发现地下室里的积水有几英尺深。由于电厂被洪水灌入,造成电线短路,有些地铁线路停运。城市里很多路灯熄灭了
1910 年 1 月 23 日	数百名巴黎市民逃离家园,来到地势更高的地方。警察、消防队员和士兵乘着小船在街道上巡逻,救助困境中的灾民。工程师迅速搭建起木质人行步道,让人们在上面通行
1910 年 1 月 24 日	城市的三个垃圾处理厂关闭,工人们将数吨的垃圾倒入塞纳河。国民议会召开会议,围绕向灾民提供紧急救援进行投票。全城电力供应中断
1910 年 1 月 25 日	洪水侵入巴黎郊区伊夫里镇一家酿醋厂,洪水与原料混合后产生了可燃化学物质,发生爆炸。红十字会救助站接收了数以千计被疏散的巴黎市民

1910 年 1 月 26 日	市议会讨论抗洪救灾事宜,很多议员对于政府官员在洪涝发生后没有快速应对其所在选区的洪灾表示愤怒
1910 年 1 月 27 日	水兵乘船从海港城市前来救援。巴黎市几乎全部陷入黑暗之中
1910 年 1 月 28 日	塞纳河水位达到顶峰,高于正常水平 20 英尺左右,是 250 多年来的最高水位
1910 年 1 月 29 日	塞纳河的水位开始下降,经过几天的阴雨连绵,太阳终于露出了笑脸。人们涌向大街,庆祝洪水消退
1910 年 1 月 30 日	部分市民从救助站回家,开始清理房屋
1910 年 1 月 31 日	巴黎市民继续清理消毒,从家里搬出数百吨的垃圾,堆在大街上。很多人担心会暴发传染病
1910 年 2 月 8 日	尽管狂欢节是巴黎市民尽情欢乐的传统节日,但是巴黎并没有举行晚会来庆祝这个节日。塞纳河水时不时地还在上涨,这引起了人们的恐慌,人们担心会造成更大的损害
1910 年 3 月	高水位持续了几周后,塞纳河终于回归到正常水平

关于洪水历史的备注

　　我在 2005 年夏天了解到巴黎大洪水的历史,那个时候,我正在游览巴黎的下水道。在地下几十英尺深的历史展台上,我看到一张震人心魄的照片,画面上是被洪水淹没的街道。尽管我是专业的法国历史学者,研究了 10 年的巴黎档案,在大学里教授法国历史,但是我从来没有听说过 1910 年的大洪水。那年秋天,卡特里娜飓风袭击新奥尔良,我记起了看过的那幅反映巴黎遭受洪灾的照片。看到新月城(Crescent City)遭受如此惨重的损失,而我就职的机构也临时安排因飓风而疏散的大学生,我就想,在将近一百年前的那场洪灾中,光明之城是怎样走过来的?

　　对于巴黎大洪水的研究给我打开了一扇新的窗户,让我看到了在一个极为动荡的历史时期法国的文化、社会和政治状况。当时,法国刚刚经历了德雷福斯事件,而四年后又爆发了第一次世界大战。历史学家通常把这一时期看作法国社会处于深度危机的时期,但是巴黎市民在洪灾中团结一致,众志成城,颠覆了我对发生在 20 世纪初的、我本人熟悉的一些事件的看法。卡特里娜飓风以后,随着研究的深入,我对巴黎劫后余生的故事愈加不能释怀,给我的印象愈加深刻,这近乎一个神话,不仅情节曲折,而且很有震撼力。作为故事的主人公,巴黎市民在大自然震怒之后积极恢复自己的生活。现在的都市都在思考如何应对由于全球变暖而引发的生态灾难，我的这个研究则给我提供了新的视角，让我观察人民和政府在这些危急时刻是如何应对的。

我在巴黎的图书馆和档案馆发现了大量关于 1910 年大洪水的资料和信息，包括巴黎档案馆（Archives de Paris）、巴黎历史图书馆（Bibliothèque Historique de la ville de Paris）、巴黎市行政图书馆（Bibliothèque Administrative de la ville de Paris）、巴黎警察局档案馆（Archives de la Prefecture de Police de Paris）、巴黎天主教区历史档案馆（Archives Historique de la Diocèse de Paris）、巴黎公立医院档案馆（Archives de l'Assistance publique -Hôpitaux de Paris）、国家档案馆（Archives Nationales）、国家图书馆（Bibliothèque Nationale）等。回到美国以后，我在国会图书馆的欧洲阅览室和期刊阅览室找到了更多的资料。以我的陋见，美国收藏巴黎大洪水图片最全的是范德堡大学的让和亚历山大-赫德图书馆特刊部的 W. T. 邦迪中心。

法国的档案馆保存了大量的巴黎市政建设工程报告、官方备忘录、洪涝期间的非正式记录、电报、被淹没的街道名单、因为断气断电而变得黑暗的街道名单、函件、慈善捐款名单、巴黎各地张贴的告示、政府官员的个人观察，以及大量的照片和一些珍稀的电影胶片。从新闻媒体的报道中，我发现了一些关于洪水的精彩记述，既有法文的，也有英文的，出自很多不同的期刊。之所以精彩、真实，是因为记者们亲自走到被洪水淹没的大街小巷，近距离观察洪水造成的破坏。通常情况下，新闻媒体的报道是连续的，但是也有局限性，那些文章有时会相互矛盾，有些记者写稿时太过情绪化，这就需要我去伪存真，过滤掉那些明显煽情的描述，尽可能地集中关注并验证那些不止一个渠道提供的信息。但是，那些煽情、激情、夸张的讲述也很重要,因为它们反映了洪灾中人们的恐惧、焦虑和当时的谣言,反映了那些日子里人们的思想和行为。

第一手的个人记述、回忆录和描述(不是新闻媒体上的报道),特别是"普通"巴黎市民的讲述,是最难查找的。它们有些收藏在档案馆和图书馆里,有些夹杂在知名作者出版的作品中。关于这次洪水,巴黎人写得不多,这是我没有想到的,也许是因为这次洪灾太过突然,巴黎人都在忙于生存而无暇他顾,或者是因为已经有了数不胜数的照片,它们对于讲述洪水的故事已经足够了。大量的影像资料,不管是照片、画作还是图表,都使得文字记述更加丰满,更加栩栩如生。揣摩这些图片以及法国国家图书馆收藏的高蒙公司(Gaumont)拍摄的一些电影胶片,让我更加了解了洪灾的细节,因为它们展示了文字记录所没有提及的行动和景象。如果有人对从更为学术的层面研究这些图像感兴趣,请参阅我发表在《城市历史》(*Journal of Urban History*)杂志上的论文《透视巴黎 1910 年大洪水所造成的灾难》(Envisioning Disaster in the 1910 Paris Flood)。

尽管有这么多的资料,巴黎大洪水依然不是那么引人注目,因为没有人能够完整地重现那么多遭受洪水磨难的人每一天的生活经历,而这次洪灾波及了整个巴黎市及其郊区。每一位历史学者的研究都是基于其掌握的资料,我力图尽可能地遵循巴黎大洪水发生的时间顺序。在有些地方,我可能沉浸在故事里,走得远一点,尽管洪水已经过去了 100 年,但是我会想象自己处于那个时期,希望寻找和体验生活在受淹巴黎的"感觉",于是就完全埋头于数以千计的档案资料里。本书没有任何虚构,不过我在写作过程中会出于一个历史学者的良知,对我研究的对象倾注自己的感情。

尽管档案资料非常丰富,尽管事件描述非常感人,但 1910 年的大洪水故事的大部分都已被人们忘记了。除了几个学者在研究中顺便提一下,巴黎市的历史书写中已经没有了对巴黎大洪水的描述,这是非常不正常的。不管怎么说,巴黎人将这段经历的大部分内容从他们的历史中抹除了。

但是,这段历史依然保存在塞纳河护河工人的非官方讲述里,并且以故事、轶闻的形式口耳相传。有人给我讲了关于巴黎市政厅一个办公部门的传言,说是巴黎市政府的官僚们还在列表计算大洪水造成的损失,处理有关大洪水的文件。当塞纳河的河水在冬季照例上涨时,报纸就会提醒读者 1910 年曾经发生过的大洪水,当然多数读者并不深究那段历史。明信片收藏者倒是珍惜这座城市百年前被淹的图片,巴黎大洪水的故事就在历史中,但是散佚着,而且离我们越来越远;如果说其存在,那也是存在于某种传说或故事中,而不是存在于正常的历史当中。

其实,早在洪涝期间,对洪灾的遗忘就已经开始了。现存的档案资料只记录了一部分内容,有时候还似是而非,相互矛盾,乍看起来非常详尽,无所不包,细看之下则令人咋舌,缺东少西。当时的报纸并没有全都被保存下来,在当时的混乱状态下,很多东西肯定也没有记录下来。很多当时仓促手写的文件,现在也难以辨认。在档案中,有些地方的记述事无巨细,有些地方的记述则差强人意。关于巴黎大洪水资料最重要的来源之一是政府洪灾委员授命阿尔弗雷德·皮卡尔领导撰写的官方报告,但是这份官方文件也只告诉我们政府官员做了什么,并没有告诉我们巴黎基层人民的生活是怎样的。

在 1910 年以后的几十年里,随着城市的重建和岁月的流逝,人们对大洪水的遗忘越来越快。1911 年年初,巴黎市在塞纳河沿岸和很多大楼上安装了牌匾和标记物,显示洪灾中塞纳河的水位高度,这些东西今天大部分仍然存在。但是,关于巴黎大洪水的记忆也仅此而已,再也没有其他持久的痕迹表明大洪水是在什么高度上开始消退的,而且,多数巴黎人和外来游客要么忽视这些不起眼的标志,要么不知道它们是什么意思。1914 年,由于第一次世界大战,塞纳河沿岸的大部分修复工作被迫停止。第二年,也就是巴黎大洪水五周年时,欧洲各国都陷入了越来越残酷、越来越血腥的战争之中。1920 年,也就是巴黎大洪水十周年时,巴黎人重点重建他们的社会,防洪防灾的工作也只能断断续续地进行,因为第一次世界大战终于结束了,而这次战争所造成的破坏远远大于任何一次自然灾害。不过,这一代巴黎市民经历了大洪水,他们明白防治塞纳河泛滥的重要性。他们虽然继续加固城市,抵御洪水的袭击,但是也消除了大洪水在 1910 年造成的危害以及留下的印痕。1924 年巴黎又发生了一次洪灾,在这次洪水的推动下,巴黎市逐步加快了城市改造的步伐。到了 1930 年大洪水 20 周年时,欧洲和美国都陷入了经济大萧条,不过,在这十年中,巴黎市还是在塞纳河上游修建了几座小型水库,以控制河水的水位,同时进行发电。但是,1939 年,战事再起,进一步的河防加固被无限期地推迟下去。到了 1940 年大洪水 30 周年的时候,法国又陷入了第二次世界大战的战火之中,这次战争的残酷性远大于第一次世界大战。在巴黎人民的记忆里,法国现代史上最大的洪灾无法与纳粹占领自己国土的痛苦岁月相比。

第二次世界大战结束以后,巴黎再一次将视线转向塞纳河。1949 年,几位治河防洪倡议者提出加强洪涝防治,其中就有后来的法国总统弗朗索瓦·密特朗(François Mitterand),当时他还只是一位地方上的政客。密特朗和其他人相信,扩建战前的水库不仅能够控制塞纳河的水位,而且还可以提供更多的电力,促进塞纳河的航运发展,为渔业和旅游业创造更多的机会。1969 年,新组建的市政府沿马恩河、奥布河（Aube）、塞纳河与约讷河修建了塞纳大湖区（Grands Lacs de Seine）。在塞纳河上游地区，共修建了六座大型水库，修筑了大坝，这些设施的蓄水能力达 280 亿立方英尺。这些水库在冬天进行蓄水，在夏天的干旱季节开闸放水。20 世纪 70 年代中期，工程师重建了阿尔玛桥，拓宽了桥墩之间的距离，桥墩不再阻碍塞纳河水的流淌。巴黎市民过去用来测量洪水水位的四个士兵雕塑被移到了别处，但是轻步兵雕像后来又恢复了，继续标识塞纳河的水位。这些措施使得塞纳河在冬季的水位得到了控制，因此 1910 年的大洪水便成为巴黎市民更加遥远的记忆。在 1993—1994 年的洪灾中，有人推测，塞纳大湖区使得塞纳河的水位降低了将近 20 英寸。

　　并不是每一个人对于完全驯服塞纳河都表示乐观。历史学家兼记者马克·安布鲁瓦兹-伦杜（Marc Ambroise - Rendu）在 1997 年出版了一本关于洪水的书，这是关于洪水主题的唯一著作。作者采访了管理塞纳大湖区的负责人亨利·沃尔夫（Henry Wolf）。沃尔夫说："尽管过去几年没有发生过洪灾，但是巴黎地区抵御塞纳河与约讷河大洪水的能力依然很脆弱。"沃尔夫指出，尽管洪水得到了控制，但还是有局限。"我们尽一切可能修筑大坝，减少洪水的危害，但是我们不能根除洪水。"[1]安布鲁瓦兹-伦杜的结论是：像 1910 年那么大规模的洪水，巴黎现有的水库和堤坝系统只能控制 1/4 的水量。虽然现在的巴黎不像 1910 年那样脆弱，但是依然存在着发生严重洪涝的危险。

　　即便是今天，关于 1910 年巴黎大洪水的复杂历史很多仍然是藏在深山人未知。巴黎警察局现在的洪灾应急预案，与所有市政

---

① Marc Ambroise-Rendu. *1910 Paris inondé*. Paris：Hervas，1997：99. 本书关于治河防洪的讨论基于安布鲁瓦兹-伦杜的论述。

府的防洪计划一样，深受 1910 年抗洪救灾的影响。但是，那些技术性的计划并没有深化人们对于那次事件的记忆。

2006 年放映的一部纪录－故事片《巴黎 2011：大洪水》(*Paris 2011: La Grande Inondation*) 提出，如果塞纳河今天发生了灾难性的泛滥，那将会是什么后果？电影所描述的灾难远比 1910 年严重得多。巴黎现在的人口大约有 1200 万，整个地区的面积也比进入 20 世纪初大很多。随着硬化的地面不断增多，如果持续降雨，那么城市径流就会增加下水道和塞纳河的流量。1910 年，巴黎市还大量使用蜡烛、油灯和煤炉照明取暖，但是如果 2011 年断了电，数百万的市民就会在黑暗中摸索，很难找到多少照明的办法。

但是《巴黎 2011：大洪水》为观众提供了最好的结局，让观众想到的也只是 1910 年大洪水故事中最好的情节。警察、消防队员、军队等第一批应急人员恪尽职守，不分昼夜地工作。不过，尽管政府部门和领导已经在使用计算机、电视、气象卫星、手机等，电影制作者所能想到的措施仍然和 1910 年没有什么差别，同样是船只在街道上漂流，应急救助站安置灾民，邻里伸出友爱之手。结果同样是：城市的抗洪救灾计划获得很大成功，洪灾中激发的团结一致的情感使巴黎市民相互帮助。电影制作者并没有拍摄任何偷盗抢劫的镜头，在他们的画面中，没有任何一个人拒绝接纳受灾人员，也没有任何一个人不提供食物。尽管有很多悬念和近乎悲剧的行为，但是这部电影最终呈现给观众的是劫后余生者深感欣慰，因为这种灾难可以通过一个高科技控制室进行控制。

今天，有很多巴黎大洪水的图片以明信片的形式流传了下来，收藏爱好者可以到商店和互联网上去寻找。但是，这些纪念品还会使人忘记这场水患，因为在 1910 年，摄影师几乎总是有意识地选择去拍摄巴黎人民团结一致、共同抗洪的场面，而不是将巴黎人拍摄成对手、敌人或不同的阶层。摄影师希望人们从照片中看到救援、分发食物、灾后重建,而不是洪灾中的伤害或偷盗抢劫。1910 年拍摄的这些影像在很大程度上忽视了洪灾的负面现象,主要反映的是正面的东西。

就这样,这些图片将一场前所未有、影响深远、具有世纪末色彩的历史大洪水演绎为一个伤感的时刻,即使处于危机之中,巴黎人民依然呈现了他们最美好的一面。在一个被广泛认为是"世纪末"的时代,在法国政治和社会秩序衰退混乱的时代,在整个欧洲第一次世界大战阴云密布的时代,这些图画看起来很美,因为他们描绘了巴黎在悲剧中的胜利。

主要参考文献

档案资料

ARCHIVES DE PARIS
D3 S4 13
D3 S4 14
D3 S4 21 through 30
VD6 2101
VO NC 834
D8 S4 11
1353 W 2
1353 W 6
8 Fi

ARCHIVES NATIONALES
F7 12649
F7 12559
F10 2296
F14 14722
F14 16583
F14 16584
F14 16578
322AP 47

ARCHIVES DE LA PRÉFECTURE DE POLICE DE PARIS
DB 159

DB 160

DB 161

BIBLIOTHÈQUE HISTORIQUE DE LA VILLE DE PARIS

Files on 1910 flood

ARCHIVES HISTORIQUES DE LA DIOCÈSE DE PARIS

Files on 1910 flood

主要期刊

Bulletin Municipal Officiel（《市政公报》）

Le Matin（《晨报》）

Le Petit Journal（《小报》）

Le Journal（《日报》）

Journal des Débats（《辩论报》）

Action Française（《法国行动报》）

Gil Blas（《吉尔·布拉斯》）

L'llustration（《画报》）

Annales de Géographie（《地理年鉴》）

Construction Moderne（《现代建筑》）

La Nature（《自然》）

La Génie Civil（《土木工程》）

La Vie Illustrée（《生活画报》）

Le Figaro（《费加罗报》）

New York Times（《纽约时报》）

London Times（《伦敦时报》）

Economist（《经济学家》）

Nature（《自然》）

Boston Daily Globe（《波士顿每日全球报》）

New Orleans Times-Picayune（《新奥尔良皮卡优恩时报》）

Washington Post（《华盛顿邮报》）

Los Angeles Times（《洛杉矶时报》）

Lancet（《柳叶刀》）

Scientific American（《科学美国人》）

Ambroise-Rendu, Anne-Claude. *Peurs privées, angoisse publique: un siècle de violence en France* (《个人的恐惧，大众的痛苦：巴黎的百年暴力》). Paris：Larousse，1999.

Ambroise-Rendu，Marc. *1910 Paris inondé* (《1910 年被淹没的巴黎》). Paris：Editions Hervas，1997.

Backouche，Isabelle. *La Trace du fleuve：la Seine et Paris（1750—1850）* [《河流寻踪：塞纳河与巴黎（1750—1850）》]. Paris：Editions de L'EHESS，2000.

——. Paris sous les eaux：la grande crue de 1910(《水下巴黎：1910 年的大洪水》). *l'Histoire* 257（September 2001）.

Barnes，David S. *The Great Stink of Paris and the Nineteenth Century Struggle against Filth and Germs* (《巴黎大恶臭及 19 世纪的污秽和细菌治理》). Baltimore：Johns Hopkins University Press，2006.

Beaudoin，François. *Paris / Seine：ville fluviale，son histoire des origines à nos jours* (《巴黎 / 塞纳河：城市和流域的历史，从起源到现在》). Paris：Nathan，1993.

Beaumont-Maillet，Laure. *L'Eau à Paris* (《巴黎的水》). Paris：Editions Hazan，1991.

Berlanstein，Leonard. *The Working People of Paris，1871—1914* [《巴黎的工人阶级（1817—1914）》]. Baltimore：Johns Hopkins University Press，1984.

Berlière，Jean-Marc. *Le Préfet Lépine：vers la naissance de la police moderne* (《雷平局长：推动现代警察的诞生》). Paris：Denoël，1993.

Bess，Michael D. *The Light Green Society：Ecology and Technological Modernity in France*，1960—2000 [《浅绿社会：法国的生态和技术现代性（1960—2000）》]. Chicago：University of Chicago Press，2003.

Carline，Richard. *Pictures in the Post：The Story of the Picture Postcard and Its Place in the History of Popular Art* (《邮政中的图画：明信片故事及其在大众艺术史中的地位》). London：Gordon Fraser，1971.

Chrastil，Rachel. The French Red Cross，War Readiness，and Civil Society，1866—1914 [《法国红十字会、战争准备和公民社会（1866—1914）》]. *French Historical Studies* 31（Summer 2008）：445–476.

Clayson，Hollis. *Paris in Despair：Art and Everyday Life under Siege，1870—71* [《绝望中的巴黎：被围困时期的艺术和日常生活（1870—71）》]. Chicago：University of Chicago Press，2002.

Cohen，Margaret. Modernity on the Waterfront：The Case of Haussmann's Paris(《海滨上的现代性：以奥斯曼重建的巴黎为例》)// Alev Cinar and Thomas Bender，eds. *Urban Imaginaries：Locating the Modern City* (《都市想象：现代城市定位》). Minneapolis：University of Minnesota Press，

2007.

　　Commission des Inondations. *Rapports et documents divers*（《工作报告及文件汇编》）. Paris：Imprimerie Nationale，1910.

　　Cronin, Vincent. *Paris on the Eve, 1900—1914*［《一战前夕的巴黎（1900—1914）》］. New York：St. Martin's，1990.

　　Dausset, Louis. *Rapport général au nom de la Commission municipale et départementale des inondations*（《市政府洪灾委员会综合报告》）. Paris：Conseil Municipal de Paris，1911.

　　Evenson, Norma. *Paris：A Century of Change, 1878—1978*［《巴黎百年变迁(1878—1978)》］. New Haven：Yale University Press，1979.

　　Exposition universelle de 1900：les plaisirs et les curiosités deL'exposition（《1900年世博会：世博会上的欢乐与新奇》）. Paris：Librarie Chaix，1900.

　　Fierro, Alfred. *Historical Dictionary of Paris*（《巴黎历史词典》）. Landham, Md.：Scarecrow Press，1998.

　　Findling, John E. ed. *Historical Dictionary of World's Fairs and Expositions, 1851—1988*［《世界展览与博览会历史词典(1851—1988)》］. New York：Greenwood，1990.

　　Fraser, John. Propaganda on the Picture Postcard（《明信片上的宣传》）. *Oxford Art Journal*（October 1980）：39 - 46.

　　Gagneux, Renaud, Jean Anckaert, and Gérard Conte. *Sur les traces de la Bièvre parisienne*（《巴黎布维尔河畔上的印记》）. Paris：Parigramme，2002.

　　Gandy, Matthew. The Paris Sewers and the Rationalization of Urban Space（《巴黎下水道及城市空间的合理化》）. *Transactions of the Institute of British Geographers* 24（1999）：23 - 44.

　　Geary, Christraud M., Virginia-Lee Webb. *Delivering Views：Distant Cultures in Early Postcards*（《图片映像：早期明信片中逝去的文化》）. Washington, D.C.：Smithsonian Institution Press，1998.

　　Gould, Roger V. *Insurgent Identities：Class, Community, and Protest in Paris from 1848 to the Commune*（《造反者的身份：1848年至巴黎公社时期巴黎的阶级、社区和抗争》）. Chicago：University of Chicago Press，1995.

　　Greenhalgh, Paul. *Ephemeral Vistas：The Expositions Universelles, Great Exhibitions, and World's Fairs, 1851—1939*［《好景不长：陈列、大展览与世界博览会（1851—1939）》］. Manchester, UK：Manchester University Press，1988.

　　Harvey, David. *Consciousness and the Urban Experience：Studies in the History and Theory of Capitalist Urbanization*（《观念和城市经验：资本主义城市化的历史与理论研究》）. Baltimore：Johns Hopkins University Press，1985.

——. *Paris，Capital of Modernity*（《巴黎：现代性的首都》）. New York：Routledge，2003.

Hausser, Elisabeth. *Paris au jourle jour：les évenements vus par la presse*（《每日巴黎：新闻媒体报道的事件》）. Paris：Editions de Minuit, 1968.

Jackson, Jeffrey H. Envisioning Disaster in the 1910 Paris Flood（《1910 年巴黎大洪水中的灾难》）. *Journal of Urban History*. Forthcoming.

Jacobs, Jane. *Death and Life of Great American Cities*（《美国大城市的死和生》）. New York：Vintage, 1992.

Jones, Colin. *Paris：Biography of a City*（《巴黎：一个城市的档案》）. New York：Viking, 2005.

Jordan，David. *Transforming Paris：The Life and Labors of Baron Haussmann*（《改变巴黎：奥斯曼男爵的生平和贡献》）. New York：Free Press，1995.

Kalifa，Dominique. Crime Scenes：Criminal Topography and Social Imaginary in Nineteenth-Century Paris（《犯罪现场：19 世纪巴黎的犯罪地图和社会想象》）. *French Historical Studies* 27（Winter 2004）：175 – 194.

Keller，Ulrich. Photojournalism Around 1900：The Institutionalization of a Mass Medium（《1900 年前后的新闻摄影：一种大众媒体的体制化》）// Kathleen Collins，ed. *Shadow and Substance：Essays on the History of Photography*（《影与实：摄影史论集》）. Troy，Mi.：Amorphous Institute Press，1990.

Klinenberg，Eric. *Heat Wave：A Social Autopsy of Disaster in Chicago*（《热浪：芝加哥灾难的社会分析》）. Chicago：University of Chicago Press，2002.

Lacour-Veyranne，Charlotte. *Les Colères de la Seine*（《塞纳河之翼》）. Paris：Musée Carnavalet, 1994.

Lépine，Louis. *Mes souvenirs*（《我的回忆录》）. Paris：Payot, 1929.

Le Roy Ladurie，Emmanuel. Quand Paris est sous les eaux（《巴黎被洪水淹没之时》）. *L'Histoire* 334（September 2008）.

Mandell，Richard. *Paris 1900：The Great World's Fair*（《巴黎 1900：伟大的世界博览会》）. Toronto：University of Toronto Press, 1967.

Marchand，Bernard. *Paris：histoire d'une ville，XIXe-XXe siècle*［《巴黎：一个城市的历史（19—20 世纪）》］. Paris：Editions du Seuil, 1993.

Mellot，Philippe. *Paris inondé：photographies，janvier 1910*［《被淹没的巴黎：图像资料（1910 年 1 月）》］. Paris：Editions de Lodi, 2003.

Meyer，Jonathan. *Great Exhibitions：London，New York，Paris，Philadelphia，1851—1900*［《伟大的展览：伦敦、纽约、巴黎、费城（1851—1900）》］. Wood-bridge，UK：Antique Collector's Club, 2006.

Nord, Philip G. *Paris Shopkeepers and the Politics of Resentment* (《巴黎的店主和怨恨的政治》). Princeton: Princeton University Press, 1986.

——. *The Republican Moment: Struggles for Democracy in Nineteenth-Century France* (《共和时期:19 世纪法国争取民主的斗争》). Cambridge: Harvard University Press, 1995.

Paris 2011: La Grande inondation (《巴黎 2011:大洪水》). Directed by Bruno Victor-Pujebet. 75 min. Studio Canal, 2006. DVD.

Pawlowski, Auguste, and Albert Radoux. *Les Crues de Paris: causes, méchanisme, histoire* (《巴黎洪水:成因、机制和历史》). Paris: Berger-Levrault, 1910.

Pike, David L. *Subterranean Cities: The World beneath Paris and London, 1800—1945* [《地面下的城市:巴黎和伦敦的下水道(1800—1945)》]. Ithaca: Cornell University Press, 2005.

Pinkney, David. *Napoleon III and the Rebuilding of Paris* (《拿破仑三世和巴黎重建》). Princeton: Princeton University Press, 1958.

Pinon, Pierre. *Paris: biographie d'une capitale* (《巴黎:一个首都的传记》). Paris: Hazan, 1999.

Porot, Jacques. *Louis Lépine: préfet de police, témoin de son temps (1846—1933)* [《警察局长路易·雷平:他那个时代的见证者(1846—1933)》]. Paris: Editions Fri-son-Roche, 1994.

Rabinbach, Anson. *The Human Motor: Energy, Fatigue, and the Origins of Modernity* (《人类的机车:能量、疲惫以及现代性的起源》). New York: Basic Books, 1990.

Rearick, Charles. *Pleasures of the Belle Epoque* (《美丽年代的欢娱》). New Haven: Yale University Press, 1985.

Reid, Donald. *Paris Sewers and Sewermen: Realities and Representations* (《巴黎的下水道和下水道工人》). Cambridge: Harvard University Press, 1991.

Ripley, Amanda. *The Unthinkable: Who Survives When Disaster Strikes-and Why* (《不可想象:灾难降临时谁会生存下来以及为什么》). New York: Crown, 2008.

Schor, Naomi. "Cartes Postales": Representing Paris1900 (《明信片所代表的 1900 年巴黎》). *Critical Inquiry* 18 (Winter 1992): 188–244.

Schwartz, Vanessa R. *Spectacular Realities: Early Mass Culture in Fin de Siècle Paris* (《令人惊异的现实:早期大众文化在世纪末的巴黎》). Berkeley: University of California Press, 1998.

Schwartz, Vanessa R., Leo Charney. *Cinema and the Invention of Modern Life* (《电影院和现代生活的发生》). Berkeley: University of California

Press, 1995.

Shaya, Gregory. The *Flâneur*, the *Badaud*, and the Making of a Mass Public in France, circa 1860—1910(《闲逛之人和 1860—1910 法国大众的形成》). *American Historical Review* 109 (February 2004): 41 – 77.

Silverman, Debora. *Art Nouveau in Fin-de-Siècle France: Politics, Psychology, and Style* (《法国世纪末的新艺术运动:政治、心理学和时尚》). Berkeley: University of California Press, 1989.

Sluhovsky, Moshe. *Patroness of Paris: Rituals of Devotion in Early Modern France* (《巴黎守护神:现代法国初期的祈祷仪式》). Leiden: Brill, 1998.

Soppelsa, Peter. The Fragility of Modernity: Infrastructure and Everyday Life in Paris, 1870—1914 [《现代性的脆弱:巴黎的基础设施和日常生活(1870—1914)》]. Ph. D. diss., University of Michigan, 2009.

——. Métro-Nécro: The 1903 Métro Accident and its Impact on Infrastructure and Practice, 1903—1914 [《巴黎地铁:1903 年的地铁事故及其对巴黎基础设施和日常生活的影响(1903—1914)》]. Paper presented at the Society for French Historical Studies Conference, New Brunswick, NJ, March 2008.

Steinberg, Ted. *Acts of God: The Unnatural History of Natural Disasters in America* (《上帝的行为:美国自然灾害的惨痛历史》). New York: Oxford University Press, 2000.

Stovall, Tyler. *The Rise of the Paris Red Belt* (《巴黎红色地带的崛起》). Berkeley: University of California Press, 1990.

Sutcliffe, Anthony. *The Autumn of Central Paris: The Defeat of Town Planning, 1850—1970* [《巴黎中心的秋天:城市规划的失败(1850—1970)》]. London: Edward Arnold, 1970.

Ulin, David L. *The Myth of Solid Ground: Earthquakes, Prediction, and the Fault Line between Reason and Faith* (《坚固地面的秘密:地震、预测以及理性和信仰之间的断裂带》). New York: Viking, 2004.

Vale, Lawrence J., Thomas J. Campanella, eds. *The Resilient City: How Modern Cities Recover from Disaster* (《坚韧的城市:现代城市如何从灾害中恢复》). New York: Oxford University Press, 2005.

Varley, Karine. Under the Shadow of Defeat: The State and the Commemoration of the Franco-Prussian War, 1871—1914[《在失败的阴影下:普法战争的状况和纪念(1871—1914)》]. *French History* 16 (September 2002): 323 – 44.

Williams, Rosalind. *Dream Worlds: Mass Consumption in Late Nineteenth Century France* (《梦幻世界:法国 19 世纪末期的大众消费》).

Berkeley：University of California Press，1982.

——. *Notes on the Underground：An Essay on Technology, Society, and the Imagination*（《关于地下世界的笔记：技术、社会和想象》）. Cambridge：MIT Press，1990.

Wohl，Robert. *The Generation of 1914*（《1914 世代》）. Cambridge：Harvard University Press，1979.

Zeldin，Theodore. *A History of French Passions.* vol. 2（《法国人的浪漫史》第二卷）. *Intellect, Taste, and Anxiety.* Oxford：Clarendon Press，1977.

Zeyons，Serge. *La Belle Epoque：les années 1900 par la carte postale*（《美好年代：20 世纪初期的明信片》）. Paris：Larousse，1990.

致　谢

　　所有的研究都是合作的结果,本书也不例外。我要感谢那些在我的研究中给予帮助的人。

　　罗德学院(Rhode College)给我提供了资金支持,包括教工发展基金、斯宾塞·威尔逊国际旅费以及校长办公室的资助。正是依靠这些资助,我才来到了巴黎。罗德学院也是一个有着丰富人文底蕴的学校,我的同事都非常优秀,让我拥有了良好的研究环境。施拉·马尔金(Shira Malkin)帮助我绘制了塞纳河地图,我和他在巴黎曾共授一门课程。凯瑟琳·怀特(Katheryn Wright)和我围绕巴黎的洪水以及明信片销售进行过多次交流。还有很多人,特别是我的历史系的同事们,在百忙中阅读了本书的部分章节,并提出了中肯的建议。

　　本书的代理人朱迪·拉姆塞·鄂里奇(Judith Ramsey Ehrllich)在马萨·霍夫曼(Matha Hoffman)的协助下,一直不知疲倦地工作,给了我极具建设性的意见和发自内心的鼓励,对于她的帮助,我深表感谢。我还从让·卡瑟拉(Jean Casella)那里受惠良多,她具有非凡的编辑才华,在本书出版的重要阶段提供了富有洞察力的建议,使本书增色良多。帕尔格雷夫·麦克米伦(Palgrave Macmillan)出版公司的编辑亚历山大·巴斯塔格利(Alessandra

Bastagli)提出了非常有用的意见,改进了本书的叙述品质和整体结构。

2007 年秋,我有幸成为哥伦比亚大学学者研究院(Columbia University Institute for Scholars)设在巴黎的雷德研究所(Reid Hall)驻所研究员(Fellow-in-Residence)。雷德研究所为我的研究提供了非常理想的环境,那里的学术气氛极为活跃。我要感谢丹尼尔·哈斯−杜波斯克(Danielle Haase-Dubosc)和米哈拉·巴库(Mihaela Bacou),感谢他们给予我的支持以及营造的完美工作场所,让我心无旁骛地思考和写作。我还要感谢雷德研究所的同事们,我们结下了深厚的友情,进行了友好的交流。那个学期,我还幸运地在米卡·阿尔波夫(Micah Alpaugh)为"H-France"成员组织的民间沙龙上结实了新的朋友,进行了学术交流,对于他将我们这些志同道合的人组织到一起,我谨致谢忱。其中一位经常参加的人,名叫温迪·皮夫沃(Wendy Pfeffer),她问了我很多出色的问题,对于我的思考大有裨益,本文初稿形成后,她提出了很深刻的见解。通过"H-France",我与我的朋友让·皮德森(Jean Pedersen)重逢。老友相聚,围绕巴黎洪水,我们多次通宵畅谈,进一步提升了我的书稿质量。

本书的部分成果曾提交有关会议,包括北美人类学学会大会以及法国历史研究学会的两次会议。罗斯玛丽·威克曼(Rosemary Wakeman)和苏珊娜·考夫曼(Suzanne Kaufman)对我的论文见解独到,我深受教益。在这些会议以及其他论坛上,我有幸与会议代表和专家分享我的研究成果,他们提出的问题对我颇有启发。

我和皮特·索皮萨(Pete Soppelsa)结识于巴黎档案馆,从那以后我们围绕巴黎洪灾进行了多次讨论,他通读了我的初稿,与我分享了他的重要研究成果。围绕巴黎洪灾，我还和凡妮莎·舒尔茨（Vanessa Schwartz）进行了一次对话，我要感谢她的鼓励和洞见。其他朋友，包括迈克尔·贝斯（Michael Bess）、罗伯特·埃德科比（Robert Edgecombe）、米歇尔·平托（Michelle Pinto）以及朱迪·皮尔斯（Judy Pierce），都阅读了本书初稿，在关键时刻贡献了他们的智慧。我的研究助理安迪·克鲁克斯（Andy Crooks）帮助我建立了与本书配套的网站。艺术家丹尼塔·巴伦婷（Danita Barrentine）为了让网站更加美观，用她天才般的眼光和娴熟的技艺，对网站进行了美化。历史系行政助理墨菲·尼克斯（Murfy Nix）和希德·赫特（Heather Holt）在很多方面给予我帮助，虽然看起来帮的都是小忙，但取得了很大的效果。

本书的资料来源于很多档案馆和图书馆，我要感谢那里所有的员工，特别是 BHVP 慷慨热情的热纳维耶芙·莫乐（Geneviève Morlet）、巴黎教区档案馆的阿比·菲利普·普洛斯（Abbé Philipe Ploix）和文森特·索齐斯（Vincent Thauziès）、范德堡大学的让和亚历山大–赫德图书馆特刊部 W. T. 邦迪中心的约讷·布阿（Yvonne Boyer）、罗德学院巴里特图书馆（Barrett Library）跨馆借阅处的柯南·帕杰特（Kenan Padgett）。

除了档案馆藏有的图片，还有几部公开出版的著作里也含有关于巴黎大洪水的照片，很多网站上也贴有大量关于巴黎大洪水的图片。其中最好的网站是常塔尔·勒杜克（Chantal Leduc）以及后来吉尔斯·帕杰特（Gilles Padgett）所创建的网站。尽管这两位我都没有见过，但是请让我对他们表示感谢，他们花了很多时间和精力保存并与大家分享 1910 年大洪水的图片。

作家萨拉·斯密斯（Sarah Smith）是在文学创作中严肃对待巴黎大洪水的为数不多的美国小说家之一。在我的研究初期，她对我的研究方向提出了很好的建议,在此深表谢意。

我的家人一如既往地支持我的工作,我要感谢他们给予我的爱以及对我的学术研究感兴趣。特别是,我常常想,如果没有我的祖父克莱德·卡拉威(Clyde Caraway)和祖母玛丽·卡拉威(Marie Caraway)在他们国外游历归来后给我讲述的那些精彩故事,我的生活将不会如此丰富多彩,不会如此趣味盎然。我研究的大部分课题可能来源于我和他们的周六聚会。

我最感谢的是我的妻子艾伦(Allen)。我在巴黎下水道第一次听说巴黎大洪水的时候,她就在我的身边,在我写作这本的过程中,她始终陪伴着我。她一直陪伴着我旅行,听我讲大洪水的故事,和我交流心得,阅读我的手稿,并给我激励。她是让我真正看到洪水照片价值的人,她在我运用这些照片进行研究方面发挥了关键作用。与任何其他合作者相比,我的妻子是最为重要的,她既是本书最为重要的合作者,也是我生活中最重要的伴侣。我将此书献给她。

译后记

    巴黎在历史上被称为"光明之城",这不仅是因为18世纪法国轰轰烈烈的启蒙运动倡导用科学和理性照亮人们的头脑,带给人们光明的观念,而且因为巴黎是世界上最早发明城市照明系统、拥有路灯的城市。早在16世纪初,巴黎临街的住房就安装上了照明灯具,到了17世纪路易十四时代,又颁布了城市道路照明法令,开启了法国历史上的"光明时代"。在19世纪现代化的发展步伐下,电灯取代了煤油灯和汽灯,巴黎成为当时最先进的电气化技术的代表,为万国博览会提供了最璀璨夺目的舞台。本书正是后者意义上的"光明之城"。

    除了以"光明之城"闻名于世,巴黎还拥有世界上最壮观的下水道。巴黎的下水道系统可追溯到14世纪。19世纪中期,在奥斯曼和贝尔格朗的推动下,巴黎修建了新的供水和排污系统,到了1894年,饮用水供应和废水排泄均采取封闭的形式,形成完整的给排水系统。

    但是,就是这个拥有超前下水道系统的"光明之城",在1910年1月的塞纳河大洪水面前一下子黯淡了。由于洪水灌入电厂,造成电线短路,巴黎市的很多路灯熄灭,霓虹闪烁的不夜城沉入了冬日的黑暗。而巴黎引以为豪的下水道出现反涌,弥散着臭味的污水冲出地板,冲破街道,汇入泛滥的塞纳河水,给巴黎市民带来更为深重的灾难。

　　值得欣慰的是,在 1910 年 1 月 21 日到 1 月 28 日塞纳河洪水不断上涨,淹没街道、住房、商场、地铁、办公大楼的凄苦一周里,巴黎市政府和法国政府积极组织救援,巴黎市民也团结一心,涌现了很多感人的救助故事。正如本书中所说的:"在这次抗洪救灾中,每个人都发挥了应有的作用。每个市民,每个协会,每个团体,每个政府工作人员,不管是平民还是军人,都表现出了热情和勇气。为了帮助那些在洪涝中忍受寒冷、饥饿的人们,社会分歧和政治分歧被抛在一边,各方力量团结一致,众志成城。"灾难是考验人的勇气、耐心和智慧的时刻。在《圣经》中大洪水般的灾难面前,巴黎人表现出了非凡的勇气、足够的耐心和卓越的生存智慧。警察、士兵以及市政服务部门的工作人员搭起木头人行道和人行桥,以便人们能够在城市里行走。在没有这些"道"和"桥"的地方,有人在洪水中用两把椅子艰难前行——先将一把椅子挪到前面,然后再移动另一把椅子。甚至还有一位机智的巴黎市民踩着高跷,走过洪水淹没的街道。政府各部门也积极行动起来,设立救助站、开设流动厨房、募集救灾物品、发放救助资金,帮助灾民渡过难关。巴黎警察局长路易·雷平马不停蹄地到各处巡视,镇定地指挥抗洪救灾;时任法国总统法利埃和总理白里安到现场慰问灾民,鼓舞抗灾人员的士气。政府人员的这些作为,尽管不乏借突发事件证明自己的执政能力、赢得民心的目的,但也让巴黎人民感受到,在巨大的灾难面前,政府还是值得信赖的。

　　洪灾虽然让巴黎人民收获了精诚团结、共战灾难的精神,但毋庸置疑,这次巴黎历史上的大洪水给普通市民和整个法国都带来了巨大的损失。人们的家园被淹,甚至变成了废墟。当时《画报》的一位记者这样描述道:"他们一个铜板一个铜板地辛苦挣钱,才营造了这么个可以吃饭、睡觉的小窝,好不容易购置了钟表,弄了些小摆设和纪念品,但瞬间就丧失了这些虽然菲薄但在他们眼里弥足珍贵的家产,重新操办不知要到何年何月。"据官方统计,洪灾造成的损失按 1910 年的物价大约为 4 亿法郎,投入的救济款、援助金达 5000 多万法郎。最为重要的是,这次洪灾让人们丧失了对于自己家园和城市的安全感,而这是难以估价的。

在人类发展的不同历史阶段,突发事件、危急事件从来都不曾缺席。怎样减少甚或避免这类给人们带来财产损失和危害生命安全的事件?突发性、危急性事件不期而至后人民和政府该如何应对? 1910 年的巴黎大洪水或许能提供一些启示。在环境问题越来越成为全球关注焦点的今天,在飓风、热浪、寒潮、海啸、地震、雾霾等自然灾害越来越频繁地威胁人类生活的今天,在全球变暖不断引发各种生态灾难的今天,我们应该怎样协调社会发展与环境保护之间的关系,怎样由语言层面的讨论落实到切实的行动上,达到人与自然的和谐这样一个人类亘古追求的状态,是每一个个体、每一个组织、每一个国家都不能不思考的问题。

本书以纪实的手法,循着巴黎大洪水发生的时间顺序,极其翔实地记述了洪灾发生的分分秒秒,尤其是对于洪峰到达最高点的时刻——1910 年 1 月 28 日的描述更是极尽详细之能事,无一遗漏。作者从局外人的视角,以亲历者的感受,将这次大洪灾全方位地展现在人们面前,读者的心情也随着洪水的涨落起伏跌宕。书中精选的插图将读者带进洪灾现场,而本书英文版出版于 2010 年,正是巴黎大洪水 100 周年纪念。前事不忘,后事之师。

姜智芹

2017 年 1 月

于济南千佛山麓

"同一颗星球"丛书书目